LA FABULEUSE HISTOIRE DU

MONDE VÉGÉTAL

ALAIN BONJEAN

LA FABULEUSE HISTOIRE DU

MONDE VÉGÉTAL

LES BELLES LETTRES

95 boulevard Raspail, 75006 Paris
www.lesbelleslettres.com

ISBN : 978-2-251-45755-0

Dédicace

À Madeleine Suchère-Méziat,

À l'Association HIBISCUS, qui favorise l'insertion sociale des personnes en situation de handicap et promeut le vivre ensemble.

Introduction

Aîné issu de l'union de deux lignées auvergnates multi-séculaires, j'ai vu le jour le 22 juin 1955, à Clermont-Ferrand, en Auvergne, au milieu des jardins, des vergers et des vignes de mes aïeux, près des blés et des noyers des plaines de Limagne, et non loin du caoutchouc, du café vert et des fèves de cacao en provenance de terres lointaines, que manufacturaient en ce temps-là les usines locales. De tous ces produits végétaux, je préserve en mémoire parfums et images.

À la suite de ma naissance, le destin a voulu que ma mère subisse une sévère infection nosocomiale dont elle a enduré les effets toute sa vie. Du coup, j'ai été élevé durant mes premières années par mes grands-parents maternels qui disposaient d'une vaste maison dans laquelle vivaient également, dans un appartement séparé, mes arrière-grands-parents du côté de mon grand-père. Cette demeure jouissait d'un vaste jardin attenant qui était le royaume de mon grand-père André Finaud, ébéniste et sculpteur. Planté de nombreux arbres fruitiers et de rosiers hautes tiges qu'il avait lui-même greffés en écusson sur églantiers, c'était, dès le printemps, un merveilleux espace fleuri et odorant de jacinthes, muguets, tulipes et de bien d'autres fleurs entourant la maison. Il se poursuivait par un grand potager réglé au cordeau, qui montait en légère pente ; partagé par une allée centrale, il était surmonté au sommet à gauche par un bâtiment qui abritait une basse-cour conséquente (volailles, lapins, pigeons) et à droite par un espace réservé aux châssis où il produisait et forçait ses plants à l'abri d'espaliers de pommiers.

D'aussi loin que je m'en souvienne, bien qu'il aimât peu parler, observer des plantes à ses côtés ne m'a jamais ennuyé, et leur croissance m'est toujours apparue fascinante. Je n'avais que six ans lorsqu'il est décédé en décembre 1961, mais ce grand-père qui avait été élevé à la campagne m'a imprégné de son univers végétal et m'a plus largement ouvert à la nature, ainsi qu'aux voyages, car, outre son oncle marin qui lui avait laissé des photos de la Chine impériale des années 1900, il avait lui-même fait son service militaire au Liban et en Syrie et en gardait une infinie curiosité de l'altérité. Avec lui, j'ai planté mes premières pommes de terre, feuilleté les guides *Clause* et *Vilmorin* avant de savoir lire et encore plus ensuite, semé des graines potagères, ramassé les légumes, les fruits, levé les œufs, observé comment presser les pommes, le raisin, ou greffer le pêcher sur amandier pour qu'il tolère mieux la marne.

C'était une époque où la France libérée du joug nazi commençait à se nourrir de nouveau à sa faim, retrouvait de la vitalité et aspirait à la reconstruction de l'Europe. Avec lui et mon autre grand-père, Pierre Bonjean, j'ai également fait connaissance avec les plantes médicinales et appris à les nommer, ainsi que les animaux sauvages, et à distinguer les champignons comestibles des autres à éviter. Mes deux grand-mères Marie-Antoinette Finaud et Marcelle Bonjean m'ont montré comment préparer les volailles, les lapins, le gibier, les produits de la pêche, fabriquer quelques remèdes familiaux simples, faire des conserves, des confitures, des gelées, des jus de fruits, des tisanes, des décoctions et même du vin, du cidre, de l'hydromel, des apéritifs et des alcools pour les grands. Mes parents ont entretenu de leur vivant une partie de ces initiatives familiales et les ont aussi transmises, en compagnie de leurs amis, tous issus de la région, à ma sœur Françoise née en 1960 et à moi-même, ce que nous tentons de faire à notre tour, avec des fortunes diverses, auprès de nos propres enfants et petits-enfants.

À dix ans, même si je savais déjà que la Nature peut parfois nous menacer par la sécheresse, les épidémies, les tremblements de terre, le volcanisme et que des plantes aussi belles que l'aconit napel, la ciguë, le colchique, le laurier-rose, le muguet, peuvent être mortelles, j'étais déjà certain que ma vocation se situait au cœur du végétal. Mes rencontres fréquentes à l'adolescence avec une famille d'agriculteurs amie de mes parents, les Mordefroid, me confirmèrent dans cette orientation d'autant que je partageais avec eux un intérêt pour l'apiculture, qui s'ajouta à ma passion pour le végétal. J'en ai profité pour me former à la botanique en lisant la grande *Flore descriptive et illustrée de la France, de la Corse et des contrées limitrophes* de l'abbé H. Coste en trois tomes et quelques fascicules et la *Flore analytique d'Auvergne* du commandant d'Alleizette que mes parents avaient bien voulu m'acheter. J'ai aussi commencé à constituer un herbier que je possède toujours et complète encore de temps en temps même si je tiens désormais avant tout un herbier électronique où je classe mes photographies de plantes et des articles scientifiques leur afférant.

Après un double cursus en agriculture et gestion, les hasards de l'existence ont fait débuter ma carrière dans la filière oléo-protéagineuse métropolitaine et m'ont donné l'occasion de parcourir ensuite la planète pour y rechercher de la génétique et des technologies utiles aux agriculteurs français et européens. J'y ai démarré une formation en création variétale, qui s'est élargie ensuite aux céréales et aux fourragères lorsque je suis passé chez Verneuil Semences qui hébergeait alors le programme historique de sélection du blé tendre issu de la famille Vilmorin. Ainsi ai-je eu l'aubaine de rencontrer de fameux sélectionneurs et végétalistes tels, entre autres, l'agronome et linguiste du Muséum national d'histoire naturelle André-Georges Haudricourt (1911-1996), le spécialiste du maïs et des ressources génétiques de l'INRA André Cauderon (1922-2009), celui des flux de gènes du CNRS Jean Pernès (1939-1989), le généticien américain du tournesol et du lin de l'USDA-ARS Jerry Miller (1946-), le curateur de la banque de gènes de Gatersleben Christian Lehmann (1926-1992), Norman Borlaug, père de la « Révolution verte » et Nobel de la paix 1970, son fils spirituel, longtemps patron des programmes blé du CIMMYT Sanjaya

Rajaram (1943-2021) et leur partenaire Warren Kronstad (1932-2009) de l'Oregon State University ou le grand scientifique chinois spécialiste des cultures *in vitro* Chu Chih-Ching (1926-2023). Ces géants et quelques amis sélectionneurs français et étrangers encore en vie qui se reconnaîtront m'ont formé dans les années 1980, de manière théorique et pratique, à la sélection variétale. Grâce à eux, j'ai pu jeter les bases d'un réseau scientifique international qui s'est enrichi jusqu'à aujourd'hui. Les années 1990 m'ont ensuite permis de compléter ma formation d'expert du végétal à travers divers postes dans le domaine des biotechnologies, de l'étude des ressources génétiques, de la diffusion des plantes domestiquées et le développement de partenariats publics-privés de recherche, puis d'intégrer en 1998 le groupe Limagrain, premier semencier européen. À compter de 2001, j'ai été responsable du développement des activités de cette entreprise en Chine où tout était à construire. Dans ce cadre, j'ai conduit et géré avec mes équipes des programmes à la fois de sélection en blé, maïs, riz et quelques potagères et médicinales, et de production et de ventes de semences tout en jouant un rôle dans l'expansion mondiale des programmes blé du groupe. Cette période m'a permis de travailler avec d'autres grands de l'amélioration des plantes comme le père du riz hybride et World Food Prize 2004 Yuan Longping (1930-2021), le sélectionneur de blé chinois He Zhonghu (1960-) qui en a largement amélioré la qualité moyenne, l'ex-directeur du jardin botanique de Montréal Pierre Bourque (1942-) ou le cytogénéticien israélien Moshe Feldman (1933-), et d'enrichir mes réflexions sur les interrelations plantes-humains au travers du temps long en dialoguant avec mes amis, le sélectionneur de céréales et de cameline, Pierre Niquet (1952-) et le photographe humaniste Arnaud du Boistesselin (1951-). Retraité de Limagrain mi-2017 après un dernier poste d'intelligence économique au siège de l'entreprise en France, j'ai créé ma propre société de consultance, la SAS Bonjean & Associés, où je partage des projets et travaille avec quelques collègues seniors sur trois axes – la biodiversité des plantes, leurs usages traditionnels et l'agroenvironnement, l'alimentation et la santé, et les filières végétales à haute valeur ajoutée –, tout en continuant d'écrire des livres et des articles sur le végétal et en développant mon blog « Les chroniques du végétal »

(https://leschroniquesduvegetal.wordpress.com/).

Ma vocation ainsi résumée m'a amené à publier en 2021 avec mon ami Benoît Vermander, philosophe et anthropologue à l'université Fudan de Shanghai, un livre qui m'est cher, *L'Homme et le grain : Une histoire céréalière des civilisations* (Paris, Les Belles Lettres) en dépit du confinement imposé alors par la pandémie de Covid-19. C'est à la suite de ce travail que j'eus la chance de rencontrer, aux Belles Lettres, des êtres partageant avec moi la passion d'herboriser, et je n'eus guère de difficulté à me lancer dans l'écriture de ce texte de vulgarisation sur le végétal. Herboriser est une activité charmante que l'on peut mener à tout âge, partout, même en ville, quoiqu'il soit préférable de la conduire en milieu naturel, moindrement anthropisé. J'espère que ce texte vous en montrera le chemin et vous procurera à votre tour découvertes et joies.

Alain Bonjean,
Orcines, le 22 juin 2024.

CHAPITRE 1

Qu'est-ce qu'un végétal ?

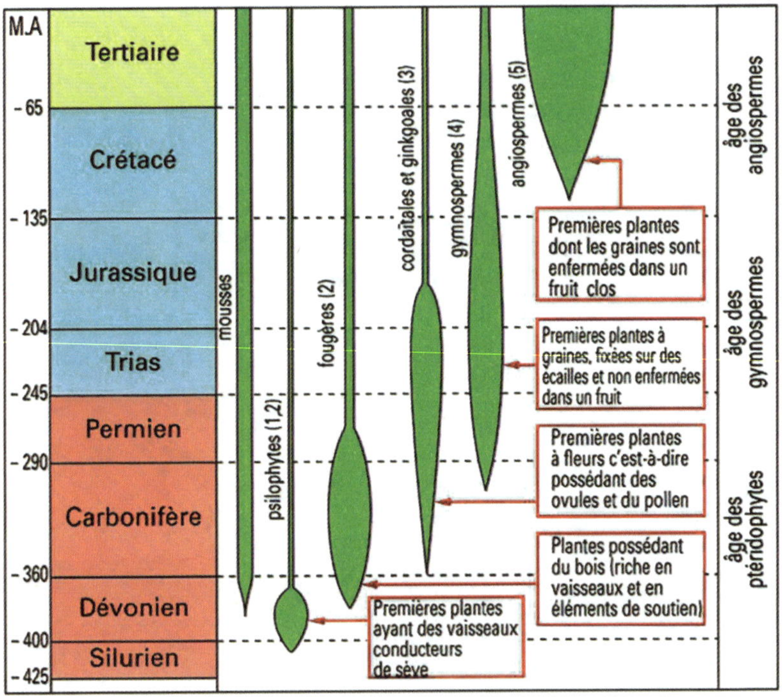

(1) Psilophytes : les plus anciens végétaux terrestres connus, tous de petite taille.

(2) Psilophytes et fougères : plantes sans fleurs, se reproduisant au moyen de spores.

(3) Cordaïtales et ginkgoales : arbres presque tous fossiles, pouvant atteindre 40 m de haut. Un représentant actuel des ginkgoales, le *Ginkgo biloba* est apparu au Permien.

(4) Gymnospermes : représentés actuellement par les pins, les sapins...

(5) Angiospermes : arbres, arbustes, plantes herbacées dont les graines sont dans un fruit clos.

1.1. Définitions

Les Chinois de l'Antiquité classifiaient les êtres vivants en fonction de leur utilité pour l'homme – les animaux domestiques et les animaux sauvages, les insectes et les plantes, les rapaces et les autres oiseaux, etc. En Europe, depuis l'âge du bronze, le monde du vivant était ordonné en deux groupes aux frontières incertaines, le règne végétal et le règne animal ; le premier était reconnu végétant immobile, le second vivant animé. Au milieu du XVIIIe siècle, le naturaliste suédois Carl von Linné (1707-1778), s'inspirant des travaux antérieurs du naturaliste suisse Gaspard Bauhin (1560-1624), enrichit cette approche en formulant un système binomial de nomenclature qui a permis de nommer et de décrire tout être vivant par un terme générique le rapprochant d'autres formes voisines, le genre, et d'un qualificatif spécifique, son nom d'espèce, fixant sa singularité et sa stabilité. Ainsi par exemple, le genre *Solanum* comprend environ 1 200 espèces de plantes de par le monde, dont certaines sont cultivées à des fins alimentaires, en particulier trois espèces désormais mondiales, la pomme de terre *(Solanum tuberosum)*, la tomate *(S. lycopersicum)* et l'aubergine *(S. melongena)*. Depuis, le concept du vivant a amplement été affiné, et la place du végétal en son sein aussi.

Relations phylogénétiques des deux domaines de la vie et des six règnes du vivant

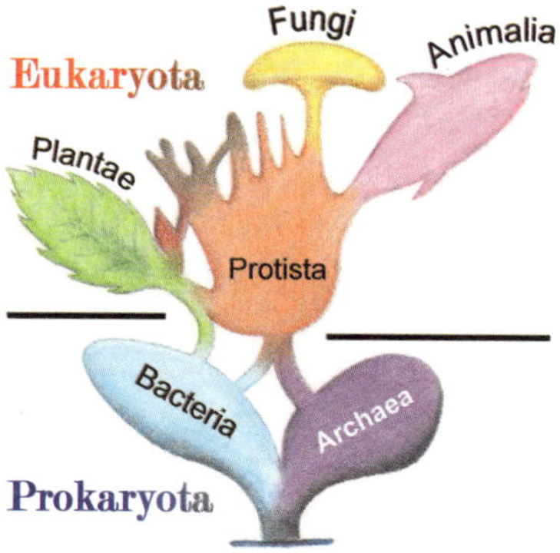

Source : Maulucioni y Doridi, CC BY-SA 3.0, 2013

Au cours des XIXe et XXe siècles, du fait des progrès cumulés dans différentes sciences (en particulier optique, chimie, biologie) et d'analyses de plus en plus fines, le monde du vivant, excluant les virus[1], est décrit en deux super-règnes, les procaryotes et les eucaryotes.

1. Les virus sont des agents infectieux de très petite taille constitués d'un acide nucléique, généralement protégé par une capside de protéines. L'infection d'un hôte et le détournement du fonctionnement de sa machine cellulaire sont nécessaires à la réplication du virus. Le reste du temps, il paraît inactif.

Différences principales entre procaryotes et eucaryotes

Procaryotes	Eucaryotes
Pas de noyau, ADN libre dans le cytoplasme	Existence d'un noyau cellulaire qui contient leur ADN
Pas d'organites	Nombreux organites (mitochondries, réticulum endoplasmique, chloroplastes chez les végétaux, etc.) permettant de compartimenter les fonctions
Paroi glycoprotéique	Paroi pectocellulosique chez les végétaux
Cellules généralement petites	Cellules souvent plus grandes que les cellules procaryotes
Division cellulaire par scissiparité	Division cellulaire par mitose et méiose

Les procaryotes sont des micro-organismes unicellulaires caractérisés par l'absence de noyau cellulaire et qui – à une exception près, celles des thylakoïdes[2] chez les cyanobactéries – ne possèdent pas d'organites membranés. Ils comprennent deux genres : les archées[3] et les bactéries.

Les eucaryotes sont des organismes unicellulaires ou multicellulaires possédant un noyau à ADN composé de plusieurs chromosomes et des organites (appareil de Golgi, mitochondries, peroxysomes, plastes, réticulum endoplasmique, ribosomes, vacuoles) ainsi qu'un cytosquelette. Ils rassemblent quatre règnes : les protistes, les animaux, les champignons, et les végétaux.

Les protistes, dont l'appellation dérive du grec *protestos*, superlatif de *protos* pour « premier », sont des eucaryotes primitifs unicellulaires, parfois pluricellulaires, sans tissus spécialisés, et dont certains disposent d'une grande mobilité. C'est à partir de certaines lignées de protistes qu'ont dérivé et évolué les animaux, les champignons et les végétaux.

Les animaux, du latin *animalis* pour « animé, vivant, animal », sont des êtres multicellulaires qui se nourrissent de substances organiques – on les dit hétérotrophes – et qui sont capables de se mouvoir, au moins à certains stades de leur vie. Ils possèdent du collagène dans leurs matrices extracellulaires.

En raison de leur immobilité, jusqu'en 1969, les champignons, dérivés du latin *campania* pour « produits de la campagne », ont été considérés comme des végétaux.

2. Ensemble de membranes endocellulaires présent chez les cyanobactéries et au sein des chloroplastes où se déroule la phase photochimique de la photosynthèse.

3. Les archées, autrefois appelées archéobactéries, regroupent des organismes procaryotes non bactériens vivant fréquemment dans des environnements extrêmes, et dont les caractéristiques génétiques et métaboliques sont voisines de celles des eucaryotes.

Toutefois, unicellulaires ou multicellulaires hétérotrophes vis-à-vis du carbone, se nourrissant par absorption de molécules organiques directement dans le milieu et ayant un mode de vie filamenteux, ils forment désormais un genre à part, polyphylétique. Il est à noter que les « champignons » que l'on peut cueillir dans la nature ou que l'on cultive quelquefois, tel le champignon de Paris *(Agaricus bisporus)*, ne sont pas des êtres vivants complets mais seulement leurs organes reproducteurs ou sporocarpes, le corps du champignon étant constitué par son mycélium souterrain formé d'une continuité de cellules allongées qu'on appelle les hyphes.

Les végétaux, du bas latin *vegetare* pour « croître », forment le règne du vivant regroupant les organismes pluricellulaires eucaryotes autotrophes qui produisent leur propre nourriture par la photosynthèse via des organites particuliers, les chloroplastes. Leurs cellules ont une paroi caractéristique faite de cellulose et de protéines.

Classification du règne végétal

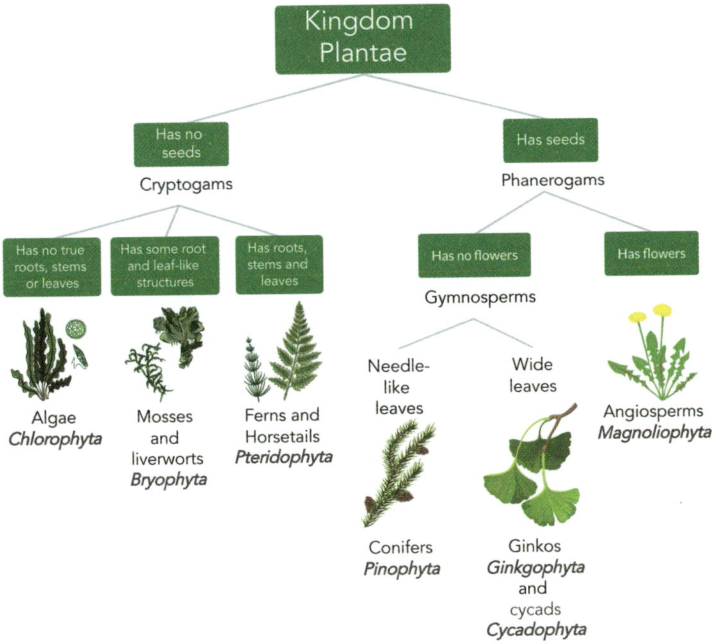

Source : algae and plant classification – Recherche Images (bing.com)

À quelques exceptions près[4], les végétaux regroupent les algues et les plantes terrestres.

4. Les cyanobactéries, autrefois appelées « algues bleues » comme la spiruline commune *(Arthrospira platensis)*, ont été requalifiées en procaryotes. Certaines plantes terrestres se sont réadaptées à la vie marine, telle la posidonie *(Posidonia oceanica)* qui est une fausse algue de Méditerranée.

Les algues, terme dont l'étymologie est mal cernée, sont des végétaux dont le cycle de vie a lieu très généralement en milieu aquatique et qui ont adopté une structure très simple, le thalle, composé de cellules sans différenciation physiologique ne formant ni racine, ni tige, ni feuilles, ni vaisseaux conducteurs, d'où leur autre nom de thallophytes. Elles forment un groupe polyphylétique incluant les algues rouges ou rhodophytes, les stramenopiles impliquant les diatomées et les algues brunes ou phéophycées, et les algues vertes proches des plantes terrestres ; certains y incluent divers groupes de protistes (cryptophytes, engénophytes, glaucophytes, etc.).

Les plantes terrestres ou cormophytes possèdent des tissus spécialisés généralement en racines, tiges, feuilles ou fleurs. Elles sont constituées des bryophytes et des végétaux vasculaires.

Les bryophytes regroupent les mousses et les hépatiques, plantes de petite taille qui absorbent l'eau par toute leur surface et qui ne peuvent vivre qu'en milieu humide ; celles-ci possèdent des tissus conducteurs de sève, mais pas de vaisseaux ou de racines.

Les végétaux vasculaires rassemblent les autres plantes – les fougères ou ptéridophytes qui ne produisent ni fleur, ni graine, les gymnospermes à fleurs réduites et à graines nues, et les angiospermes ou plantes à fleurs qui possèdent toutes des vaisseaux conducteurs de sève et intègrent les monocotylédones et les dicotylédones.

E1.1. Chlorophylles et photosynthèse

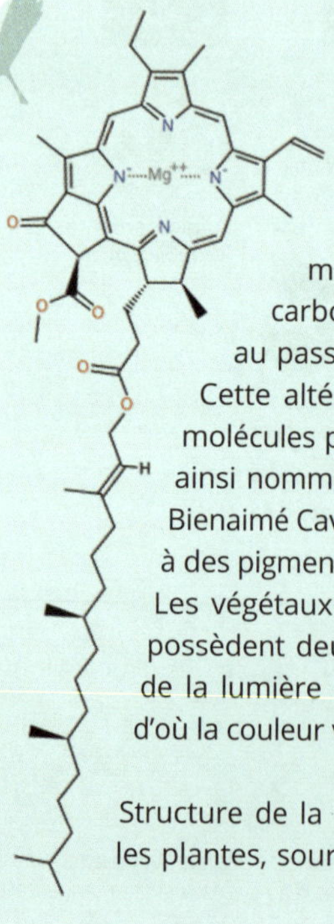

En un sens, les végétaux paraissent plus évolués et sophistiqués que les humains et tout le règne animal car ils sont capables de se nourrir de lumière et d'eau, en captant l'énergie solaire pour transformer le gaz carbonique en sucres et autres molécules carbonées, en extrayant des électrons de l'eau et libérant au passage de l'oxygène dans l'atmosphère.

Cette altérité radicale nous interloque. Ils la doivent à des molécules photosynthétiques, les chlorophylles, pigments verts ainsi nommées en 1816 par deux pharmaciens français Joseph Bienaimé Caventou (1795-1877) et Joseph Pelletier (1788-1842), ou à des pigments voisins bleus, rouges ou orangés, les caroténoïdes. Les végétaux qui renferment principalement des chlorophylles possèdent deux bandes d'absorption des spectres bleu et rouge de la lumière et donnent lieu à une réflectance du spectre vert, d'où la couleur verte que nous percevons de la majorité des plantes.

Structure de la molécule de chlorophylle *a*, la plus courante chez les plantes, source libre : D. Richfield, 2007

Les chlorophylles ont une structure chimique proche de celle de l'hème des globules rouges du sang. Il existe différentes familles de chlorophylles qui peuvent être présentes selon les végétaux de manière unique ou combinée. Les deux plus fréquentes sont les chlorophylles *a* et *b*. Les premières, en fait *a* et *a'*, sont universelles chez les végétaux aquatiques et terrestres à raison de 3 g/kg de thalles ou de feuilles fraîches. Les secondes, *b* et *b'*, sont spécifiques des algues vertes, ou chlorophycées, et des végétaux supérieurs, ou cormophytes, à 0,75 g/kg de thalles ou de feuilles fraîches. D'autres formes plus rares ont été identifiées : les chlorophylles *c* chez les algues brunes ou phéophycées, la chlorophylle *d* chez les algues bleues ou cyanobactéries et la chlorophylle *f* chez certains stromatolithes[5].

Schéma hyper-simplifié de la photosynthèse

Source : At09kg-CC BY-SA 4.0

La photosynthèse, véritable don de la nature, est la réaction chimique qui permet aux végétaux de pousser sans se déplacer, à partir des minéraux du sol, de l'eau ambiante, du gaz carbonique et de l'énergie. Cette énergie est le rayonnement solaire qui inonde les thalles ou les feuilles, qui sont des capteurs solaires naturels, et, comme cette énergie est faible, la biomasse végétale est nécessairement importante. L'eau captée par les racines remonte dans la tige et rejoint les thalles ou l'appareil foliaire. Dans l'eau, les algues prélèvent du gaz carbonique dissous par leurs thalles ; sur terre, les feuilles l'absorbent directement de l'air ambiant. Dans leurs thalles ou leurs parties végétatives sur terre, les végétaux réduisent le gaz carbonique $C0_2$ par l'eau H_20 avec l'énergie lumineuse du soleil captée par la chlorophylle et libèrent de l'oxygène pour produire du glucose $C_6H_{12}O_6$.

Ce phénomène se passe en deux phases combinées :

- une phase lumineuse très brève durant laquelle, captant la lumière grâce à la chlorophylle, le végétal décompose l'eau par la lumière et dégage de l'oxygène, libérant de l'hydrogène et des électrons, puis convertit l'énergie lumineuse en énergie chimique sous forme d'adénosine triphosphate ATP

... / ...

5. Les stromatolithes sont des structures archaïques constituées de feuillets de calcaire, parfois de silice, et de couches de cyanobactéries, qui se développent en milieu aquatique peu profond, marin ou d'eau douce ou saumâtre. Il en existait sur tous les continents voici plus de 3,4 milliards d'années. Quelques colonies contemporaines subsistent en divers points du globe en littoraux marins ou lacustres.

et de nicotinamide adénine dinucléotide phosphate NADPH, et pilote la synthèse d'ATP via un gradient de protons.
- une phase sombre plus longue qui utilise l'énergie chimique fixée dans l'ATP et le NADH+H^+ générés dans la phase lumineuse pour fixer et réduire par l'hydrogène produit par la décomposition de l'eau le CO_2, ce qui revient à greffer cet hydrogène sur le CO_2 et en faire de la matière, en l'occurrence du glucose et d'autres composés organiques.

Chronologie de l'évolution du vivant

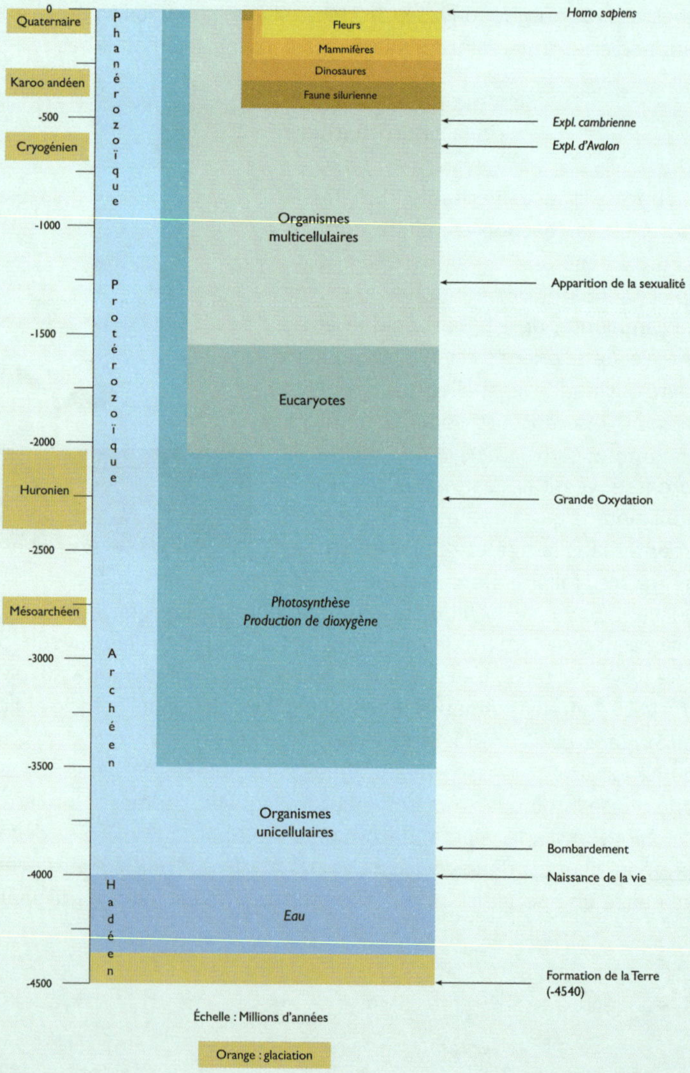

Par suite, l'équation de la photosynthèse oxygénique peut ainsi s'écrire :

$$2n\ CO_2 + 4n\ H_2O + \text{photons} \rightarrow 2(CH_2O)_n + 2n\ O_2 + 2n\ H_2O$$

qui peut être simplifiée en

$$2n\ CO_2 + 2n\ H_2O + \text{photons} \rightarrow 2(CH_2O)_n + 2n\ O_2.$$

Plus simplement cela revient à dire que la photosynthèse utilisant la lumière du soleil sépare en deux parties le gaz carbonique CO_2 : l'atome de carbone est conservé dans le végétal qui s'en sert pour se nourrir et développer ses propres organes, et le dioxyde d'oxygène O_2 est relâché dans l'atmosphère.

Les premiers procaryotes photosynthétiques sont probablement apparus voici 3,8 milliards d'années. Le développement puissant des cyanobactéries libérant massivement de l'oxygène a ensuite débouché sur l'oxygénation de l'atmosphère terrestre et des eaux de surface (phénomène dit de « grande oxydation ») qui a débuté il y a environ 2,4 milliards d'années, puis sur la création de la couche d'ozone qui protège la Terre des rayonnements solaires ultraviolets. Ces changements qui se reflètent dans le climat terrestre ont profondément marqué l'évolution de la biosphère.

Aujourd'hui, les physiologistes distinguent trois types de photosynthèse oxygénique chez les plantes en fonction de l'efficacité du mécanisme de concentration du dioxyde de carbone, dites fixation du carbone en C3, fixation du carbone en C4 et métabolisme de l'acide crassulacéen ou CAM, ces deux dernières formes étant plus rares que C3. Il existe aussi une photosynthèse anoxygénique chez certaines bactéries.

1.2. Origines et diversité extraordinaire du végétal

Les astronomes considèrent que l'histoire de la Terre a commencé quelque part dans l'univers il y a 13,8 milliards d'années avec une dilatation rapide du petit point chaud qu'il aurait été initialement pour donner naissance à notre espace-temps, aux galaxies, aux étoiles et aux planètes. Cette expansion lointaine et encore mal comprise a été popularisée par les médias sous le nom de « théorie du Big Bang ». La formation de notre système solaire est située à -8 milliards d'années et celle de notre Soleil à -5 milliards d'années. L'histoire de la Terre a débuté autour de -4,5 milliards d'années par accrétion de la matière, puis, avec son refroidissement et les pluies que celui-ci a entraînées, les océans se sont formés il y a 4,2 milliards d'années, en présence d'une atmosphère sans oxygène. Selon les paléontologues, une vie prébiotique y serait apparue[6] autour de -3,8 milliards d'années, synthétisant des molécules plus complexes, puis créant de premières lignées procaryotes autotrophes comme les cyanobactéries (ou algues bleues) filamenteuses. Leur métabolisme provoque la précipitation des bicarbonates solubles et donné naissance à des formations calcaires fossiles connues sous le nom de stromatolithes[7] apparus vers -3,5 milliards d'années, voire un peu plus tôt.

Il y a 2,4 milliards d'années le taux d'oxygène de l'atmosphère a drastiquement augmenté sur toute notre planète ; c'est ce que l'on dénomme aujourd'hui la Grande Oxygénation. On considère que cet événement résulte du développement de la photosynthèse par les cyanobactéries, voire par des organismes qui n'auraient pas perduré. D'autres modes de vivants résistant à l'oxydation et doués d'une capacité de photosynthèse de plus en plus intense sont alors nés. Cette diversification aboutit à la création des eucaryotes – des êtres possédant des cellules à noyau structuré. Une de ces cellules eucaryotes a absorbé par endosymbiose une cyanobactérie qui est devenue un chloroplaste, c'est-à-dire un organite cytoplasmique photosynthétique contenant de la chlorophylle et un ADN, et aussi une bactérie qui est devenue une mitochondrie, c'est-à-dire un autre organite cytoplasmique jouant un rôle essentiel dans les phénomènes respiratoires et énergétiques de la cellule. Cet événement qui est à la base du règne végétal a conduit à l'oxygénation des océans. Les macroalgues rouges ou rhodophytes, organismes pluricellulaires contenant de la chlorophylle a, des caroténoïdes et des pigments particuliers, les phycobiliprotéines, seraient apparues il y a environ 1,5 à 1,2 milliard d'années dans une niche marine proche de la surface bénéficiant de l'apparition de la couche d'ozone dans l'atmosphère. Bien qu'issues de taxons non apparentés phylogénétiquement, les macroalgues vertes ou viridiplantes dont les pigments photosynthétiques principaux sont les chlorophylles a et b, seraient nées dans une couche océanique encore plus proche de la surface voici 934 millions d'années.

Origine des végétaux terrestres

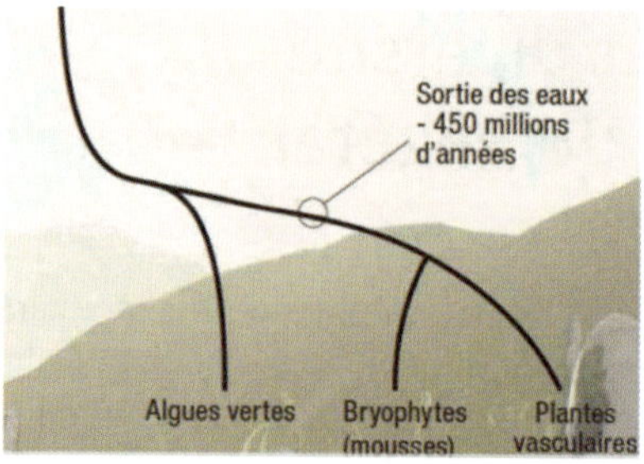

Source : *Science & Vie* du 13 juillet 2021

Tandis que les macroalgues continuaient de se diversifier dans les océans, le règne végétal a commencé à coloniser les terres émergées voici 510 millions d'années à partir d'un groupe d'algues vertes, les charophytes et plus particulièrement les charales. Ces dernières n'avaient pas de racines pour s'implanter et capter les nutriments des protosols d'alors, créés antérieurement par les lichens – cf. encadré E1.2.a.

6. À noter que certains scientifiques pensent que la vie serait née au bord de geysers sur les terres émergées ; ils appuient leur hypothèse sur des traces de vie trouvées dans des roches australiennes datées d'il y a 3,48 milliards d'années.

7. Certains stromatolithes vivent toujours sur les littoraux continentaux ou en zones lacustres.

E1.2.a Les lichens

Les lichens (terme provenant du grec « λεί χειν » signifiant lécher, en référence à leur proximité avec leur support) sont des formes de vie symbiotiques archaïques. Ils ne constituent pas un groupe évolutif à origine unique et regroupent chacun deux ou trois organismes appartenant à des groupes phylogénétiques différents de champignons filamenteux, de cellules d'algues chlorophylliennes et/ou de cyanobactéries. Dans ces symbioses permanentes coexistent au moins une espèce de champignon et plusieurs cellules chlorophylliennes. Le ou les champignons, organismes hétérotrophes, sont le plus souvent des ascomycètes[8] (champignons supérieurs à mycélium cloisonné comme les levures, les morilles ou les truffes), parfois des basidiomycètes (champignons aussi dits à chapeau, tels amanites, cèpes ou charbon du maïs), et les cellules chlorophylliennes proviennent d'une ou plusieurs lignées d'algues vertes et/ou de cyanobactéries. Dans 85 % des cas, une ou plusieurs algues sont associées à un ou divers champignons, dans 10 % des cas, une cyanobactérie est associée à un champignon et, dans 5 % des cas, les trois types d'organismes sont associés ; dans cette dernière forme d'association, les cyanobactéries qui sont fixatrices d'azote sont implantées dans des compartiments fongiques internes ou externes. Au niveau algal, 85 % sont des algues vertes unicellulaires (rarement des macroalgues) dont 98 % sont des chlorophycées, 10 % appartiennent aux cyanobactéries, et 5 % des lichens contiennent à la fois une algue verte et une cyanobactérie.
Grâce à des travaux canadiens de 2016, on sait désormais que l'association champignon(s)-algue(s) et/ou cyanobactérie n'est pérenne et reproductible qu'en présence d'un autre partenaire, une levure basidiomycète implantée dans le cortex lichénique. Diverses communautés bactériennes ou plus larges (protistes, virus, etc.) sont de plus souvent associées aux symbiotes principaux.

Les lichens se présentent sous la forme de thalles composés à 90 % par le partenaire fongique et 10 % par les autres. Ils sont ancrés à leur substrat par des réseaux d'hyphes ou rhizines. Ceux dont les cellules porteuses de chlorophylle sont dispersées dans le thalle ont été nommés lichens homomères, et ceux dont les cellules du même type forment une couche assimilatrice du flux lumineux sont appelés lichens hétéromères. Dans cette union, la partie algale fournit par la photosynthèse à la partie fongique une source d'énergie sous forme de sucres – polyols pour les algues vertes et glucose pour les cyanobactéries. En échange, la partie fongique apporte de l'eau et des minéraux au partenaire algal, et transforme simultanément polyols et glucose en mannitol et arabitol. La croissance des lichens est très lente.

... /...

8. Environ 40 % des ascomycètes connus présentent ce type de symbiose.

Elle varie selon les types d'associations entre 0,5 et 5 mm par an, ce qui ne les empêche pas de vivre très longtemps – parfois 1 000 ans ou plus.

Des fossiles de lichens datant d'environ 600 millions d'années ont été découverts au début des années 2000 dans le sud de la Chine. On suppose qu'à la fin du Précambrien, divers algues et champignons projetés au gré des lames marines sur les premières terres émergées s'y sont associés pour survivre à cet univers minéral hostile confiné sous une atmosphère réductrice bien différente de celle d'aujourd'hui, formant cette nouvelle source de vie. Cette flore inaugurale se serait ensuite lentement diffusée des rivages au cœur des continents qui n'étaient pas encore recouverts de sols, absorbant, à même les roches, les minéraux et l'eau de pluie ou de source nécessaires à son développement. Grâce à des émissions d'acides organiques exsudés par leurs thalles et aux bactéries qui leur sont associées, les lichens pouvaient en effet fragmenter les roches, libérer du phosphate et générer des protosables. Certains d'entre eux fixant l'azote de l'air ont pu les enrichir à leur mort en matière organique. L'érosion aidant, au terme de quelques millénaires, les premiers protosols sont probablement apparus, sur lesquels d'autres formes de vie sont nées, et notamment les premières algues d'eau douce et plantes terrestres. Sans ces précurseurs que furent les lichens, la vie terrestre qui est la nôtre n'existerait pas.

Exemples de lichens majeurs

Xanthoria parietina	*Usnea florida*	*Lecanora concolor*	*Bagliettoa cazzae*	*Lathagrium cristatum*	*Squamarina cartilaginea*	*Cladonia polydactyla*	*Lepraria membranacea*

Thalle en forme de feuille (foliacé) Se détache facilement du substrat	Thalle fruticuleux plus ou moins ramifié et pendant Surface de contact réduite avec le substrat	Thalle en forme de croûte (crustacé) Ne peut être détaché qu'à l'aide d'un marteau et d'un burin	Thalle en forme de croûte (crustacé) Ne peut être détaché qu'à l'aide d'un marteau et d'un burin	Thalle solide, noir et cassant à l'état sec Devient gélatineux sous l'action de la pluie	Thalle squamuleux. Formé de petites écailles (ou squamules) imbriquées comme les tuiles d'un toit	Complexe : - thalle primaire très adhérent au substrat - thalle secondaire dressé (ou podétion) en forme de trompette ou de tiges	Thalle lépreux, à l'aspect farineux
Fixé sur les écorces des arbres isolés riches en poussières	Surtout sur troncs et branches des feuillus en forêts humides ou sur arbres isolés	Encroûtant, adhère aux rochers siliceux d'altitude	Encroûtant, fréquent sur parois calcaires ensoleillées du midi	Fixé sur des rochers calcaires	Recherche les rochers ou les sols calcaires. Commun dans le midi.	Sur bois pourri, à la base des troncs moussus, recherche l'humidité et la lumière	Sur escarpements rocheux siliceux ombragés et en atmosphère humide, parfois sur sol ou mousse

Source : J. ASTA, 2019, *Encyclopédie de l'environnement*

Aujourd'hui, les lichens qui ont un temps colonisé pratiquement tous les milieux recouvrent encore autour de 8 % des terres émergées de la planète et restent les espèces autotrophes majeures des écosystèmes des deux pôles et des hautes montagnes. Capables de survivre à des températures extrêmes froides ou chaudes (-190 °C à +90 °C en laboratoire) ainsi qu'à de très fortes dessications, pouvant stocker entre 2 et 25 % de leur poids en eau, d'accumuler des métaux lourds et des radioéléments, de tolérer d'autres pollutions, ils présentent un grand intérêt écologique pour la surveillance des milieux, et ce, particulièrement dans le contexte du changement climatique en cours. Si certains d'entre eux contiennent de l'acide vulpinique et sont toxiques, d'autres contiennent de la lichénine qui peut se dégrader en glucose et présentent un intérêt alimentaire soit pour l'humain, telle la tripe de roche *(Lasallia pustulata)* usitée comme aliment de famine autrefois au Canada, soit pour l'animal, comme les lichens des rennes (*Cladonia rangiferina*, *C. stellaris*, etc.). Traditionnellement, plusieurs lichens ont été ou sont encore employés en médecine (par exemple, *Umbilicaria esculenta* possède des propriétés thrombolytiques et aide à déboucher les caillots obstruant les vaisseaux sanguins), comme teinture (ainsi en Ecosse, les *Xanthoria* pilés dans l'urine servent à teindre la laine de mouton en rose) et aussi en parfumerie (la « mousse » du chêne, *Ervernia prunastri*, fournit des notes marines dans les parfums féminins). Bien que beaucoup de ces composés bioactifs aient été remplacés dans les dernières décennies par des produits synthétiques, le nouvel engouement post-Covid pour les produits naturels pourrait dans certains cas renverser demain cette tendance et redonner un espace économique à l'exploitation de certains lichens.

Pour dépasser ce goulot d'étranglement évolutif, certaines Charophytes ont généré des protoracines et développé un partenariat avec les champignons qui y étaient déjà présents. Cette symbiose, appelée mycorhization – cf. encadré E1.2b –, leur a permis de devenir des plantes terrestres susceptibles de se développer en milieu oxydant. Les plus anciens fossiles de plantes terrestres datent du début de l'Ordovicien moyen, il y a environ 470 millions d'années : ce sont des spores de bryophytes, clade comprenant les mousses, les hépatiques et les anthocérotes, qui témoignent de leur reproduction. On pense aujourd'hui que ces plantes pionnières de petite taille ont enrichi les continents de sols plus conséquents qu'auparavant en altérant les roches de surface avec lesquelles elles étaient en contact et qu'elles pourraient avoir constitué une biomasse assez importante pour initier une baisse de la concentration en CO_2 de l'atmosphère. Toutefois, avec l'extinction de masse Ordovicien-Silurien survenue il y a environ 445 millions d'années, à peu près 85 % des espèces végétales paraissent avoir disparu[9].

9. Les causes de cette extinction seraient multiples : phase de volcanisme majeure combinée à une période de glaciation à la fin de l'Ordovicien qui aurait fortement abaissé le niveau des mers et bouleversé les écosystèmes avant le retour des flots.

E1.2.b Les mycorhizations

Lorsque les premières plantes terrestres ont initié la colonisation des zones émergées du globe, pendant l'Ordovicien, elles ont eu à coexister avec les champignons et les symbioses lichéniques, déjà implantés sur les rochers.

Ces plantes primitives formées d'organes et de tissus différenciés étaient ancrées au sol par des racines primitives qui y absorbaient de l'eau et des nutriments. Leurs racines étaient reliées à une tige aérienne feuillue qui possédait des chloroplastes (qui leur permettaient de transformer l'énergie lumineuse en énergie chimique, notamment en sucres et autres éléments carbonés) et aussi des mitochondries, gages de leur respiration. Afin de garantir leur survie dans le milieu aérien, ces espèces établirent des interactions en reliant dans le sol leurs systèmes racinaires aux hyphes de champignons ambiants. Ce phénomène symbiotique, nommé « mycorhize » en 1885 par le biologiste allemand Albert Bernhard Frank (1839-1900) inspiré par les mots grecs anciens *mukês* pour « champignon » et *rhiza* pour « racine », a constitué le moteur de l'évolution du règne végétal sur les continents.

Une première association de ce type est connue par des fossiles d'un dépôt sédimentaire écossais, dit dépôt de Rhynie, daté d'au moins 410 millions d'années. Elle est appelée symbiose arbusculaire parce que, lorsqu'on l'observe au microscope, les hyphes du champignon se développent au cœur des racines de la plante de manière intercellulaire et intracellulaire formant des arbuscules. Cette symbiose établie entre des champignons de la famille des gloméromycètes et divers végétaux était bénéfique aux deux partenaires. Le champignon fournissait à la plante plus d'eau que ses racines seules ne lui permettaient de collecter, de la nutrition minérale, notamment

Deux principaux types de mycorhizes des végétaux vasculaires terrestres

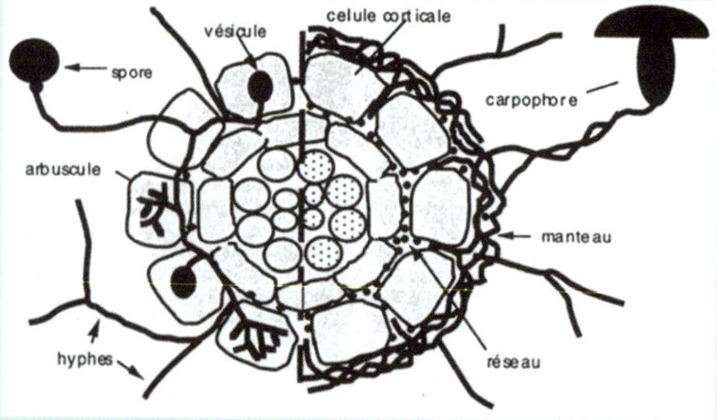

Source : Bonjean, *Déméter 2022*, d'après Le Tacon & Selosse, 1994

du phosphore et du zinc extraits des roches, tout en l'aidant à s'adapter aux phases de stress environnemental. La plante offrait en échange de la sève riche en sucres au champignon pour faciliter son développement.

À la fin du Carbonifère, il y a 250 millions d'années, un autre groupe de champignons décomposeurs de lignine et de cellulose s'étant fortement développé, certaines gymnospermes, notamment des conifères, développèrent une nouvelle association avec eux, les ectomycorhizes. Ces dernières avaient capacité à former un manchon autour des racines de ces arbres leur permettant de s'installer sur des assises minérales grossières telles les moraines glaciaires grâce à trois atouts : l'acidification du milieu consécutive à la présence de champignons saprophytes, l'efficacité des racines ectomycorhizées à extraire de l'azote des sols au profit des végétaux et l'accumulation de matière organique riche en tannins et en phénols, peu attaquables par les bactéries des sols forestiers. D'autres endomycorhizes spécifiques de familles botaniques aux exigences écologiques particulières furent ensuite établies : citons, par exemple chez les éricacées, les endomycorhizes avec des champignons ascomycètes ou, chez les orchidées, avec des champignons basidiomycètes ou autres.
Aujourd'hui, selon les milieux, 80 à 95 % des plantes établissent des mycorhizes avec les champignons dans les sols, entre leurs racines et les hyphes des champignons-partenaires.

Phylogénie et étapes-clefs de l'évolution des plantes terrestres

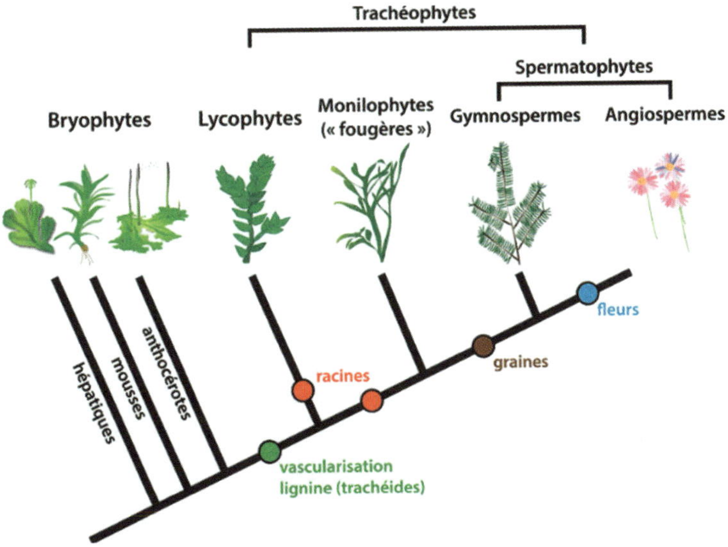

Source : Guériau et Mondejar Fernandez, 2019, *Encyclopédie de l'environnement*

À la fin du Silurien, voici 420 millions d'années, sont apparues les premières plantes vasculaires munies de corps pluricellulaires plus ou moins lignifiés, à vraies racines et méristèmes assurant leur croissance et leur donnant un port aérien érigé, ainsi que la capacité de se ramifier, dotées de tissus internes conducteurs d'eau et de minéraux et de feuillages porteurs d'organes spécialisés qui leur permettent des échanges gazeux avec l'atmosphère, les stomates. Une étonnante diversité de plantes terrestres suivit durant le Dévonien (-419 à -359 millions d'années)[10] avec le développement de prêles et de fougères au début de la période et l'apparition des premières plantes à graines ou spermaphytes au Dévonien supérieur. Les premières forêts connues datent de -380 millions d'années. Elles atteignirent des formes gigantesques au Carbonifère (-359 à -299 millions d'années), composées de lycophytes, de calamites, de fougères mais aussi, à la fin de cette période, de fougères à graines ou ptéridospermales et d'arbres à écorce ligneuse dont les premiers conifères archaïques, dits aussi cordaïtales – ces deux derniers groupes sont éteints de nos jours. Une nouvelle extinction de masse survient à la fin du Permien vers -252 millions d'années qui aurait détruit 75 % des espèces terrestres et 96 % des espèces marines[11]. Au Trias inférieur (-252 à -247 millions d'années), la diversité de certains lycophytes survivants domine la flore terrestre, puis cède la place à des gymnospermes comme les cycadales, les ginkgophytes et les glossoptérides[12] qui possèdent des cônes femelles sur lesquels se développent des ovules nus à l'aisselle d'écailles. Puis, dans la suite du Trias, les plantes à graines vont devenir majoritaires, notamment les conifères qui constituent le groupe le plus diversifié au Jurassique (-201 à -145 millions d'années). Dès le début du Crétacé (-145 à -66 millions d'années), un nouveau saut évolutif se fait avec l'apparition des angiospermes ou plantes à fleurs qui protègent leurs ovules, puis leurs graines, dans un ovaire. Ces nouvelles venues deviennent dominantes vers -100 millions d'années sur toutes les terres émergées. Puis au cours du Tertiaire (-66 à -2,58 millions d'années) et du Quaternaire (-2,58 millions d'années à aujourd'hui), la composition globale de la flore terrestre n'apparaît pas avoir été modifiée, même si les changements climatiques et notamment les glaciations en ont modifié les composantes régionales.

---

10 Pour mémoire, ce n'est que vers - 400 millions d'années que l'on a connaissance de la présence d'animaux sur la terre ferme.

11. Elle aurait plusieurs causes : impacts météoritiques massifs, divers événements volcaniques, asphyxie des océans, etc.

12. Groupe aujourd'hui éteint.

1.3. Biomasse végétale, probablement la plus importante de la planète, mais en déclin

La biomasse est par définition le poids de la biosphère vivant dans les compartiments marin, terrestre et même aérien de la planète. Selon l'article « The biomass distribution on Earth » de l'équipe du chercheur Y. M. Bar-On publié dans la revue *Biological Science* en 2018, à notre époque, la biomasse totale du vivant serait de l'ordre de 550 gigatonnes (Gt) de carbone. Pour arriver à ce résultat, ces scientifiques ont estimé le nombre d'organismes existant dans chaque règne du vivant ainsi que chez les virus qu'ils ont multiplié par le poids moyen de chaque catégorie d'êtres vivants. Autant dire que ce chiffre de 550 Gt est théorique et a des marges incertaines reconnues d'ailleurs par ces savants. Peut-être les bactéries pèsent-elles 10 fois plus, et les archées 13 fois plus, soient respectivement, 700 Gt et 91 Gt, ce qui ferait beaucoup plus de carbone que l'ensemble du végétal (450 Gt) ou que dans l'atmosphère (829 Gt selon le GIEC). Cette incertitude est due à la très petite taille de ces organismes et aussi au fait que leur présence a été révélée dans le sol à quelques kilomètres de profondeur par des forages – milieu où il est très difficile de quantifier précisément leur nombre par unité de volume.

Distribution de la biomasse terrestre sur terre en gigatonnes (Gt) et incertitudes

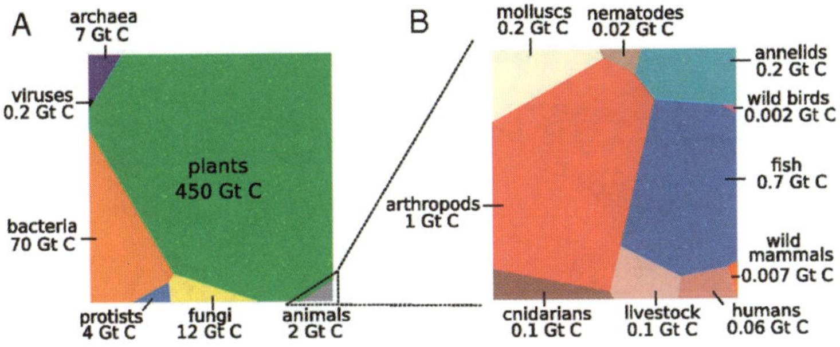

	Biomasse moyenne (Gt)	Incertitude (facteur multiplicatif
Plantes	450	1.2
Bactéries	**70**	**10**
Fungi	12	3
Archées	**7**	**13**
Protistes	4	4
Animaux	2	5
Virus	**0,2**	**20**

Source : Y. M. Bar-On *et al.*, publié en 2018.

Toutefois, en ce qui concerne le végétal, la biomasse est plus aisée à évaluer, car les macroalgues et les plantes terrestres sont visibles à l'œil nu, et leur couverture a pu être mesurée par les réseaux de satellites disponibles aujourd'hui. Le chiffre de 450 Gt pour le règne végétal paraît donc assez précis. Il est considérable si on le compare à l'estimation de biomasse de carbone des champignons (12 Gt) et plus encore des animaux (2 Gt).

Quant aux humains, apparus il est vrai, il y a seulement 300 000 ans, ils pèsent seulement 60 millions de tonnes de carbone, c'est-à-dire approximativement 0,01 % de toute la masse de la biosphère. Toutefois, depuis son expansion sur l'ensemble de la planète, on estime que notre espèce a réduit de moitié la masse végétale, notamment par déforestation et développement de la polyculture et de l'élevage après l'apparition de l'agriculture au Néolithique. En ce qui concerne nos seuls élevages incluant les animaux de compagnie, leur poids en carbone s'élève à 100 millions de tonnes, soit 15 fois plus que l'ensemble des mammifères restés sauvages, et, pour ce qui est de nos seules volailles domestiques, leur poids dépasse celui de tous les autres oiseaux.

E1.3. Une sixième extinction[13]

Depuis la fin des années 1990, un certain nombre de scientifiques considèrent que nous vivons actuellement une sixième extinction de la biodiversité du vivant depuis l'apparition de la vie sur notre planète, la première à découler directement des activités humaines (urbanisation, fragmentation des biomes, utilisation de pesticides, surexploitation des ressources naturelles, pollution, changement climatique, etc.).

Nombre d'espèces de plantes disparues depuis 1750 dans le monde

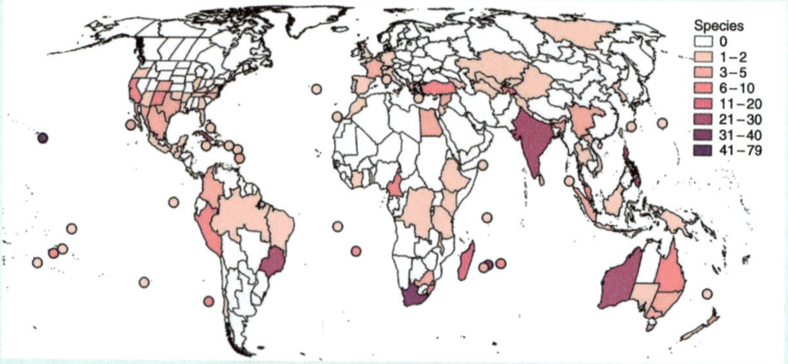

Source : Humphreys *et al.*, 2019

13. Les paléontologues considèrent que cinq extinctions massives du vivant ont eu lieu à l'Ordovicien, au Dévonien, au Permien, ainsi qu'aux frontières Trias-Jurassique et Crétacé-Tertiaire.

Les preuves d'une telle crise leur apparaissent accablantes. Depuis 1500, 7,5 à 13 % des espèces végétales et animales du monde auraient disparu. À titre d'exemple, ils estiment que depuis cette date, 571 plantes ont disparu et que 3 disparaissent maintenant chaque année, 7 à 13 % des espèces connues de mollusques sont éteintes, soit 150 à 260 000 espèces sur environ 2 millions. Cependant, tous les écosystèmes ne sont pas impactés de la même manière : ainsi d'autres chercheurs affirment qu'au niveau mondial, 32 % des espèces de vertébrés voient aujourd'hui leur population se réduire, que 40 % des insectes sont en déclin et que rien qu'en Europe, en 20 ans plus de 30 % des populations d'abeilles et de papillons ont diminué, ce qui constitue une menace pour la biodiversité sauvage et la production agricole. Selon un texte du Museum national d'histoire naturelle de Paris, « la situation n'est cependant pas homogène : les océans sont moins touchés que les milieux terrestres, et les plantes résistent mieux que les animaux. Par contre, les espèces insulaires sont beaucoup plus impactées que les espèces continentales »[14].

Le livre d'Elizabeth Kolbert, journaliste américaine spécialiste de l'environnement, de la biodiversité et du changement climatique, *La Sixième Extinction*, paru en 2014, a beaucoup contribué à médiatiser cette réflexion. Dans le pire des scénarios, l'humain est menacé s'il ne change pas son comportement historique de prédateur vis-à-vis de la biosphère en une attitude de développement durable ce qui a conduit en 2015 le pape François (1936-2025) à rédiger et diffuser *urbi et orbi* son encyclique *Laudato Si'* sur la sauvegarde de la maison commune.

D'un point de vue global, le règne végétal absorbe du gaz carbonique atmosphérique et produit l'oxygène nécessaire à la vie de la biosphère. Il est la source principale d'alimentation sur notre planète et présente plusieurs atouts : il est biodégradable, renouvelable et disponible pour tous les êtres hétérotrophes, l'humain compris. Il nous fournit aussi du bois, qui est à la fois un stockage du carbone, un matériau aux usages multiples et une réserve énergétique.

14 –https://inpn.mnhn.fr/actualites/lire/13362/la-sixieme-extinction-200-000-especes-eteintes-depuis-l-an-1-500

1.4. Les végétaux, base essentielle de notre alimentation

Les plantes nous fournissent 98 % de l'air que nous respirons et au moins 80 % de notre alimentation dont elles constituent depuis la nuit des temps le pilier le plus important. Sans elles, la vie telle que nous la connaissons n'existerait pas sur Terre. En effet, si les plantes disparaissaient, les herbivores mourraient, les omnivores et les carnivores par ricochet aussi.

Tableau I : Caractéristiques principales des grands groupes d'aliments végétaux

Types d'aliments végétaux	Principales caractéristiques alimentaires
Céréales et pseudo-céréales	• Glucides complexes, protéines végétales, fibres • Peu de lipides • Minéraux, vitamine B
Racines et tubercules	• Glucides complexes, protéines végétales, fibres
Légumineuses	• Protéines végétales, glucides complexes, fibres, minéraux
Oléagineux	• Lipides saturés et insaturés, fibres, minéraux, vitamine E
Légumes et fruits	• Glucides complexes, fibres, minéraux, vitamines • Peu de protéines et de lipides
Algues, épices, etc.	• Très variées selon les sources

Tableau II : Objectifs pour une alimentation saine pour 2 500 kcal/jour

Aliments	Apports en g/jour Intervalle possible	Apport calorique Kcal/jour
Céréales complètes • Blé, riz, maïs, etc.	232	811
Tubercules et racines amylacées • Pomme de terre, igname, etc.	50 (0-100)	39
Légumes	300 (200-600)	78

Aliments	Apports en g/jour Intervalle possible	Apport calorique Kcal/jour
Fruits	200 (100-300)	126
Produits laitiers • Lait entier ou équivalences	250 (0-500)	163
Sources de protéines • Bœuf, mouton, porc • Volailles • Œufs • Poissons • Légumineuses • Fruits à coques	14 (0-28) 29 (0-58) 13 (0-26) 28 (0-100) 75 (0-100) 50 (0-75)	30 62 19 40 284 291
Matières grasses ajoutées • Huiles insaturées • Huiles saturées	410 (20-80) 11,8 (0-11,8)	384 96
Sucres ajoutés	31 (0-31)	120

Source : étude EAT-Lancet

Les nutriments végétaux sont les éléments nutritifs que nous tirons de la consommation d'espèces végétales. Ce sont des substances organiques ou minérales indispensables à notre existence et à celle du monde animal. La grande diversité du règne végétal nous offre une grande diversité de ces substances alimentaires (cf. tableau I) qui sont classées par les nutritionnistes en deux catégories : les macronutriments et les micronutriments.

Les macronutriments sont caractérisés par leur concentration supérieure à 0,1 % de la matière sèche. Plus de 90 % de ces composés organiques complexes sont formés de carbone, d'hydrogène, d'oxygène et d'azote qui sont les éléments nutritifs principaux des plantes, auxquels s'ajoutent des molécules minérales tirées du sol ou des amendements et engrais comme le potassium, le phosphore, le magnésium, le calcium ou le soufre. Leur absorption lors des repas nous est indispensable quotidiennement en relativement grandes quantités, car elle apporte de l'énergie à nos organismes sous forme de calories, assure la bonne marche de nos fonctions vitales par le biais de la digestion et joue un rôle essentiel dans la prévention de notre santé.

Les micronutriments ou oligo-éléments ne dépassent pas les 0,01 % de la matière sèche. Ce sont le chlore, le fer, le bore, le manganèse, le zinc, le cuivre, le fluor, le sélénium, etc. Les nutritionnistes leur ajoutent fréquemment les vitamines contenues dans les plantes, des antioxydants (caroténoïdes, flavonoïdes, polyphénols, etc.) et des acides essentiels que notre corps ne sait pas synthétiser. À la différence des macronutriments, ils ne nous transfèrent pas d'énergie sous forme de calories.

Dans une assiette idéale conciliant alimentation saine et durabilité de celle-ci, les spécialistes considèrent (cf. tableau II) que l'ensemble de la composante végétale devrait être abondante et comprendre des céréales complète, des légumes, des fruits, des légumineuses, des fruits à coque et un peu d'huiles, si possible largement insaturées, et de sucres ajoutés.

E1.4. Acides aminés essentiels

Pour le bon fonctionnement de nos organismes, notre alimentation doit leur fournir certains acides aminés dits essentiels que notre corps ne peut pas synthétiser ou alors de manière trop lente. Chez l'humain, neuf acides aminés sont considérés médicalement essentiels[15] : le tryptophane, la lysine, la méthionine, la phénylalanine, la thréonine, la valine, la leucine, l'isoleucine et l'histidine. Chez l'enfant, deux autres acides aminés sont essentiels : l'arginine et la glutamine.

Pour ce qui est de la phénylalanine, de l'histidine et du tryptophane, il est à noter que seules les plantes, et certains micro-organismes, sont capables de les synthétiser.

Dans le cas de régimes trop riches en certaines sources végétales, celles-ci sont limitantes dans les apports en acides aminés essentiels : ainsi par exemple, le blé tendre est limitant en lysine, le maïs en tryptophane et lysine, le pois en méthionine ; dans ce cas, il convient de compléter ces régimes alimentaires par un apport végétal complémentaire : par exemple, le sarrasin limitant en lysine et suffisant en méthionine peut être servi avec de la lentille suffisante en lysine et limitante en méthionine. Des apports sous forme de compléments alimentaires peuvent aussi être administrés en cas de besoin.

De même, il existe des acides gras essentiels que l'organisme humain ne peut pas synthétiser et qui doivent donc être apportés par l'alimentation. Deux sont en effet indispensables : l'acide linoléique et l'acide α-linolénique. Les autres acides gras des familles oméga-6 et oméga-3 peuvent néanmoins être synthétisés à partir de leurs précurseurs apportés par l'alimentation.

15. En fait, la tyrosine et la cystéine ne sont pas indispensables au sens strict, car le corps humain peut, en leur absence, les synthétiser respectivement à partir de la phénylalanine et de la méthionine. Par ailleurs dans le cadre de certaines pathologies, certains acides aminés non essentiels peuvent le devenir ; par exemple, chez les personnes atteintes de phénylcétonurie – maladie responsable d'une déficience intellectuelle par accumulation de phénylalanine dans le sang et le cerveau –, la réduction de l'absorption de phénylalanine est essentielle, mais, comme cet acide aminé est un précurseur de la tyrosine, cette dernière n'est plus synthétisée et devient essentielle.

L'ensemble des acides gras des familles oméga-6 et oméga-3 jouent un rôle vital pour l'organisme en raison de leurs nombreuses fonctions essentielles. Ils sont indispensables pour le développement du fœtus et la croissance du nourrisson. Chez l'adulte, ils contribuent à la santé cardiovasculaire, au bon fonctionnement du système immunitaire, à la régulation des réponses inflammatoires et allergiques ainsi qu'à diverses autres fonctions (hydratation et élasticité de la peau, synthèse du cholestérol, production d'énergie cellulaire, etc.).

CHAPITRE 2

Comment reconnaître un végétal

2.1. Présence de parois cellulosiques, vacuole et chloroplastes

Si toutes les cellules végétales possèdent en tant que cellules d'eucaryotes un noyau et des mitochondries, elles sont revêtues d'une membrane plasmique protectrice et se caractérisent principalement par trois structures spécifiques : une paroi cellulaire pectocellulosique, une vacuole et la présence de chloroplastes.

Coupe d'une paroi pectocellulosique

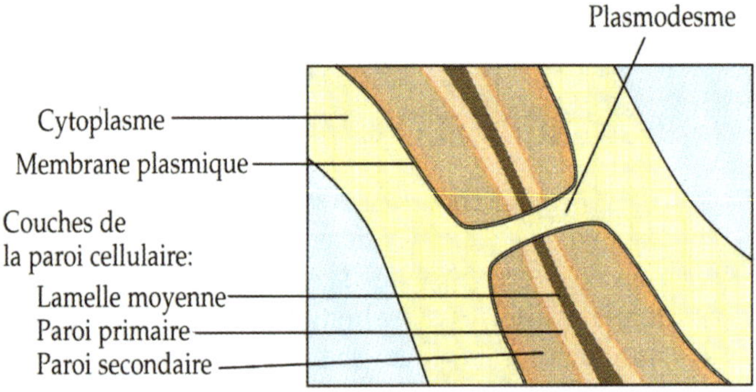

Source : www.ecoledesherbes.org

Les cellules végétales sont caractérisées par une double paroi pectocellulosique rigide de 0,1 micron d'épaisseur, ce qui les différencie fortement des cellules animales qui sont nues. Ces parois qui contiennent de 70 à 95 % d'eau forment une sorte de « squelette » extracellulaire donnant la forme, le soutien et la protection des organes végétaux et sont constitutives de l'absence de mobilité propre aux plantes. Leurs composantes – cellulose, hémicellulose, pectines et un petit nombre d'éléments protéiques dont la composition est proche du collagène animal – sont complexes. Il est à noter également que les parois de nombreuses cellules végétales sont traversées de fréquents ponts cytoplasmiques ou plasmodesmes qui permettent des échanges moléculaires entre cellules. Les fonctions principales des parois végétales incluent l'architecture cellulaire, le maintien de la tension osmotique des tissus par rapport au milieu extérieur ainsi qu'une contribution la croissance des plantes et aux interactions avec les champignons (mise en place de mycorhizes, défense vis-à-vis de champignons parasites, etc.).

Par rapport aux cellules animales, les cellules végétales présentent un organite central de grande taille très hydraté qui stocke des composés métaboliques, la vacuole, et un cytoplasme de dimension réduite. L'autre fonction la plus évidente de la vacuole est de permettre la croissance de la cellule qui emmagasine de l'eau par osmose (turgescence cellulaire). Par ailleurs, les cellules végétales ne comportent pas de centrosomes contrairement aux cellules animales.

Les chloroplastes sont des organites spécifiques du règne végétal[16]. Ils contiennent de la chlorophylle et assurent la photosynthèse. Via cette fonction, comme cela a été décrit dans le chapitre précédent, ils captent l'énergie solaire et la mettent en réserve sous forme d'ATP (adénosine triphosphate) qui fournit l'énergie chimique nécessaire à la réduction du gaz carbonique et aux biosynthèses effectuées dans les plantes. Ils produisent également par cette voie de l'oxygène.

E2.1. Cellule végétale *vs* cellule animale

Les cellules végétales et animales ont plusieurs organites et structures intracellulaires similaires, tels

- un noyau,
- une membrane cellulaire,
- un cytoplasme,
- un réticulum endoplasmique sous deux types, un lisse et un rugueux,
- un appareil de Golgi
- des ribosomes.

Ordinairement, les cellules végétales sont grossièrement en forme de pavé, rigides et de plus grande taille (10 à 100 micromètres) que les cellules animales (10 à 30 micromètres), et ne possèdent pas de vrais centrioles. Elles sont pourvues d'une large vacuole centrale, sont autotrophes par l'intermédiaire de leurs chloroplastes et contiennent plastides (pigmentation) et plasmodesmes, et stockent des réserves de grains d'amidon. Ces cellules synthétisent tous les acides aminés, coenzymes et vitamines qui leur sont nécessaires par elles-mêmes. Elles possèdent des corps de Golgi plus petits que ceux des cellules animales mais plus nombreux, leur rôle principal étant la modification, le traitement, le tri et l'emballage des protéines pour la sécrétion cellulaire. De plus, elles ne contiennent ni centrosomes, ni lysosomes. Par ailleurs, les cellules végétales ne se fissurent pas dans des conditions hypotoniques en raison de la présence d'une paroi cellulaire.

... /...

16. Toutefois, il convient de noter qu'ils ne sont pas présents chez les plantes parasites ou dans certaines parties du tissu végétal (bois, tissus morts et aussi ovules et embryons qui se développent via la respiration mitochondriale).

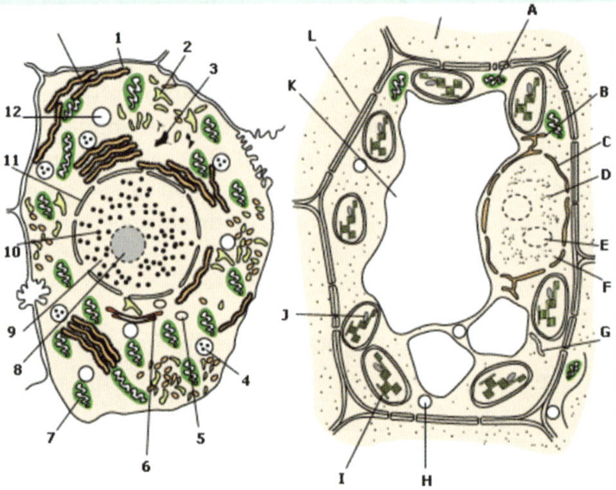

Cellule animale

1. Réticulum endoplasmique granuleux
2. Réticulum endoplasmique lisse
3. Glycogène
4. Lysosome
5. Vésicule
6. Appareil de Golgi
7. Mitochondrie
8. Nucléole
9. Nucléoplasme
10. Chromatine
11. Enveloppe nucléaire
12. Lipides de réserve

Cellule végétale

A. Mitochondrie
B. Réticulum endoplasmique rugueux
C. Enveloppe nucléaire
D. Chromatine
E. Nucléole
F. Nucléoplasme
G. Réticulum endoplasmique lisse
H. Gouttelette lipidique
I. Chloroplaste
J. Amidon
K. Vacuole
L. Membrane plasmique

Source : www.maxicours.com

À l'inverse, les cellules animales sont de forme ovoïde irrégulière et disposent de nombreuses petites vacuoles. Elles possèdent des centrosomes et des lysosomes mais ni chloroplastes, ce qui les rend hétérotrophes, ni plastides, ni plasmodesmes. Elles stockent des réserves sous forme de glycogène et ont relativement peu de corps de Golgi, mais de grands réticulums endoplasmiques rugueux et lisses dont la fonction majeure est de traiter et d'emballer les protéines et les grosses molécules lipidiques durant leur synthèse. Les cellules animales sont incapables de synthétiser tous les acides aminés, coenzymes et vitamines dont elles ont besoin. Contrairement aux cellules végétales, elles éclatent dans des conditions hypotoniques.

2.2. Architecture comparée des macroalgues et des plantes terrestres à fleurs

Architecture d'une macroalgue

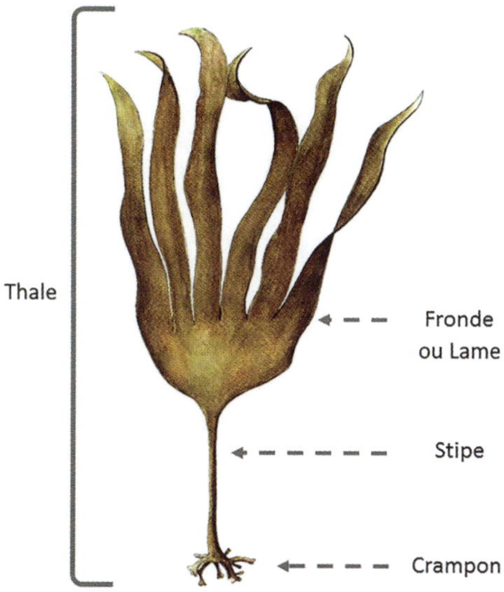

Laminaria digitata

Source : https://www.sentinelledelestuaire.fr/?p=2142

Les macroalgues dérivent de certaines microalgues et constituent les principales plantes marines. En ce qui concerne leur morphologie, l'ensemble des tissus des macroalgues forme un compartiment homogène ou thalle composé de trois parties partageant chacune la fonction photosynthétique qui les nourrit et leur permet de se développer :

- un crampon qui assure leur fixation sur un support, généralement en forme de disque,
- un pédoncule plus ou moins long appelé stipe,
- une lame, parfois appelée aussi fronde, de formes diverses (pleine, cylindre, croûte, vésiculaire, lanières, filaments, etc.).

Elles n'ont ni tiges, ni vraies feuilles, ni système racinaire ; ni fleurs ni fruits.

Elles se répartissent en fonction de leur profondeur d'implantation :

- les plus profondes sont les algues rouges qui peuvent pousser jusqu'à 70 m de profondeur, voire rarement jusqu'à 200 m dans des eaux très claires.

- les algues brunes se développent jusqu'à 20 m de profondeur ; certaines d'entre elles sont également flottantes telles les sargasses (*Sargassum* spp.) éponymes de la mer du même nom.
- les algues vertes se trouvent de la zone des marées jusqu'à 10 mètres de profondeur.

Leur taille varie de quelques millimètres à plusieurs dizaines de mètres – l'algue brune *Macrocystis pyrifera* des côtes rocheuses de l'océan Pacifique peut atteindre et même dépasser 65 m de long et croître de 3 cm par heure, soit 60 cm par jour. Elle forme des forêts de kelp.

Évolution de la diversité des plantes terrestres : primitives (a), ptérophytes (b), gymnospermes (c) et angiospermes (d) dans la flore au fil des temps géologiques

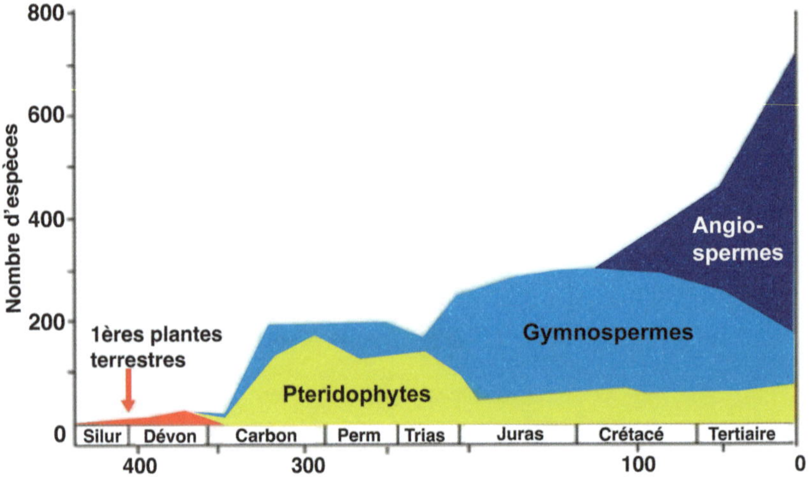

Source : McElwain *et al.*, 2011, d'après Nicklas, 1997.

En comparaison, les plantes terrestres à fleurs ou angiospermes constituent la phase évolutive la plus avancée de la flore terrestre dont les origines remontent à certaines algues vertes. Contrairement aux macroalgues qui sont plongées dans un seul milieu, l'eau marine, les plantes terrestres ont dû développer une adaptation à deux milieux : le sol coupé de la lumière solaire et le milieu aérien.

Architecture d'une plante à fleurs

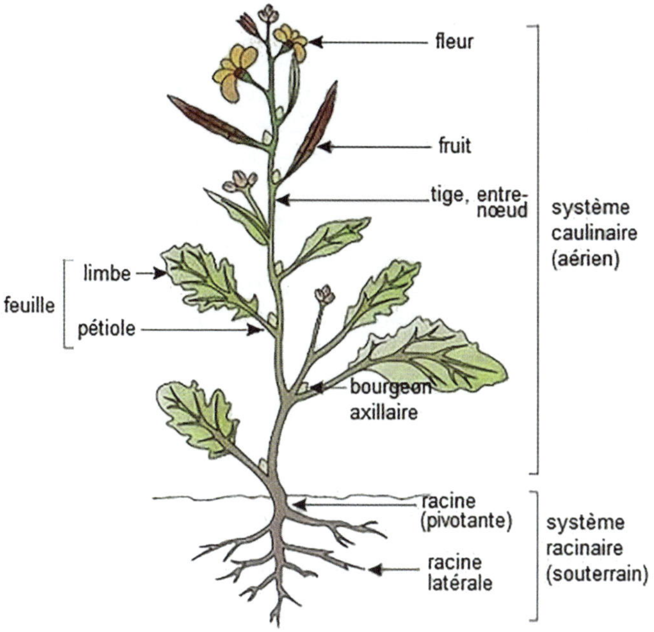

Source : EDS

Par suite, l'architecture des angiospermes comprend deux compartiments aux cellules bien différenciées :

- un système racinaire souterrain incluant des racines plus ou moins ramifiées ;
- un système caulinaire aérien, incluant des organes végétatifs (tiges, bourgeons axillaires, feuilles) et un appareil reproducteur (inflorescence porteuse de fleurs, puis de fruits et de graines).

Le premier ancre la plante dans le sol et y absorbe eau et sels minéraux.
Le second dressé dans l'atmosphère terrestre capte la lumière et échange les gaz nécessaires au fonctionnement de la photosynthèse.
Ces plantes qui représentent aujourd'hui la plus grande partie de la flore terrestre sont réparties sur tous les continents, hormis les zones couvertes de glace ou situées en haute montagne, et sous quasiment toutes les latitudes, hormis les pôles. Leur taille varie de quelques millimètres ou centimètres à des dizaines de mètres – l'angiosperme la plus grande au monde pourrait être un méranti jaune *(Shorea faguetiana)* situé dans la forêt pluviale de Sabah dans la Bornéo malaisienne ; cet arbre atteindrait 98,53 m[17]. Toutefois, en 1872, un eucalyptus de montagne *(Eucalyptus regnans)* de 132,60 m aurait été coupé dans l'État de Victoria en Australie.

17. Toutefois, l'arbre le plus haut sur terre de nos jours serait un conifère, un séquoia toujours vert (*Sequoia sempervirens*) de Californie de 115,90 m. Le nom d'Hypérion lui a été donné.

E2.2. Quelques plantes très anciennes et hors normes

Si l'on s'en tient aux plantes dont l'âge a été scientifiquement mesuré (et non pas indirectement estimé[18]), le plus vieil arbre individuel de la biosphère serait un pin à cônes du Grand Bassin états-unien *(Pinus longaeva)* dit Methuselah, en Californie, mesuré à 4 856 ans. Son âge dépasse de peu celui d'une posidonie australienne *(Posidonia australis)*, une angiosperme herbacée monoïque marine découverte en 2022 et mesurée à 4 500 ans dont un seul individu stérile forme un herbier de près de 200 km², soit environ deux fois la superficie de la commune de Paris.

Dans cette rubrique hors d'âge, un autre fait mérite d'être cité : en 2012, des scientifiques russes ont publié qu'ils avaient réussi à faire germer et fleurir en laboratoire une Caryophyllée[19], *Silene stenophylla*, après en avoir trouvé des graines dans le permafrost du nord-est de la Sibérie, datées au carbone 14 de 31 800 -/+ 300 ans ; celle-ci présentait quelques caractères morphologiques légèrement différents de ceux des spécimens sauvages actuels de la même région de Sibérie.

Une colonie clonale pouvant survivre bien plus longtemps qu'une plante individuelle, l'Australie présente trois colonies de ce type extrêmement anciennes. La première située dans le Queensland dérive de trois arbres individuels de hêtres antarctiques *(Nothofagus moorei)* et son âge a été évalué à un peu moins de 70 millions d'années. La seconde en Nouvelle-Galles du Sud concerne une population relictuelle de pins de Wollemi *(Wollemia nobilis)* datant de plus 60 millions d'années. La troisième est une population unique de Tasmanie de lomatia de King *(Lomatia tasmanica)*, une angiosperme connue jusque-là seulement par des fossiles. Les États-Unis offrent quant à eux dans l'Utah une colonie clonale de peupliers faux-trembles *(Populus tremuloides)*, nommée Pando, d'une surface de 43 hectares datée d'au moins 14 000 ans.

18. Le plus gros d'un des plus rares eucalyptus australiens connus, *Eucalyptus recurva*, – on en connaît seulement cinq pieds vivants qui ont été découverts à la fin des années 1980 – est estimé à 13 000 ans, mais son âge exact reste à déterminer.

19. Plante de la famille des œillets.

2.3. Présence de méristèmes

Le développement des plantes terrestres dérive de l'évolution des algues via le groupe des charales chez les algues vertes. C'est un processus continu et répétitif qui se distingue nettement du développement animal en ce sens qu'elles peuvent grandir toute leur existence. La croissance et le déploiement des parties aérienne et souterraine d'un végétal proviennent de méristèmes – du grec *« μεριστός »*, *meristós* signifiant partagé, divisé –, zones de tissus indifférenciés totipotents comparables aux cellules souches des animaux, formés de cellules embryonnaires se divisant continuellement par mitoses. Cette spécificité leur permet de se développer puis de se différencier en donnant naissance aux divers organes de la plante. Ils sont formés de deux types de cellules : les cellules initiales qui se divisent pour perpétuer le méristème et les cellules dérivées spécialisées à l'origine de l'organogenèse de la plante.

Emplacement des méristèmes

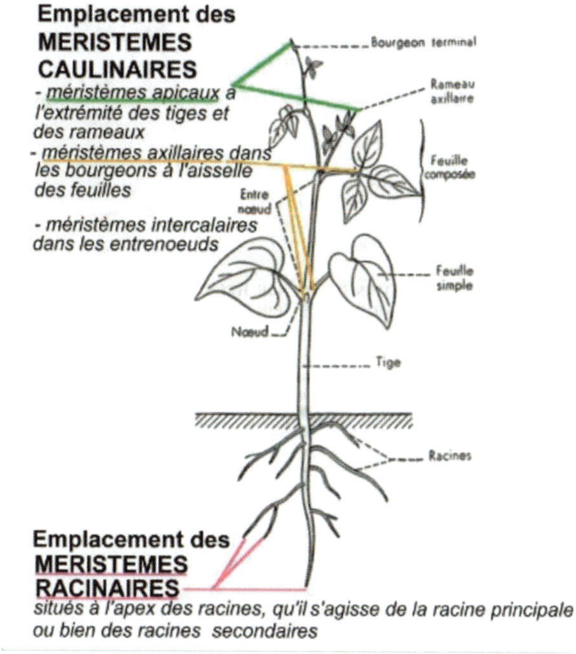

Source : ENS Lyon.

D'un point de vue botanique, on distingue les méristèmes primaires et les méristèmes secondaires.

Les méristèmes primaires, dits aussi apicaux, sont responsables de la croissance de la plante en longueur tant au niveau des tiges que des racines. Ils comprennent

deux types : les méristèmes apicaux caulinaires qui se situent à l'extrémité des tiges et à l'aisselle des feuilles, dans les bourgeons axillaires, et les méristèmes racinaires, présents aux extrémités des racines.
Les premiers sont responsables du développement et de la croissance des bourgeons, de la tige, des feuilles[20] et des fleurs permettant à la plante d'optimiser son rendement photosynthétique et d'assurer sa reproduction sexuée. Pour ce qui est de l'organogénèse florale, c'est sous l'effet de variations environnementales comme la photopériode et la température ainsi que de signaux internes que le méristème apical se transforme en un méristème d'inflorescence produisant des fleurs.
Les seconds permettent le développement du système racinaire[21] et ancrent la plante dans le sol où elle s'approvisionne en eau et en minéraux.
Ces méristèmes sont aussi présents dans la graine et s'expriment au niveau de l'embryon, puis de la toute jeune plantule.

Coupe d'un méristème secondaire

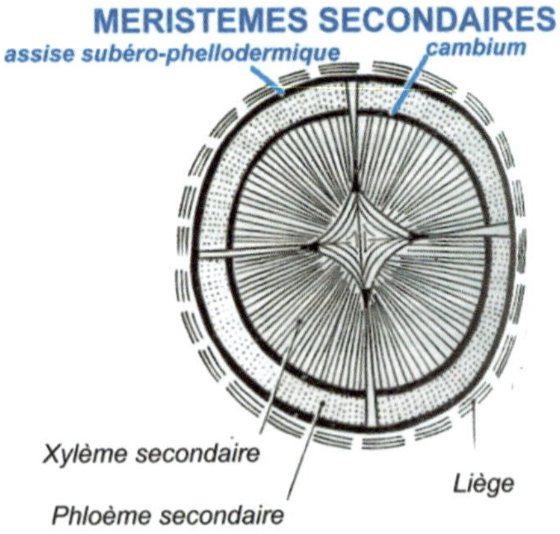

Source : ENS Lyon.

Les méristèmes secondaires – cambium et zone subéro-phellodermique – sont absents chez les espèces herbacées[22] et présents chez les espèces ligneuses. Ils assurent la croissance des organes de la plante en épaisseur sous forme de manchons cellulaires sur les tiges et les racines. Ce sont deux zones génératrices dont les cellules se divisent essentiellement selon une direction radiale. L'assise subéro-phellodermique produit du liège ; la face externe du cambium émet du phloème secondaire, conducteur de la sève élaborée et structure de soutien, tandis que sa face interne génère du xylème secondaire lignifié, conducteur de la sève brute et également structure de soutien.

Il est à souligner que chez les plantes la croissance cellulaire est rendue possible par l'élasticité relative des parois pectocellulosiques des cellules primaires et par l'action

20. Cette croissance n'est pas rectiligne mais orientée de manière spécifique (phyllotaxie) vers la lumière et permet, dans le cas des plantes grimpantes, qu'elles s'enroulent sur un support.

21. En général, les racines latérales s'établissent de manière endogène à distance de l'apex par différenciation de l'assise cellulaire externe de la racine entre la partie centrale conductrice de celle-ci et son écorce. Toutefois, des exceptions existent : des racines aériennes comme chez les palétuviers de mangroves ou des tiges souterraines modifiées comme les tubercules, les cormes ou les bulbes.

22. Chez les graminées incluant les céréales, des méristèmes intercalaires existent à la base des feuilles ou des entre-nœuds. Ils assurent la croissance de ces organes.

de diverses hormones, dont l'auxine, qui stimulent l'élongation, laquelle précède la différenciation cellulaire – mais nous n'entrerons pas ici dans ces détails. On peut aussi noter que des cellules végétales différenciées peuvent retourner à l'état méristématique (dédifférenciation cellulaire qui permet notamment le bouturage)[23].

E2.3. Particularités du méristème du rotin

Plusieurs palmiers[24] des genres *Calamus* et *Daemonorops* sont connus sous le terme commun « *rotin* » (dérivé de « *rotang* » en malais) dont les productions désignent également une sorte de vannerie courante en Asie du Sud-Est, dédiée principalement à la fabrication de meubles et objets domestiques légers. Leur centre de diversité maximale se trouve en Malaisie de l'Ouest. Depuis le xxe siècle, la culture de certaines de ces espèces a été étendue en Afrique subsaharienne et Amérique latine.

Ce sont pour la plupart des palmiers de sous-bois de forêt tropicale grimpants, vigoureux, à feuilles persistantes, aux tiges longues, robustes, épineuses, à croissance très rapide. Ces dernières ont la particularité de posséder un seul méristème apical caulinaire et sont non ramifiées. Constituées de fibres formant un cylindre plein de diamètre régulier (contrairement à l'osier formé d'une seule fibre et conique), elles peuvent mesurer jusqu'à 20 m de long, voire beaucoup plus[25], avec un diamètre variant de quelques millimètres à environ 5 cm. Leurs feuilles sont grandes.

Planche botanique de *Calamus draco*

Source : H. A. Köhler & G. P. Pabst, 1887

La vannerie du rotin a du succès en Occident depuis le xixe siècle car elle fournit des produits solides et peu coûteux. On récolte traditionnellement les tiges dans la nature ou en culture après semis de graines – en plantation, la récolte débute d'ordinaire 7 à 10 ans après le semis, devient maximale entre 22 et 36 ans, puis décline autour de 40 ans.

…/…

23. Si l'on plonge quelques jours dans un verre d'eau un morceau de tige (bouture), des racines y apparaissent.
24. Famille des Arécacées.
25. Certains auteurs indiquent 200 m.

Les tiges de rotin de gros diamètre sont rigides et résistent bien à la pression comme à la traction. Elles sont employées comme câbles, cadres de meubles, etc. ou divisées dans leur longueur en bandes plus fines. Les tiges de petit diamètre sont souples et élastiques. Tressées, elles forment des cordes très résistantes ou sont utilisées pour fabriquer des chaises, des tabourets, d'autres objets domestiques comme des nattes, des paniers, des nasses, des casquettes, des attaches, des poignées, des décorations, etc.

2.4. Reproduction sexuée ou asexuée

Organismes pluricellulaires eucaryotes autotrophes qui produisent leur propre nourriture par la photosynthèse, les végétaux pratiquent la reproduction sexuée comme les animaux et aussi la reproduction asexuée, ou multiplication végétative, plus souvent que ces derniers.

Rappel de la phylogénie du règne végétal

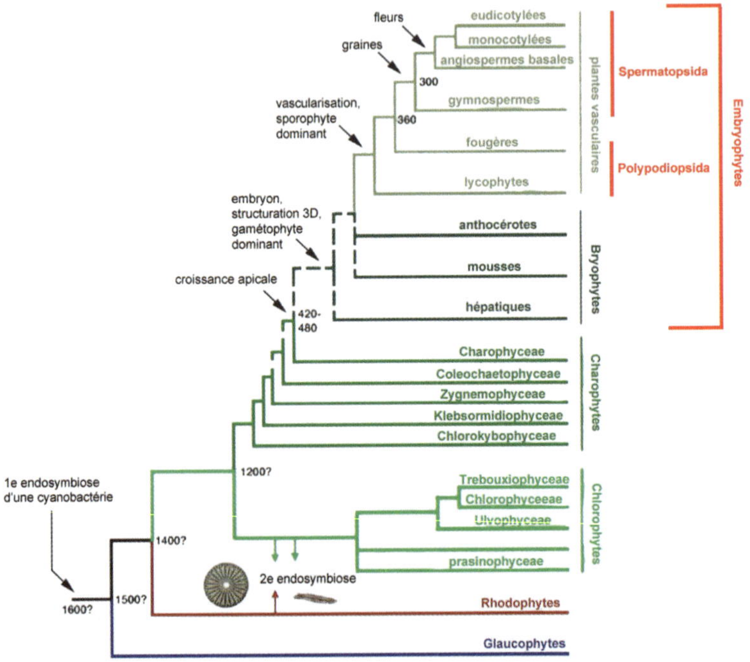

Source : biologievegetale.be

Contrairement à la reproduction végétative asexuée, la reproduction sexuée donne naissance à un nouvel individu différent de ses parents et enrichit la biodiversité d'une espèce. Toutefois chez les plantes, contrairement aux animaux, il n'y a pas toujours besoin de deux individus différents, mâle et femelle, pour qu'il y ait reproduction sexuée. Souvent, les gamètes mâles et femelles proviennent de la même plante ; dans d'autres cas, ils sont issus de plantes différentes.
Par suite, il existe différents schémas de reproduction sexuée.

- Les macroalgues, selon les espèces, se reproduisent sexuellement de trois manières : par fusion des cellules reproductrices ou gamètes (plasmogamie), par fusion de gamètes pour donner vie à un zygote (caryogamie) ou par un processus de recombinaison chromosomique générant de nouveaux gamètes qui permettront la reproduction suivante (méiose). Elles offrent une grande diversité de cycles vitaux qui peuvent être regroupés en trois ensembles : cycles monogénétiques haplophasiques lorsque la méiose a lieu pendant la germination du zygote ; cycles monogénétiques diplophasiques lorsque la méiose crée deux gamètes haploïdes ; cycles digénétiques haplodiplophasiques en deux phases – production de gamètes par le gamétophyte pendant la mitose et production de spores par le sporophyte pendant la méiose.

Exemples de cycles biologiques d'algues

Spirogyre (*Spirogyra* spp.), algue verte filamenteuse	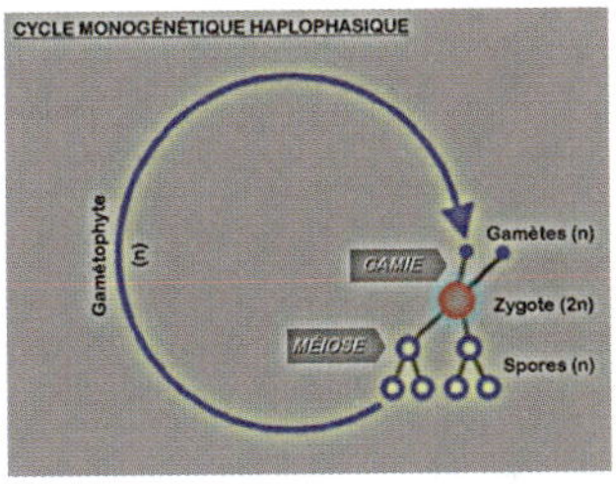
Fucus *(Fucus vesiculosus)*, algue brune	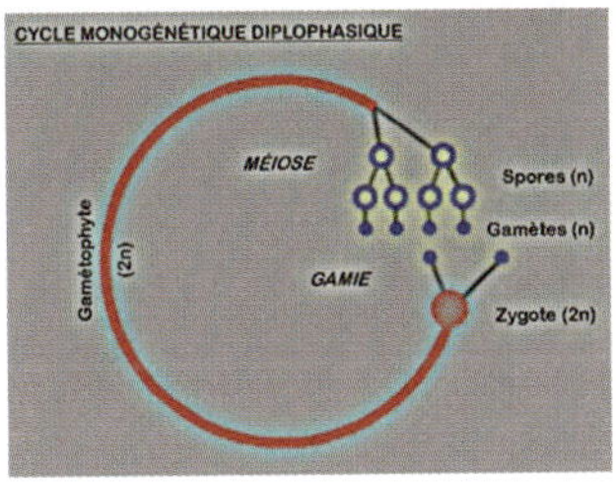
Laitue de mer *(Ulva lactuca)*, algue verte	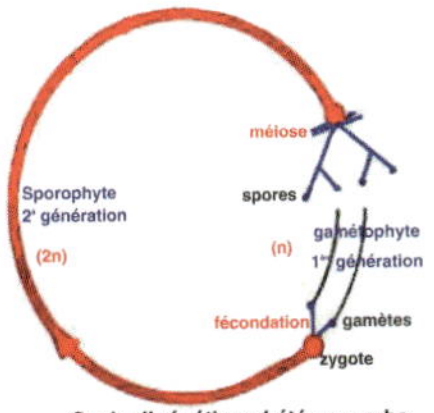 Cycle digénétique hétéromorphe haplo-diplophasique

Source : cours de botanique

- Les bryophytes se développent par cycles digénétiques haplodiplophasiques avec dominance du gamétophyte. Le sporophyte est réduit et toujours fixé au gamétophyte (n). Le gamétophyte est indépendant et dominant, caractéristique de la plante – ce qui est unique chez les plantes terrestres et est considéré par certains botanistes comme une impasse dans l'évolution des plantes.
- Les fougères et les autres ptéridophytes se reproduisent par cycles digénétiques haplodiplophasiques avec dominance du sporophyte (2n) qui est pourvu d'un système vasculaire, et indépendance végétative des deux phases. Elles ne produisent pas de graines mais ont inventé l'hétérosporie. Leurs gamétophytes demeurent discrets et sont soit bisexués (monoécie), soit unisexués mâles ou femelles (dioécie).

Cycle de reproduction d'un pin

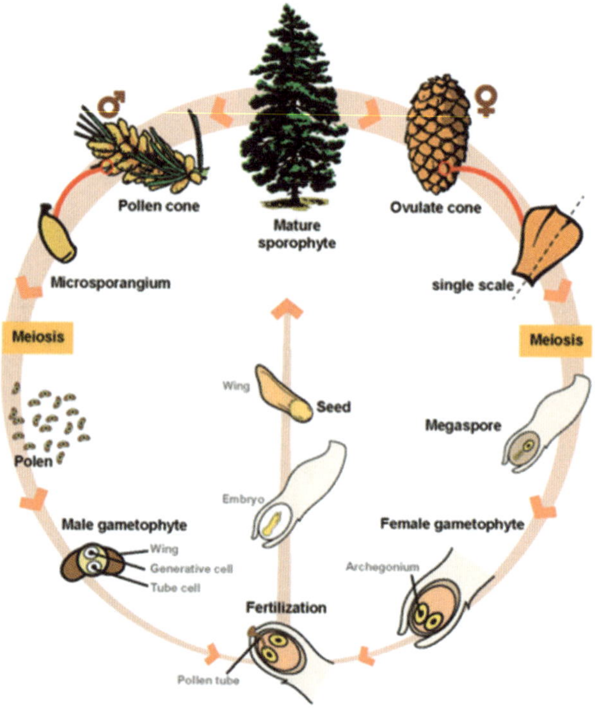

Source : Homeschool Science

- Les gymnospermes dont les conifères forment actuellement le groupe principal se reproduisent via des ovules nus portés par une feuille fertile, plus ou moins transformée. Les conifères sont généralement de grands arbres à xylème et phloème, porteurs de feuilles habituellement persistantes[26]. Généralement monoïques, parfois dioïques

26. Toutefois des genres comme celui du mélèze commun *(Larix decidua)* ont des feuilles caduques.

ou trioïques, ils forment des cônes ou strobiles, mâles et femelles. Selon les espèces, la formation des cônes femelles, structures ligneuses et écailleuses de 2 à 600 mm, apparaît après quelques années de croissance de la plante, et leur maturité intervient entre 3 et 36 mois. Les cônes mâles produisent un pollen jaunâtre, souvent abondant, via des microsporanges, qui est libéré et transporté par le vent jusqu'aux cônes femelles. À proximité d'un gamétophyte femelle, le grain de pollen subit une méiose et féconde le gamétophyte femelle. Il en résulte un zygote qui se transforme en embryon, puis une graine. Selon les espèces, le cône femelle se désagrège et relâche ses graines au vent ou, chez d'autres, tel le pin parasol *(Pinus pinea)*, protégées par une coque dure, elles sont dispersées par les oiseaux ou les rongeurs[27].

Double fécondation des plantes à fleurs

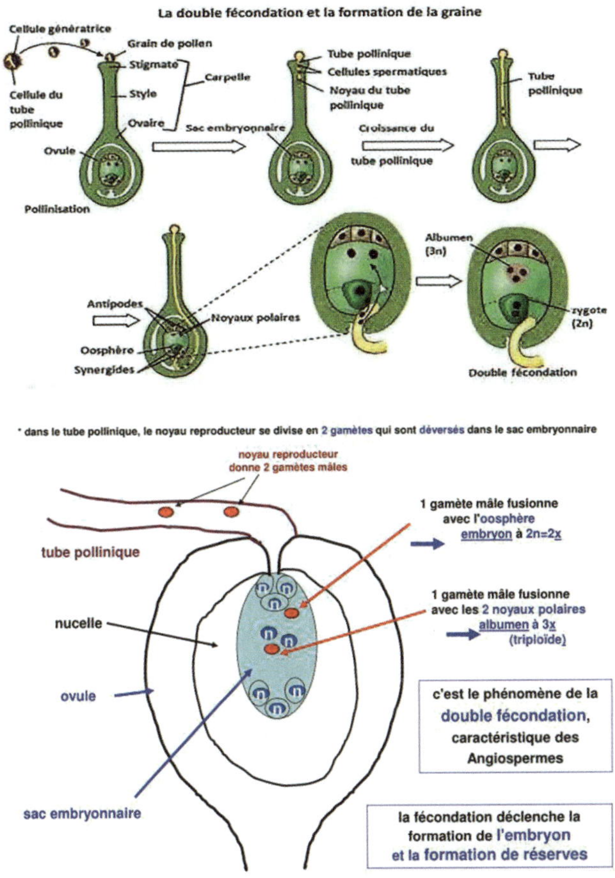

Source : Docplayer.fr

27. Certaines peuvent être préservées en bon état germinatif dans les cônes jusqu'à quatre-vingts ans, pour n'être relâchées qu'après qu'un ouragan ou un feu a malmené l'arbre.

- Les angiospermes ou plantes à fleurs se reproduisent à l'aide de fleurs qui peuvent être portées soit par des plantes différentes (espèces dioïques, tels le laurier-sauce, *Laurus nobilis*, ou l'ortie, *Urtica dioica*) soit par les mêmes plantes porteuses de fleurs mâles et de fleurs femelles séparées (espèces monoïques, tels le maïs, *Zea mays*, ou le châtaignier, *Castanea sativa*), soit par des plantes porteuses de fleurs à la fois mâles et femelles (espèces hermaphrodites, tel le blé tendre, *Triticum aestivum*, ou la pensée des champs, *Viola arvensis*). Il existe aussi des plantes possédant à la fois des fleurs hermaphrodites et des fleurs unisexuées (espèces polygames, comme la pariétaire officinale, *Parietaria officinalis*, ou la petite pimprenelle, *Sanguisorba minor*). Dans tous les cas, le sporophyte (2n) est la plante feuillée porteuse de fleurs. Leur reproduction sexuée est caractérisée par une double fécondation. Elle a été découverte indépendamment par divers scientifiques à la fin du XIXe siècle : un botaniste allemand E. A. Strasburger (1844-1912), un biologiste russe S. G. Navachine (1857-1930) et le pharmacien français L. Guignard (1852-1928). Lorsque le grain de pollen sur le stigmate est déposé par gravité, par le vent ou par un pollinisateur, il germe et développe un tube pollinique qui s'enfonce dans le style, la paroi de l'ovaire et la partie centrale de l'ovule, ou nucelle. À son extrémité, le tube pollinique contient deux gamètes mâles réduits à leur plus simple expression de noyaux, baptisés synergides. Libérés par l'ouverture du tube pollinique, l'un des deux féconde l'ovule qui devient zygote, et l'autre, au lieu de disparaître comme chez les conifères, s'unit aux deux noyaux polaires du sac embryonnaire inclus dans l'ovule pour former un second zygote triploïde. Le développement de ce second zygote donnera l'albumen, réserves nutritives de la graine qui nourriront l'embryon dans la première phase de la germination avant le développement de ses cotylédons. En attendant cette étape, l'ovaire, transformé en fruit, abrite et protège les graines.

Dans certains cas, le cycle de reproduction sexuée d'une espèce végétale se complique d'une particularité. Un bel exemple de ce type de comportement nous est donné par l'arachide *(Arachis hypogaea)*[28], plante annuelle tétraploïde de la famille des fabacées, endémique des régions subtropicales et tropicales du nord-ouest de l'Argentine et du sud-est de la Bolivie. Après fécondation à l'air libre des ovaires portés par ses petites fleurs jaunes, elle les enfouit en terre en courbant ses gynophores par géocarpie. Ses fruits qui sont des gousses à plusieurs graines enveloppées d'un tégument rigide mûrissent ainsi à une profondeur de 3 à 5 cm.

---

28. L'arachide est surtout connue pour la richesse en huile de ses graines qui varie de 44 à 56 % et contient surtout des acides oléique et linoléique. Ses graines contiennent aussi de 22 à 30 % de protéines.

E2.4. Une inflorescence de 70 kg

L'arum titan *(Amorphophallus titanum)*, une Aracée[29] endémique des forêts tropicales humides de l'île de Sumatra en Indonésie, est devenue rare et vulnérable dans son habitat naturel situé entre 120 et 325 m d'altitude. C'est une espèce à gros tubercule (100 à 130 kg pour 1,5 m de circonférence) et une seule feuille caduque annuelle pétiolée, à 3 lobes profonds découpés en folioles, de 6 m de haut sur 5 m d'envergure. Elle germe entre 20 et 22 °C et requiert un minimum de 13 °C pour croître même si elle semble pouvoir supporter très ponctuellement une chute du thermomètre autour de 2-4 °C en hiver.

C'est une espèce monoïque de sous-bois qui ne fleurit dans son environnement naturel durant la saison des pluies que 3 à 10 ans après sa germination, entre octobre et mars (entre juin et septembre lorsqu'elle est cultivée en Europe). Son l'inflorescence peut atteindre entre 1,5 et 3,5 m de haut dans la nature, les spécimens les plus grands pesant jusqu'à 70 kg, ce qui en fait la plus grosse inflorescence du monde issue d'une herbacée[30]. Elle se présente sous la forme d'un spadice charnu jaune orangé odorant, à la base duquel sont disposées les fleurs femelles surmontées des fleurs mâles, l'ensemble étant enveloppé par un spathe jaune vert veiné de rouge et violacé à l'intérieur qui ressemble à un gigantesque pétale enveloppant.

La floraison est brève, de l'ordre de 72 heures, les fleurs femelles étant ouvertes les premières, les fleurs mâles s'ouvrant 24-48 heures après.

... /...

29. Famille de monocotylédones comprenant environ 3 500 espèces en près de 140 genres, dont celui d'arum dont elle tire son nom.

30. La plus grosse et la plus spectaculaire pour une herbacée mais pas la plus grosse dans l'absolu, car le palmier talipot *(Corypha umbraculifera)* d'Asie centrale tropicale peut atteindre 6-8 m de haut pour un poids respectable et porter dix millions de fleurs. Ce n'est pas non plus la plus longue pour une herbacée puisque celle de *Puya raimondii*, une Broméliacée andine également en danger, peut atteindre, voire dépasser 8 m de haut. Quant à la fleur simple la plus grande, c'est celle du *Rafflesia arnoldii*, plante parasite d'Asie du Sud-Est, qui peut atteindre un mètre de diamètre et peser 10 kg.

Elle s'accompagne d'une augmentation de la température de la plante et d'une très mauvaise odeur, détectable à 6-800 m, rappelant celles d'un cadavre en décomposition ou du poisson pourri et attirant un gros coléoptère (*Diamesus* spp.) qui assure sa pollinisation. Des fruits orange vif apparaissent après la floraison, qui sont consommés par des calaos (*Bucerotidae* spp.). Et, après une floraison, la plante requiert 5-6 ans pour accumuler des réserves énergétiques avant de refleurir.

La reproduction asexuée, ou multiplication végétative, est une autre stratégie fréquemment employée par les plantes pour envahir l'espace. Contrairement à la reproduction sexuée, elle n'est pas issue de l'union de deux gamètes et ne fait intervenir qu'un seul géniteur. Le patrimoine génétique des plantes générées est identique à celui du géniteur – des sortes de clones, aux mutations près. Chez certaines espèces, elle est obligatoire tandis que chez d'autres elle est facultative et a lieu en plus de la reproduction sexuée.
Il en existe différentes modalités dont voici les plus fréquentes :

- Bourgeonnement (gemmiparité) : plante produisant de petits bourgeons ou excroissances qui se détachent spontanément du parent et régénèrent une plante entière. Cas des propagules des bryophytes, des lentilles d'eau (*Lemna* spp.), etc.
- Stolons ou rhizomes : plantes qui se développent par des tiges modifiées aériennes ou souterraines. Exemples, fraisier des bois *(Fragaria vesca)*, gingembre *(Zingiber officinale)*, etc.
- Fragmentation : plante qui se fragmente, chaque mrceau devenant une nouvelle plante. Cas de nombreuses macroalgues.
- Apomixie : plante se développant à partir d'un ovule non fécondé (graine à embryon maternel) d'une plante-mère. Ex. : herbe de Guinée *(Panicum maximum)*, herbe de la Pampa *(Cortaderia selloana)*, pissenlits (*Taraxacum* spp.), etc.
- Propagation végétative : plante se développant à partir d'organes spécialisés. Cas de nombreux tubercules ou bulbes se détachant de la plante mère. Ex. : perce-neige *(Galanthus nivalis)*, tulipes (*Tulipa* spp.), etc.
- Sporulation : plante dont les cellules reproductrices se développent sans se combiner avec une autre cellule en de nouveaux individus soit en une petite version du parent, soit en une autre phase de son cycle de reproduction. Fréquents cas chez les fougères.

La reproduction asexuée économise de grandes quantités d'énergie pour les végétaux concernés et facilite leur survie notamment face à des conditions adverses. À noter que l'horticulture a largement profité de la totipotence des cellules végétales pour développer des moyens artificiels de multiplication végétative (bouturage, marcottage, greffage, culture *in vitro*, etc.).

2.5. Fixité et mouvements des plantes

Fixées à un substrat pour les algues et généralement ancrées dans le sol pour la plupart de celles qui sont terrestres, les plantes se caractérisent, à l'inverse de la plupart des animaux, par une absence de locomotion autonome. Toutefois, un peu comme les moulins à vent utilisant les mouvements des vents, les plantes n'arrêtent pas de bouger. Même si elles possèdent une organisation décentralisée et peu d'organes, ce qui leur confère une remarquable résilience, elles sont dotées de capteurs sensoriels qui leur autorisent quelques mouvements propres que nous ne percevons pas toujours, surtout lorsqu'ils sont lents.

Les tiges, les feuilles, les racines des plantes, en croissance continue, sont capables de mouvements en raison de taux de croissance cellulaire inégaux du côté opposé et bougent pour la plupart imperceptiblement en permanence ; toutefois, par exemple, la croissance de certaines algues et bambous atteint plusieurs centimètres par heure et est mesurable par l'œil humain. Si toutes les plantes pourvues de chloroplastes[31] répondent à la lumière par phototropisme, il est encore plus facile d'observer sur un champ de tournesol *(Helianthus annuus)* que ses capitules suivent le cours de l'astre solaire d'est en ouest du matin au soir et chez l'onagre bisannuelle *(Oenothera biennis)* en été que ses fleurs s'ouvrent à la tombée du jour lorsque la lune apparaît, d'où son autre nom de *« belle de nuit »*. En réaction aux variations environnementales, les plantes développent d'autres tropismes : elles ont tendance à pousser soit dans la même direction que la gravité, soit dans la direction opposée (gravitropisme) ; selon leurs caractéristiques, elles poussent en direction de l'eau ou parfois s'en éloignent (hydrotropisme) ; elles peuvent comme les vignes (*Vitis* spp.) ou les haricots d'Espagne *(Phaseolus coccineus)* s'enrouler autour de piquets ou de treillis en réponse au contact avec des objets (thigmotropisme). De manière très scientifique, une étude européenne publiée dans la très sérieuse revue *Nature* a également montré que, à l'instar des masses d'eau océaniques, les diamètres des troncs d'arbres varient avec les marées luni-solaires – en fait avec leur turgescence[32].

Nombre de plantes ont néanmoins la capacité de réaliser des mouvements rapides. Si, chez les animaux, ce type de mouvement dépend de la contraction et du relâchement des muscles, il relève chez les plantes d'une instabilité mécanique qui libère de l'énergie élastique stockée. Sous influence des flux d'eau entre la plante et l'extérieur, cette instabilité est généralement liée aux variations de la turgescence cellulaire comme force motrice, les forces élastiques étant induites en second lieu.

31. Les plantes parasites comme les orobanches (*Orobanche* spp.) ne possèdent pas de chloroplastes.

32. Cela explique que, depuis des temps très anciens, les forestiers coupent le bois en lune descendante pour s'assurer de sa meilleure conservation durable vis-à-vis des insectes et des champignons.

Catapulte par cavitation d'un sporange de fougère

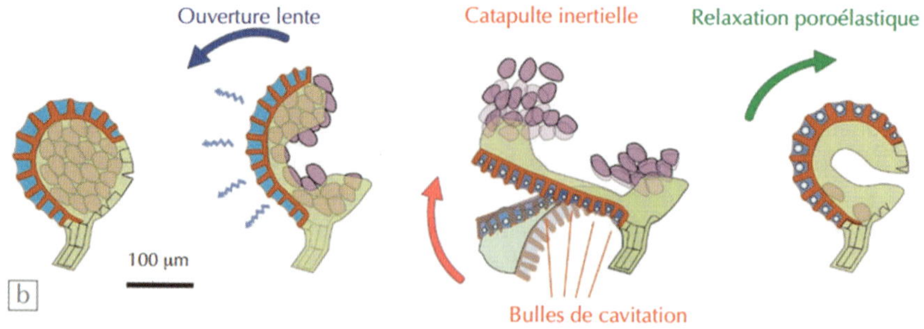

Source : Forterre *et al.*, 2014

Deux grands types d'instabilité mécanique existent chez les plantes pour produire des mouvements rapides :

- Les ruptures solides ou liquides pour la propulsion de spores de fougères ou de graines de plantes à fleurs comme le concombre d'âne *(Ecballium elaterium)* qui projette ses graines jusqu'à 12 m de la plante-mère à une vitesse de 10 m/s.
- Les instabilités élastiques des pièges de certaines plantes carnivores comme la dionée *(Dionaea muscipula)*, dont la fermeture des feuilles est déclenchée par des poils sensoriels présents à leur surface, ou certaines utriculaires (*Utricularia* spp.) dont le piège ressemble à des petites poches qui ont à l'avant un orifice operculé, entouré de poils ramifiés dont certains ont pour fonction de mener la proie vers l'ouverture, et de poils sensibles qui commandent l'aspiration des proies en moins d'1/500 seconde.

Par ailleurs, si les plantes individuelles restent toute leur vie en place là où elles ont germé, il n'en est pas de même des populations qu'elles forment du fait de leur reproduction ou de leur multiplication végétative. En effet, au fil du temps, les populations végétales se déplacent, colonisent de nouveaux espaces et en libèrent d'autres devenus, au fil des fluctuations agro-climatiques, moins favorables à leur croissance, lesquels seront bientôt colonisés par d'autres espèces. C'est ainsi qu'il y a des millions d'années, la famille des baobabs (*Adansonia* spp.) est apparue à Madagascar, puis, à l'aide de ses graines insubmersibles, des vents et des courants marins, elle s'est diffusée en Afrique et en Australie. La période actuelle, avec le changement climatique en cours, est très favorable à ce type de mouvements. Les botanistes qui côtoient avec nous les noisetiers sauvages *(Corylus avellana)* dans l'Hexagone prédisent que ce petit arbre aura quasiment disparu de notre territoire national au XXIe siècle et qu'il ne poussera quasiment plus en Europe si ce n'est en Scandinavie.

E2.5. La sensitive, une plante que l'on peut voir réagir et bouger très rapidement

La sensitive *(Mimosa pudica)* est un arbuste de courte durée de vie, aux tiges grêles rampantes ou grimpantes de 0,10 à 1,0 m de haut, natif d'Amérique centrale et largement naturalisé comme plante ornementale dans le monde avec ses jolies fleurs roses en têtes globuleuses. Elle est aussi appelée Manzelle Marie, Marie-honte dans les Antilles françaises, trompe-la-mort à La Réunion et à l'île Maurice et « *touch-me-not*[33] » en anglais. Elle appartient à la famille des Fabacées et est très épineuse lorsqu'elle est adulte.

Ses feuilles alternes nettement pétiolées comportent 15 à 25 paires de folioles. Elles présentent deux particularités :

- Le jour, les folioles se referment en 3-4 secondes, suivis d'une rétractation des feuilles et de leurs pétioles un peu plus lente qui atteint toute la plante, en cas de contact mécaniques (goutte de pluie, vent, toucher, etc.) – phénomène très spectaculaire dit de thigmonastie qui n'est que temporaire, les feuilles reprenant leur port habituel une fois le calme de retour ; d'après des expériences récentes conduites sur des mimosas mutants, ce phénomène constituerait un avantage sélectif pour la plante lorsqu'elle se trouve attaquée par des insectes.
- Ces feuilles se ferment la nuit – phénomène de nyctinastie, plus courant que le précédent dans le règne végétal, qui permet à l'espèce de limiter les attaques de ravageurs nocturnes.

Le potentiel médicinal et nutraceutique de la sensitive qui contient un alcaloïde toxique, la mimosine, mais aussi des coumarines, des flavonoïdes, des glycosides, des phénols, des quinines, des saponines, des tannins et des terpénoïdes, est par ailleurs remarquable : antibactérien, anticonvulsivant, antidépresseur, antidiarrhéique, antifongique, anti-inflammatoire, antinociceptif[34], antioxydant, antipaludique, diurétique, hépato-protecteur, hypoglycémiant, hypolipidémiant, antiparasitaire. Selon diverses études, cette plante présente aussi un profil pharmacologique prometteur comme antivenin, anti-fertilité, antidépresseur, aphrodisiaque, etc.

---

33. Ne me touche pas.
34. Qui inhibe la sensibilité à la douleur.

CHAPITRE 3

Des végétaux presque partout

3.1. Adaptation des végétaux terrestres à la géographie et au climat

La végétation terrestre de la planète touche tous les continents. En effet, pour limitée qu'elle soit par les conditions extrêmes de son positionnement, une flore existe en Antarctique : celle-ci comprend des algues, des lichens, une centaine d'espèces de mousses, une trentaine d'hépatiques et même deux plantes à fleurs de moins de 10 cm de haut, une petite graminée, la canche antarctique (*Deschampsia antarctica* É. Desv., 1854) et une Caryophyllacée, la sagine antarctique (*Colobanthus quitensis* (Kunth) Bartl., 1931), qui ont colonisé le continent austral durant l'Holocène.

Carte de la biodiversité végétale mondiale

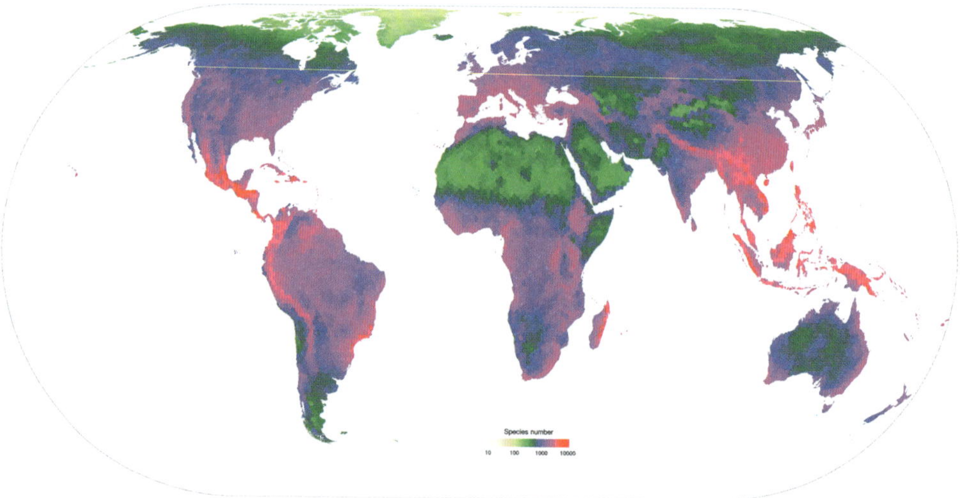

Source : université de Göttingen, 2022

De manière globale, la flore actuelle de nos terres émergées résulte de l'évolution complexe du règne végétal qui a traversé cinq périodes d'extinction massive[35] depuis l'apparition de la vie, suivies par des phases de diversification et d'essor de nouvelles espèces. Elle est dominée par les plantes à fleurs apparues depuis 150 millions d'années et a été précédée par les Gymnospermes dont les conifères restent les représentants actuels[36].

---

35. Celles-ci ont approximativement eu lieu voici 445 millions d'années, 390 millions d'années, 250 millions d'années, 201 millions d'années et 66 millions d'années, avec des estimations respectives de disparitions de plus ou moins 85, 75, 95, 75 et 65 % des espèces de chacune de ces époques.

36. Selon les paléontologues, il a existé sur terre jusqu'à 20 000 espèces de gymnospermes, mais il n'en reste plus aujourd'hui que 800 à 1 000 espèces.

Les gymnospermes ont de manière générale un mode de reproduction rustique ; leurs organes reproducteurs appelés cônes, qui ne sont pas des fleurs, sont unisexués et séparés : les cônes mâles émettent du pollen, et les cônes femelles sont à ovule nu. La fécondation se fait par le vent. Toutefois, en 2017, des chercheurs français associés aux Jardins royaux de Kew ont découvert chez un gymnosperme relictuel d'Afrique, *Welwitschia mirabilis*, que ses cônes mâles « possèdent quelques ovules stériles et du nectar, ce qui révèle une tentative échouée d'inventer la fleur bisexuelle. Or, chez cette plante (ainsi que chez certains conifères), les chercheurs ont trouvé des gènes similaires à ceux qui sont responsables de la formation des fleurs, et organisés selon la même hiérarchie (l'activation d'un gène déclenchant celle du suivant, et ainsi de suite) ! » L'origine de la fleur le plus souvent bisexuelle des angiospermes, qui rassemble diverses innovations – organes mâles et femelles, étamines et pistil, protégés par des pétales et des sépales, ovules mis en sûreté au sein du pistil – que le naturaliste Charles Darwin (1809-1882) qualifiait d'« abominable mystère » est enfin comprise : elle dérive du patrimoine génétique d'une autre lignée de gymnosperme, peut-être disparue, ou qui reste à identifier. Et c'est parce que la fleur a conféré un avantage concurrentiel aux plantes qui les portaient dans leur environnement qu'elles ont proliféré, se sont diversifiées et se retrouvent aujourd'hui les principaux végétaux de la biosphère.

Carte des domaines biogéographiques terrestres et biomes

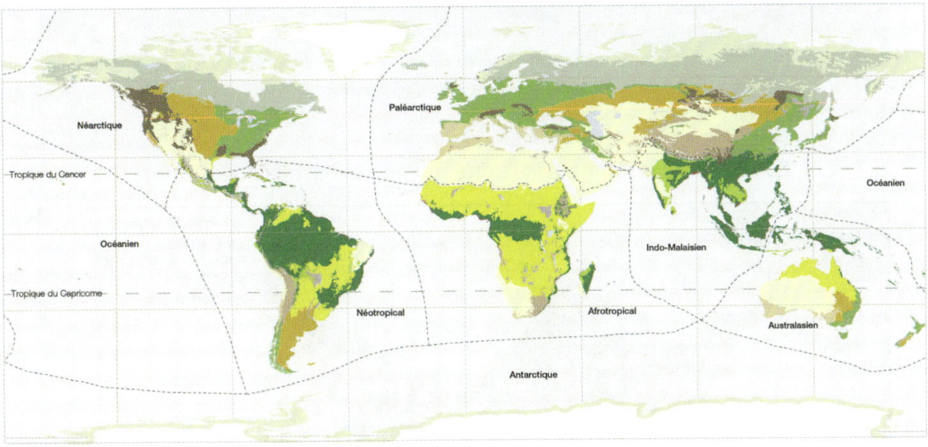

Fig. 8 : **DOMAINES BIOGEOGRAPHIQUES ET BIOMES TERRESTRES**

- Forêts feuillues humides, tropicales et subtropicales
- Forêts feuillues sèches, tropicales et subtropicales
- Forêts tropicales et subtropicales de conifères
- Forêts tempérées de feuillus et mixtes
- Forêts tempérées de conifères
- Forêts boréales / Taïga
- Prairies, savanes et savanes arbustives tropicales et subtropicales
- Prairies, savanes et savanes arbustives tempérées
- Prairies et savanes inondées
- Prairies et zones arbustives montagneuses
- Toundras
- Forêts, bois et broussailles méditerranéennes
- Déserts et zones arbustives xérites
- Mangroves
- Plans d'eau
- Rochers et glaces

Source : WWF 2008

La dernière période glaciaire qui a débuté il y a environ 115 000 ans et s'est terminée il y a 11 700 ans avec le début de l'Holocène a bouleversé la flore terrestre. Durant cette période, la température moyenne de la Terre était 7 °C plus basse par rapport à la période historique préindustrielle, et tout l'hémisphère Nord a connu un climat périglaciaire faisant disparaître certaines espèces et en subsister d'autres dans les régions méridionales.

Carte de la Terre il y a 20 000 ans

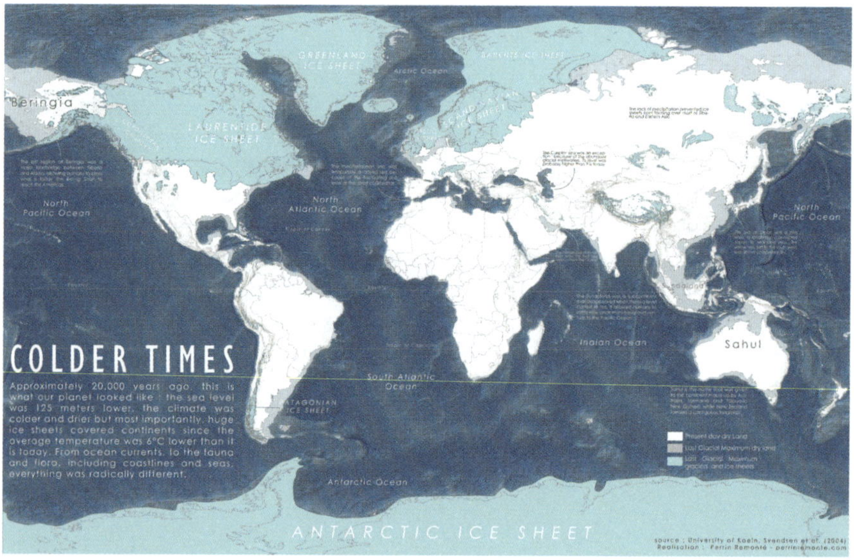

Source : *SciencePost-Visual Capitalist*

Zones de végétation en Europe durant la dernière glaciation

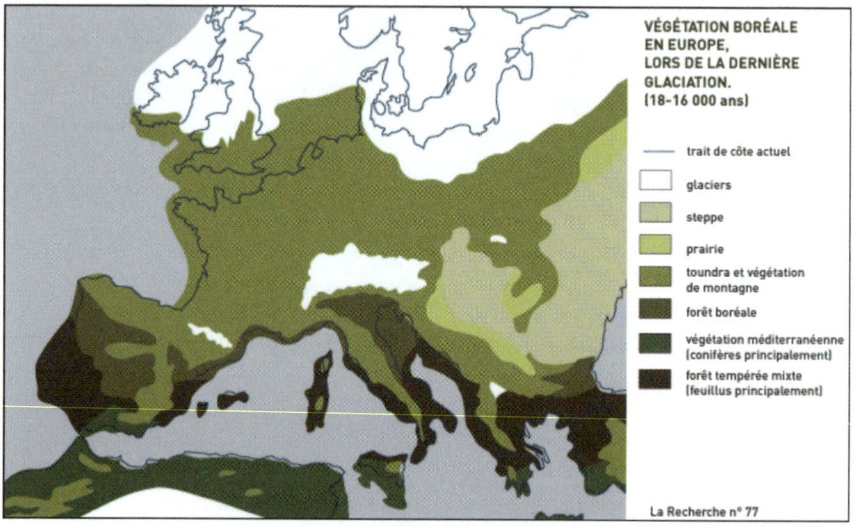

Source : université de Picardie

Simultanément, le niveau des mers avait baissé de 120 mètres à son maximum créant des ponts terrestres entre continents - par exemple, les îles Britanniques étaient connectées au continent, tout comme la Sibérie à l'Alaska ; l'Australie, la Tasmanie, la Nouvelle-Guinée et des terres depuis englouties formaient un grand continent ; de même, l'Indonésie était rattachée au continent asiatique, etc. Il en est résulté des adaptations géographiques du vivant et des migrations végétales et animales vers des régions aux températures plus clémentes, mais aussi la désertification de certains milieux. Ces évolutions géographiques et climatiques ont ainsi préfaçonné notre palette végétale actuelle.

Depuis, la flore terrestre a été également profondément modifiée par l'apparition de l'agriculture et sa diffusion depuis l'Holocène. On estime par exemple qu'il y a 8 000 ans la Terre était à 50 % couverte de forêts et qu'elle ne l'est plus qu'à 31 %. Toutefois, certaines régions du globe ont plus été impactées que d'autres, notamment l'Amazonie, l'Afrique de l'Ouest et l'Asie du Sud-Est depuis 250 ans.

E3.1. Notions de « biomes » et de « régions chaudes » de biodiversité

L'écologie, science de l'organisation des êtres vivants dans leur milieu, a été inventée en 1866 par le médecin libre-penseur et biologiste allemand Ernst Haeckel (1834-1919). Un peu plus tard, en 1916, le biologiste américain Frederic Edward Clements (1874-1945) utilisa le terme de « biome », ou aire biotique, pour définir l'ensemble des écosystèmes propres à une aire biogéographique émergée et aux végétaux et animaux qui y sont adaptés et y interagissent. Il précisa ensuite sa vision avec son collègue écologiste Victor Ernest Shelford (1877-1968).

Distribution des types de végétation en fonction des températures et précipitations moyennes annuelles

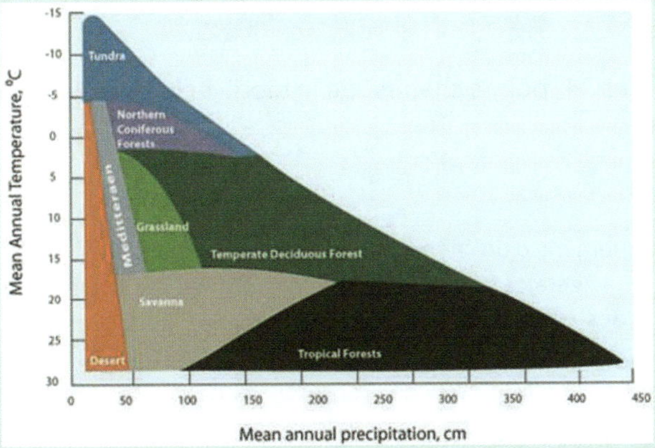

Source : Forseth, 2010

.../...

Chaque biome terrestre est caractérisé par son climat (pluviométrie, température, évapotranspiration), sa proximité avec l'océan ou sa continentalité, son altitude, et sa latitude ; ainsi, à titre d'exemple, on reconnaît six biomes en Europe qui sont

- la toundra, une prairie ouverte froide, venteuse et marécageuse,
- la taïga, forêt boréale aux hivers longs et froids, avec peu de précipitations,
- les forêts de conifères à feuillage persistant sous un climat tempéré froid ou d'altitude,
- les forêts mixtes, majoritairement feuillues, d'étés chauds et hivers frais,
- la zone méditerranéenne (garrigues, maquis, pinèdes) au climat sec et aride,
- les prairies et la steppe aux sols fertiles sous climat tempéré.

Il est à noter que la notion de biome a plus récemment été élargie aux biomes aquatiques d'eau douce et marins qui sont avant tout positionnels puisqu'ils sont dans une moindre mesure impactés par le climat que les biomes terrestres. Ces biomes aquatiques sont classifiés essentiellement selon trois paramètres : la température de l'eau, sa profondeur et sa salinité.

Carte des principaux points chauds de biodiversité terrestre

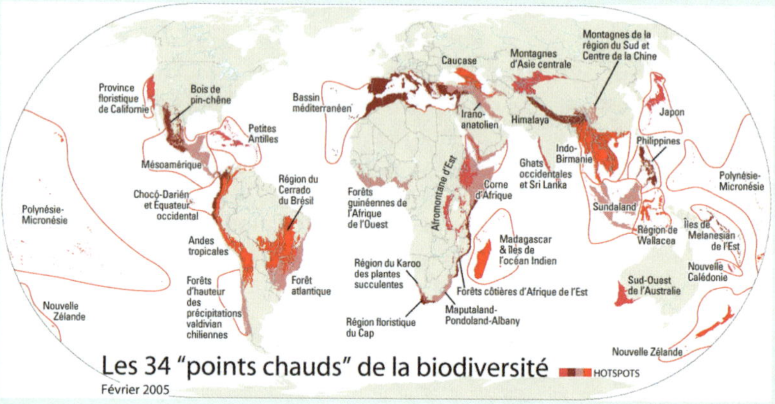

Source : Myers *et al.*, 2000

Le positionnement d'un biome au niveau du globe influe sur l'adaptation des espèces végétales et animales qui y vivent. La biodiversité, c'est-à-dire le nombre des espèces et la complexité de leurs écosystèmes, augmente en moyenne des pôles vers l'équateur, et la forêt primaire équatoriale constitue le biome le plus riche. Toutefois, cette répartition n'est pas uniforme à la surface du globe. Ce constat a conduit le chercheur britannique Norman Myers (1934-2019) de l'université d'Oxford à développer le concept de « points chauds de biodiversité » qui revêt une grande importance pour suggérer des zones de priorité de préservation de la flore et de la faune sauvages à la surface de la Terre.

3.2. Coévolution des plantes et des animaux

La notion de coévolution entre plantes et animaux pressentie depuis longtemps a été conceptualisée en 1964 par le biologiste Paul R. Erlich et le botaniste environnementaliste Peter H. Raven dans un article portant sur les interactions entre plantes et papillons phytophages. De manière plus générale, dans un écosystème donné, elle inclut la coévolution entre deux espèces, dite par paire, et la coévolution diffuse entre plus de deux espèces dans des situations soit de compétition entre espèces antagonistes, soit de coopération entre espèces mutualistes.

Nous nous bornerons ici à en noter plusieurs exemples.

Pour ce qui est de la coévolution compétitive entre deux espèces, les travaux précités d'Erlich et Raven ont montré que des plantes produisent des métabolites nocifs pour que certains papillons ne mangent pas ou peu leur feuillage, et que certaines espèces de papillons ont en retour développé des adaptations qui leur permettent de neutraliser ces toxines. Autres exemples : l'arbre à encens *(Boswellia sacra)* et l'arbre à myrrhe *(Commiphora myrrha)* de la famille des Burséracées sont attaqués par de petits coléoptères du genre *Blepharicera*. Les espèces les plus anciennes de ces insectes coupaient les canaux résinifères de ces arbres pour se nourrir, ce qui a amené certains de ces arbres à évoluer en émettant des terpènes, puis certains *Blepharicera* se mirent à leur tour à métaboliser les terpènes et à continuer de dévorer ces Burséracées. Tant qu'une de ces espèces ne détruit pas totalement l'autre, leur guerre peut durer longtemps...

Exemples de mécanisme de défense des plantes face à un animal prédateur

Défenses physiques	Défenses chimiques	Défenses comportementales
Épines Trichomes Feuilles dentées Feuilles coriaces Exsudat (latex, etc.)	Chimie : alcaloïdes, phénols, glycosides cyanogènes, tannins, etc. Teneur en fibres *vs* valeur nutritionnelles	Défense des fourmis Temps de feuillaison Période de végétation

En coévolution mutualiste par paire, la pollinisation animale des plantes à fleurs fournit beaucoup d'exemples de coévolution et de diversification apparus chez de nombreuses angiospermes et diverses espèces de pollinisateurs depuis le Crétacé supérieur entre - 99,6 et -65,5 millions d'années. Par exemple, au moins trois modifications de la sphère florale ont conduit à des interactions plus ou moins spécifiques avec leur pollinisateur : des stimuli visuels distincts, leur odeur et des signaux physico-chimiques. Certaines fleurs portent des couleurs, des dessins différents pour attirer tel ou tel pollinisateur : ainsi, des variations de bleu et d'ultraviolet attirent tel ou tel insecte – si les abeilles ne perçoivent pas le rouge, elles visualisent le vert, le bleu et la lumière ultraviolette, et les motifs ultraviolets des pétales de nombreuses fleurs les guident vers le nectar, tandis qu'en zone tropicale, rouge et orange attirent des espèces d'oiseaux-mouches. Leurs parfums attirent les pollinisateurs de plus ou moins loin et sont souvent couplés avec la présence de nectars pour amener les pollinisateurs à passer de fleur en fleur. Les fleurs de certaines orchidées comme les ophrys vont jusqu'à copier la morphologie et les phéromones d'insectes femelles pour amener les insectes mâles à tenter de copuler avec elles, profitant de ce moment pour leur transférer du pollen qu'ils déposeront ensuite sur une autre fleur – l'ophrys bourdon *(Ophrys fuciflora)* n'est pollinisé que par des abeilles solitaires du genre *Eucera*.

Cela peut paraître anecdotique, mais l'humanité coexiste avec les abeilles depuis des millénaires. Nos ancêtres en ont même domestiqué certaines espèces, telle l'abeille noire *(Apis mellifera mellifera)* native en France, qui vivent désormais dans des ruches, et aujourd'hui environ un tiers des aliments que nous consommons dans le monde sont intimement liés au travail de ces insectes. Toute une économie s'est évidemment développée autour.

E3.2.a Pollinisation peu connue de plantes par des chauves-souris

Lorsqu'on pense pollinisation de plantes à fleurs, ce sont immédiatement les abeilles, bourdons et papillons qui viennent à l'esprit de la plupart de nos contemporains européens. Dans les années 1990, une mission de collecte de ressources génétiques dans la région d'Asuncion au Paraguay m'a permis de me rendre compte que certaines chauves-souris, notamment les nectarivores et les frugivores, étaient elles aussi, via leur fourrure à laquelle adhère le pollen, pollinisatrices de diverses espèces végétales, dont certaines d'importance économique notable tels le bananier, le cacaoyer ou le goyavier, et qu'elles participaient aussi à la dispersion des graines au sein de la forêt tropicale et du Chaco voisin. J'ai eu la chance ensuite d'observer d'autres chauves-souris polliniser des baobabs en Afrique subsaharienne, puis l'une des plus grosses d'entre elles, le renard volant des Philippines (*Acerodon jubatus*, 1,50 m d'envergure), devenu rare du fait du braconnage, consommer des figues et d'autres fruits, puis distribuer leurs graines dans la forêt tropicale humide du sud de ce pays par le biais de ses déjections. Les paysans locaux les surnomment d'ailleurs « les semeuses ».

Selon les travaux du Services des forêts des États-Unis, plus de 300 espèces de plantes vivrières (et plus encore d'espèces sauvages) dépendraient des chauves-souris pour la pollinisation. Au total, selon la Campagne nord-américaine de protection des pollinisateurs (NAPPC), « dans le monde, plus de 500 espèces de fleurs dans au moins 67 familles de plantes comptent sur les chauves-souris comme pollinisateurs ».

E3.2.b Symbiose entre plantes et fourmis, ou myrmécochorie

Le terme myrmécochorie a été construit à partir des termes « myrméco » pour fourmi et « chorie » pour se mouvoir. Il correspond à une symbiose établie au cœur de certains écosystèmes, souvent pauvres en éléments nutritifs, entre certaines plantes qui utilisent des populations spécifiques de fourmis pour disperser largement leurs graines et limiter les nuisances de leurs prédateurs (rongeurs, oiseaux, feux, etc.), les fourmis bénéficiant dans cette relation mutuelle de meilleures conditions de vie (alimentation, protection contre certaines maladies et prédateurs).

De telles espèces produisent généralement des graines porteuses d'un élaïosome[37] ou éléosome, c'est-à-dire d'un appendice charnu riches en lipides qui n'est pas nécessaire à leur germination et peut, dans certains cas, se détacher plus ou moins facilement. Sa présence favorise la dispersion volontaire des graines par les fourmis assez loin de la plante-mère, soit jusqu'à l'endroit où la fourmi sépare la graine de son élaïosome comestible, soit jusqu'à son nid, la fourmi mangeant le produit qui l'intéresse et rejetant les graines en mesure de germer afin que leur germination ne perturbe pas l'architecture de sa colonie. Diverses plantes européennes utilisent ce subterfuge, aussi variées que l'ajonc nain *(Ulex minor)*, la chélidoine *(Chelidonium majus)*, le perce-neige *(Galanthus nivalis)*, le ricin *(Ricinus communis)*, les pensées et violettes sauvages (*Viola* spp.). À l'échelle mondiale, on estime qu'au moins 3 000 espèces appartenant, par un phénomène de convergence, à des genres très différents sont myrmécochores. Ce phénomène est particulièrement

... / ...

37. Du grec « *elaios* », pour huile, et « *soma* » pour corps.

fréquent dans six écosystèmes : les forêts sclérophylles d'Australie, le fynbos[38] d'Afrique du Sud, les autres climats de type méditerranéen, les régions semi-arides d'Amérique du Sud, les forêts tropicales et enfin les milieux tempérés de l'hémisphère Nord (dans ce dernier milieu, il a pu être prouvé que la myrmécochorie peut représenter jusqu'à 30 % de la dispersion des graines).

En coévolution diffuse, les relations plantes-animaux sont encore plus complexe. C'est le cas par exemple d'une prairie permanente composée de multiples espèces qui est confrontée à plusieurs vertébrés herbivores. De tels systèmes ont commencé à être étudiés à la fin des années 1990, mais on est loin encore d'en cerner tous les mécanismes.

3.3. Quelques végétaux hors normes

Il y a tant de végétaux intrigants dans la biosphère que proposer un choix de plantes remarquables n'est pas chose aisée. Voici néanmoins celui que je vous propose : évoquer deux macroalgues flottantes des Caraïbes, puis une espèce archaïque du désert de Namibie, une liane d'Amazonie qui se déguise en d'autres plantes pour échapper aux herbivores et une plante carnivore de nos tourbières métropolitaines.

Dessin ancien de *Sargassum natans*

Les sargasses regroupent environ 250 espèces de macroalgues brunes dont certaines espèces, flottantes, tropicales et benthiques, dérivent dans les mers tempérées chaudes du monde entier. Parmi elles, deux espèces, la sargasse à feuilles étroites (*Sargassum natans* L. Gaillon, 1828) et la sargasse flottante (*S. fluitans* [Børgesen], Børgesen, 1914) éponymes de la mer dont elles croissent au large de la côte Est des États-Unis, sont holopélagiques, c'est-à-dire qu'elles ne sont pas fixées au fond marin ou à un substrat et que, durant tout leur cycle de vie, elles

38. Le fynbos est une formation végétale naturelle de la zone côtière montagneuse au climat méditerranéen du sud de l'Afrique du Sud. Elle est limitée à la province du Cap occidental).

dérivent en pleine eau de surface et réalisent la photosynthèse grâce à des vessies ou aérenchymes remplis d'air. Longues de quelques centimètres à plus de 16 mètres, ces deux algues se multiplient principalement par fragmentation et croissance végétative, mais peuvent aussi se reproduire de manière sexuée, notamment en conditions stressantes. Elles forment de grands radeaux d'algues longs de plusieurs mètres à quelques kilomètres formant un réservoir alimentaire et un habitat propice à la reproduction pour diverses espèces de pleine mer (poissons, tortues marines, invertébrés, plantes marines, etc.). Certaines années, leur biomasse est extrêmement importante – en 2018, 20 millions de mètres cubes de sargasses étaient présents au niveau de la zone tropicale de l'Atlantique entre les côtes du golfe du Mexique, des Caraïbes et de l'Afrique de l'Ouest. Dans les périodes où les sargasses pullulent, l'impact des activités humaine est soupçonné ; les échouages de ces macroalgues peuvent présenter par leur caractère invasif un risque sanitaire, car leur décomposition s'accompagne d'émissions de sulfure d'hydrogène et d'ammoniac qui provoquent des irritations, des nausées et, à dose élevée, bloquent la respiration cellulaire. Des recherches sont toutefois en cours pour identifier des moyens de valorisation de ces algues dans une perspective d'économie durable (production de méthane, biocarburants, engrais, plastiques, potasse, etc.).

Illustration de welwitschia en Angola, *Nature & Art*, by Day & Son, 1867

La welwitschia *(Welwitschia mirabilis*, Hook. F., 1862), plante endémique des déserts côtiers d'Angola et de Namibie considérés comme les plus anciens du globe, est une relique de l'ère Jurassique, durant laquelle les gymnospermes dominaient la flore mondiale. Découverte par l'explorateur et botaniste autrichien Friedrich Welwitsch (1806-1872) en 1859 en Angola, elle fut qualifiée en 1862 d'« ornithorynque végétal et beaucoup plus que cela » par le grand naturaliste britannique Charles Darwin (1809-1882). C'est en fait un arbre nain au court tronc dressé, généralement de 50-80 cm, issu d'une racine pivotante de 2-3 m. Son tronc en forme de cône renversé ressemble à un billot couvert d'une écorce liégeuse, en bordure duquel croissent uniquement deux feuilles opposées, épaisses et coriaces, à croissance continue de 2 à 4 mètres de long, que le sable, soulevé par le vent, lacère en de multiples lanières. L'espèce étant dioïque, des individus séparés portent les cônes (ou strobiles) mâles ou femelles assez semblables aux cônes des conifères et producteurs de nectar. Cela explique que la pollinisation se fasse principalement par des insectes et, plus rarement, à courte distance, par le vent. Une fois ses cônes matures, chaque plant femelle peut libérer 10 à 20 000 graines ailées qui restent viables plusieurs années et n'ont besoin que de 12 mm d'eau pour germer. Celles-ci étaient historiquement consommées crues ou rôties par les peuples premiers de cette région africaine. Cette espèce qui peut vivre jusqu'à 2 000 ans abrite dans son aire naturelle une mini-réserve de vie sauvage en fournissant de l'humidité et, à un moindre degré, une source d'alimentation pour les animaux.

Aire native de la vigne caméléon

Source : Royal Kew Gardens

Décrite pour la première fois en 1839 par le botaniste suisse Augustin-Pyramus de Candolle (1778-1841) dans la forêt primaire chilienne pluviale entre 100 et 1 700 m d'altitude, une liane ligneuse grimpante, la vigne caméléon (*Boquila trifoliolata* (DC.) Decne., 1839), étonne par sa capacité d'imiter successivement les végétaux qui l'entourent pour échapper à ses prédateurs herbivores. Elle fait partie de la petite famille botanique des Lardizabalacées qui regroupe d'autres lianes et des arbustes des zones tempérées à subtropicales de l'Inde, d'Extrême-Orient et du cône sud de l'Amérique latine. C'est une espèce persistante dioïque qui s'enroule sur son voisinage lors de sa croissance. La morphologie de ses feuilles à trois folioles elliptiques et pubescentes est très importante : les feuilles mimétiques varient en taille de 1 à 10 et présentent une pointe épineuse ou arrondie ; leurs couleurs varient d'un vert très clair à un vert sombre. Les feuilles non mimétiques sont brèves avec des bords arrondis, vert clair. Les plants mâles ou femelles portent des inflorescences en ombelles de 1 à 3 fleurs blanc jaunâtre. Ces dernières ont la particularité étonnante de produire de la chaleur jusqu'à 45 °C. Le fruit petit et subglobuleux contient 1 à 4 graines ellipsoïdes et grisâtres. Il est comestible.

Une même plante peut mimer plusieurs types de feuillages situés à proximité même sans contact physique. Elle copie les feuilles des espèces supports à différents niveaux : leur taille, leur forme, la longueur des pétioles, les réseaux de nervure

Dessin botanique ancien de drosera à feuilles rondes

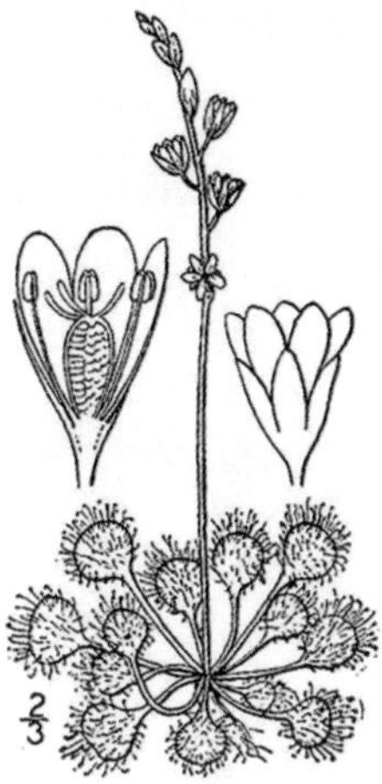

mais aussi leur couleur. Une expérience surprenante de 2022 a montré la capacité de cette espèce à mimer également des feuilles de plantes en plastique. De là l'hypothèse selon laquelle la vigne caméléon disposerait d'une sorte de protovision, mise en œuvre par des ocelles, cellules sensibles à la lumière.

Même si cela est peu connu du grand public, la flore de l'Hexagone renferme plusieurs espèces de plantes carnivores. Parmi elles, le rustique drosera ou rossolis à feuilles rondes (*Drosera rotundifolia* L., 1753), dit aussi herbe à la goutte, oreille du diable, rosée du soleil, est sans doute la plus fréquente. Il habite nos tourbières acides à sphaignes, nos landes humides et nos sols pauvres gorgés d'eau, ce qui le rend particulièrement sensible aux effets du changement climatique ; il est donc en régression. Assez éparse en Eurasie comme en Amérique du Nord, cette plante vivace à feuillage non persistant[39] forme à la belle saison une rosette foliaire de 2-5 cm sur le sol. De son centre émergent des hampes de 5-20 cm, simples, rarement rameuses au sommet. Les feuilles orbiculaires à longs pétioles sont posées sur le sol. Leurs limbes ne dépassent guère 1 cm de diamètre et sont recouverts de longs poils glanduleux rougeâtres à rouge vif, recouverts d'un mucilage attractif et collant qui est un piège à insectes. Le drosera est un « papier tue-mouche » naturel : il englue les petits insectes, puis les tue et les dissout par un liquide acide contenant des enzymes protéolytiques, sécrété par ses glandes, avant d'en absorber les éléments nutritifs. Chaque été, une plante peut ainsi se nourrir d'environ 2 000 insectes[40]. La floraison a lieu de juin à septembre en bout de tige. Les fleurs blanches à rose très clair sont petites, avec 5 sépales, 5 pétales blancs, 5 étamines et 3-5 carpelles soudés. Jusqu'au début du XXe siècle, le drosera à feuilles rondes, ce « mini-carnivore » végétal improbable de nos campagnes, était également une plante médicinale traditionnelle de nos régions. Fraîche, elle était recommandée contre les verrues par application de son suc et en cas de toux sèche, d'asthme, de coqueluche ou d'enrouement. On lui prêtait également, en tisanes et teintures mères, des vertus antibactériennes, anti-inflammatoires, antispasmodiques, fébrifuges et hypoglycémiques. Cependant, aujourd'hui, elle est strictement protégée à l'état naturel sur le territoire national ; paradoxalement, un commerce sévèrement réglementé de plantes de cultures est autorisé qui fait la joie des horticulteurs et des jardiniers amateurs.

39. Elle subsiste enfouie à la mauvaise saison par ses racines et son collet.

40. Les tourbières étant des milieux peu nutritifs, les petits insectes capturés par le drosera et digérés par celui-ci lui fournissent les éléments indispensables à son bon développement.

E3.3. *Arabidopsis thaliana*, espèce sauvage devenue plante modèle de la recherche

L'arabette des Dames, dite aussi arabette de Thalius ou arabette rameuse (*Arabidopsis thaliana* (L.) Heyn., 1842)[41], est une petite espèce florale sauvage annuelle, rarement bisannuelle, de la très connue famille des Brassicacées, autrefois appelée Crucifères. Elle possède une racine pivotante. Avec sa tige dressée peu feuillée émergeant d'une rosette de feuilles oblongues à la base, mesurant 5-10 cm, rarement 25 cm, simple ou rameuse, grêle et surmontée d'un racème fructifère lâche de 15-30 petites fleurs blanches à 4 sépales, 4 pétales, 6 étamines et 2 carpelles, c'est une plante commune, mais discrète, que vous avez certainement croisée lors de vos promenades en France dans les champs, les bordures de chemins ou les clairières. Originaire des zones tempérées d'Europe, d'Afrique du Nord-Ouest et d'Asie, elle est cosmopolite et a été largement diffusée lors des migrations humaines sur les autres continents, notamment en Amérique du Nord, dans le cône sud de l'Amérique latine, en Afrique subsaharienne du Sud et de l'Est, et en Australie et Nouvelle-Zélande.

Dessin d'*Arabidopsis thaliana*

Source : USDA Plants Database

C'est une Dicotylédone diploïde (2n = 2x = 10), qui peut s'autoféconder ou être pollinisée par des insectes et dont le fruit est une silique allongée contenant 30 à 60 minuscules graines[42]. Elle est caractérisée par un cycle de vie bref – environ 6 semaines de graine à graine – et peut être cultivée en laboratoire, soit en boîtes de Petri, soit en mini-pots[43]. Son génome est assez petit, 135 millions de paires de base. Dès le début du XXe siècle, tous ces paramètres sont apparus comme des atouts pour son utilisation en

41. En anglais, *Arabidopsis thaliana* est nommée « *wall cress* », ou « *mouse-ear cress* » ou encore « *thale-cress* ».
42. Un plant produit environ 40 000 graines.
43. En laboratoire, vu la petite taille de cette plante, les chercheurs cultivent un millier de plantes par mètre carré.

recherche et notamment en génétique. Des collections naturelles[44] ont été rassemblées dans le monde, dont sont issues des séries de populations de mutants à partir de 1948. En 1998, *Arabidopsis thaliana*, dont la culture n'a aucune incidence économique, ce qui favorise l'échange de données entre équipes scientifiques et sert la coopération scientifique internationale, a été désignée par le biologiste américain Gerald R. Fick comme plante modèle en recherche fondamentale ainsi qu'en évolution, biologie, génétique et recherche végétale. En 2000, après plus de quatre ans de travaux internationaux, ce fut la première plante dont le génome ait été entièrement séquencé. Le séquençage de plus de 1 100 lignées d'*Arabidopsis thaliana* a permis de connaître la variabilité génétique existante de l'espèce et de démontrer qu'une mutation apparaît pour 100 millions de paires de bases en moyenne à chaque génération. Aujourd'hui, le nombre de gènes connus chez cette espèce est de l'ordre de 30 000, et l'on sait que chaque graine de cette plante contient en moyenne une mutation du génome par rapport à sa graine-mère.

Cet inventaire des gènes d'*Arabidopsis thaliana* a été fondamental. Il a pu être étendu à des espèces dont les génomes sont plus grands et plus complexes, dans la mesure où les fonctions ont été conservées au cours de l'évolution (phénomène dit de synténie) ainsi que les gènes qui y contribuent. Ainsi, à titre d'exemple, l'identification de gènes impliqués chez *Arabidopsis* dans la libération des graines par les siliques a-t-elle permis de sélectionner des colzas plus productifs. Plus globalement, les informations issues de l'arabette ont amené des progrès considérables dans la connaissance du développement des organes des végétaux, de leur biologie florale et de leur physiologie. En création variétale d'espèces cultivées, elles ont permis d'améliorer significativement les rendements, la tolérance aux pathogènes et aux stress climatiques ainsi que la qualité des produits récoltés. Depuis, la transgénèse – *Arabidopsis thaliana* peut facilement être transformé avec l'aide de la bactérie *Agrobacterium tumefaciens* – et l'édition de gènes ont permis de créer de très grandes collections de nouveaux mutants, enrichissant considérablement la diversité génétique de l'espèce, et d'étudier la fonctionnalité des gènes et la caractérisation de promoteurs. L'arabette a également été la première espèce végétale à être travaillée pour l'étude de l'expression des gènes avec des puces à ADN, une technique révolutionnaire qui permet d'analyser l'expression de l'ensemble des gènes d'une plante. C'est le point de départ de toutes les sciences qui se déploient autour des analyses globales des génomes (génomique, transcriptomique, protéomique, etc.).

44. Celles-ci comprennent plus de 750 accessions naturelles, disponibles aujourd'hui à l'ABRC (Arabidopsis Biological Resource Center, Ohio State University, États-Unis) et au NASC (Nottingham Arabidopsis Stock Center, University of Nottingham, Grande-Bretagne). Ces centres regroupent aussi l'ensemble des données scientifiques (mutants, séquences, expression des gènes, etc.) connues sur l'espèce.

3.4. Nombre et classement systématique des végétaux

Une question apparemment anodine titille les naturalistes depuis des siècles : comment déterminer le nombre d'espèces de plantes tapissant les terres émergées ? Cette question sous-tend et masque des problèmes méthodologiques auxquels des générations de taxonomistes et botanistes ont été confrontées et qui ne sont pas encore totalement résolus.

Dans l'Antiquité, certains savants ont rassemblé des connaissances sur les plantes de la région qu'ils connaissaient, à commencer par celles qui avaient quelque utilité pour l'humain, soit pour le nourrir, soit pour le soigner lui et ses animaux domestiques, soit aussi pour l'abriter, le chauffer et le vêtir. Ainsi, la lecture d'une tablette de terre sumérienne, vieille d'environ 5 000 ans, a-t-elle livré une liste de près de 250 plantes dont le pavot et la mandragore. Le livre chinois *Pen ts'ao* daté de 2500 av. J.-C. a inventorié 365 plantes médicinales d'Extrême-Orient. Le papyrus égyptien Ebers rédigé autour de 1550 av. J.-C. décrit 700 plantes et drogues principalement végétales, parmi lesquelles l'huile de ricin, le grenadier, le figuier, l'ail, l'oignon, la coriandre. Théophraste (372-288 av. J.-C.), premier scholarque du Lycée d'Athènes, estimait que les plantes présentes dans un espace allant de la Grèce aux abords de la péninsule indienne et jusqu'en Égypte et en Lybie dépassaient les 500 espèces végétales. Plus tard, le Romain Pline l'Ancien (23-79) qui avait voyagé en Espagne et en Allemagne, listait près de 1 000 plantes dans son ouvrage *Naturalis Historia*, dont 300 décrites pour la première fois en Occident. Durant le Moyen Âge, tout ce savoir se réfugia dans les monastères, puis fut peu à peu enrichi par des données sur de nouvelles plantes introduites dans la pharmacopée méditerranéenne par les échanges commerciaux avec le monde arabe et l'Inde, et la consultation d'ouvrages comme le *Canon Medicinae* du médecin persan Avicenne (980-1037) ou *Liber Magnae Collectionnis Simplium Alimentorum et Medicamentorum* du savant arabo-andalou Ibn al-Baytār (1197-1248). Toutefois, ces informations sont longtemps restées très éparses du fait de la dispersion géographique des espèces et aussi de l'imprécision des descriptions qui en étaient faites.
Au tournant du XVIe siècle, les expéditions de Vasco de Gama en Inde (1488-1524), qui ouvrit les routes maritimes vers la Chine et le Japon à ses successeurs, de Christophe Colomb vers le Nouveau Monde (1492-1504) et le tour du monde initié par Fernand de Magellan et conclu par Juan Sebastian Elcano (1519-1522) changèrent la donne en faisant connaître le foisonnement de plantes existant dans les territoires intertropicaux et en en rapportant des spécimens. Les voyages d'autres navigateurs autour du globe aux XVIIe et XVIIIe siècles, et le goût des scientifiques européens et chinois notamment pour ces nouveautés, saturèrent un temps les botanistes. L'étude des flores de nombreuses îles complexifia leurs approches et permit au fil du temps de développer la notion d'endémisme, c'est-à-dire de la

présence spontanée exclusive de certains végétaux dans une région géographique délimitée et réduite[45].

Portrait de Linné et couverture du premier tome de son livre *Species plantarum*

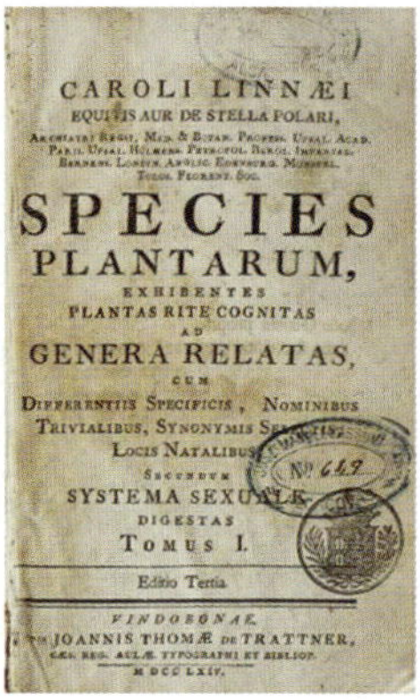

Pour s'y retrouver dans la connaissance et l'étude de plus en plus fine des végétaux, il devenait temps de disposer d'une méthode commune pour distinguer les espèces les unes des autres et attribuer à chacune d'entre elles une appellation unique. Ce langage fut inventé et systématisé dans son *Species plantarum* en 1753 par le naturaliste suédois Carl Linnæus (1707-1778) qui y classe quelque 8 000 plantes : il s'agit de la nomenclature binomiale[46] qui valut à son auteur d'être anobli en 1761 sous le nom de Carl von Linné. Comme les humains sont identifiés à l'état civil par leur nom et leur prénom, chaque espèce de plante décrite botaniquement y est identifiée par une combinaison de deux mots latins (pour éviter les confusions entre langues vernaculaires) écrits en italiques :

- le premier est un nom au nominatif singulier dont la première lettre est toujours une majuscule ; il assigne la plante au genre qui est un groupe d'un rang supérieur auquel les botanistes rattachent la plante.
- Le second est une épithète qui peut être un adjectif, un nom au génitif ou un attribut s'accordant avec le genre grammatical du genre ; écrit en minuscules, il est spécifique et évoque un trait caractéristique de l'espèce (lieu, morphologie).

Ainsi, à titre d'exemple, la cameline cultivée est dénommée *Camelina sativa*. Dans ce binôme, l'espèce est affectée au genre *Camelina* qui regroupe toutes les camelines sauvages et cultivées, et l'épithète *sativa* la distingue des autres camelines, telle la cameline à petits fruits, *Camelina microcarpa* dont elle dérive.

45 -Ce concept vaut également pour les autres êtres vivants, espèces animales ou autres.

46. Des naturalistes antérieurs à Linné, comme Pline l'Ancien (23-79) ou Gaspard Bauhin (1560-1624) ont eu utilisé des bribes de nomenclature binomiale, mais Linné l'a systématisée.

L'année 1753 étant le point de départ de la nomenclature moderne des espèces végétales, on pourrait penser qu'on sait aujourd'hui répertorier et maintenir une liste de toutes celles-ci. Il n'en est pourtant rien, et la communauté scientifique a d'ailleurs cru bon en 2018 de publier le *Code international de nomenclature pour les algues, les champignons et les plantes* qui reprécise les règles pour déterminer, pour chaque espèce, quel est le binôme qui doit lui être assigné une fois pour toutes.
D'où viennent les difficultés résiduelles ?
D'abord, Linné, homme de son temps, était un biologiste fixiste. Il n'y a donc dans la détermination du genre aucune notion évolutionniste, mais simplement des rapprochements d'anatomie comparée.
Ensuite, comme environ 2 500 nouvelles espèces de plantes sont chaque année décrites dans plus de 600 revues scientifiques, tenir une liste à jour des nouveautés taxinomiques est quasi impossible. Bien sûr, à l'initiative de Darwin, les Jardins botaniques royaux de Kew éditent depuis 1893 une liste des noms d'espèces végétales publiés dans le monde – l'*Index Kewensis* ; ce relevé a été fusionné avec deux listes similaires et publié en ligne en 1999 sous l'acronyme IPNI, pour *International Plant Name Index*. Malheureusement, cette liste comprend des redondances, autrement dit certaines plantes y figurent sous formes de synonymes, c'est-à-dire sous des noms différents de ceux que les taxonomistes leur ont attribués ici ou là. En clair, selon le botaniste français Adrien Delattre du CBNBP-MNHN, « le choix du nom correct d'une espèce dépend non seulement des règles de nomenclature en vigueur, mais aussi d'un ensemble de critères dont certains sont objectifs, comme la position de l'espèce dans l'arbre du vivant (c'est le travail de la phylogénie), tandis que d'autres sont plus subjectifs, comme la circonscription de l'espèce, c'est-à-dire le choix des organismes ou des populations qui y seront inclus et de ceux qui en seront exclus ».

Depuis 2012, la communauté scientifique internationale, ayant décidé d'une stratégie mondiale pour la conservation de plantes sur la période 2011-2020, a lancé la création d'une *World Flora Online* complète. Ce travail a « pour ambition de proposer une flore exhaustive des plantes terrestres connues, incluant non seulement des informations taxinomiques mais aussi des descriptions, des illustrations et des cartes de distribution géographique ». Selon les estimations les plus récentes, il existerait 400 000 à 550 000 espèces végétales dans la biosphère, dont près de 100 000 resteraient à découvrir, notamment sur des espaces restreints et menacés par les activités humaines dans les régions tropicales.

En complément de l'approfondissement de la connaissance de la biodiversité végétale avant tout macroscopique que nous venons de décrire, les progrès récents des biotechnologies, notamment de l'analyse de l'ADN et de la génomique, apportent à la botanique systématique un éclairage nouveau quant à la phylogénie des espèces végétales. Ces nouvelles connaissances aideront à mieux préserver cette richesse qui nous entoure.

E3.4. Particularités de la nomenclature des cultigènes

Les plantes potagères, planche n° 27, album Vilmorin-Andrieux & Cie. 1876

Les cultigènes[47] sont des espèces végétales résultant d'une culture sélective de plantes intentionnelle, autrement dit des espèces « fabriquées par l'homme ». L'humain voulant désigner toutes les choses qu'il perçoit, il n'y a en soi rien d'étonnant à ce qu'il nomme ses propres créations agricoles, horticoles et forestières.

Si nous reprenons l'histoire au XVIIIe siècle, Linné utilisait dans sa nomenclature un troisième nom, toujours rédigé en latin, pour désigner les variétés présentes au sein d'une espèce et notamment les cultigènes. Certains de ces noms de variétés ont persisté jusqu'à aujourd'hui, tel celui du chou-fleur, *Brassica oleracea* var. *botrytis* L., 1783.

La situation se compliqua au début du XIXe, d'abord lorsque les Anglais, profitant des richesses végétales de leur large empire colonial, enrichirent considérablement leurs jardins et parcs de nombreuses espèces ornementales d'origine extra-européenne, puis, après 1856, lorsque Louis Levêque de Vilmorin établit les bases de la sélection généalogique, et, par là, de l'industrie semencière. Dès 1910, on établit les *Règles de nomenclature horticole*, qui admettaient, en plus des noms latin descriptifs, des noms en langues vernaculaires[48]. Les savants s'accordèrent sur ces règles qui furent ajoutées en annexe du *Code de botanique* en 1935. Après la Seconde Guerre mondiale, les plantes cultivées de l'agriculture et de la sylviculture y furent incluses, ce qui permit en 1953 l'édition à Wageningen du premier *Code*

... /...

47. Terme inventé en 1918 par l'horticulteur américain Liberty Hyde Bailey (1858-1954), lequel créa en 1923 aussi le nom « *cultivar* » pour désigner une variété cultivée issue de création variétale.

48. Encore fallait-il que ces dénominations en langues vernaculaires comprennent un, deux ou trois mots, mais pas plus.

international pour la nomenclature des plantes cultivées (CINPC). Neuf révisions ont suivi (1958, 1961, 1969, 1980, 1995, 2004, 2009, 2016), qui réglementent la désignation des espèces cultivées constituées de cultivars, de groupes de cultivars ou de chimères issues de greffe. Notons que les orchidées, très souvent hybrides, y bénéficient d'un code particulier, car, globalement, le CINPC ne régit pas les marques commerciales pouvant être attribuées aux plantes cultivées.

Quelques exemples de désignations d'espèces cultivées :

- *Clematis alpina* « Ruby », cultivar sélectionné dans l'espèce clématite alpine.
- *Spiraea x bumalda* « Anthony Waterer », cultivar issu de l'hybridation entre deux espèces du genre *Spiraea* (dans ce cas, *Spiraea x bumalda* est considéré comme un mot unique).
- *Abutilon* Groupe Darwinii, groupe de cultivars.
- + *Crataegomespilus*, chimère de greffe entre *Crataegus* et *Mespilus*.

CHAPITRE 4

L'importance des plantes sauvages avant les débuts de l'agriculture

4.1. Collecte préagricole d'espèces végétales natives

S'il n'existe pas une histoire encyclopédique des premières plantes spontanément produites par la nature qui ont pu être utiles à l'alimentation et à d'autres usages des premiers hommes, longtemps avant l'avènement de l'agriculture au Néolithique, on peut supposer que leur collecte dérive, par imitation, de l'instinct de ramassage chez divers d'animaux et que leur nombre était initialement très large et lié au cycle des saisons. On peut aussi avancer que les femmes retenues par le soin des enfants en bas âge à proximité des campements y effectuaient la majorité des collectes de plantes, tandis que les hommes explorant de plus vastes territoires étaient plutôt chasseurs-pêcheurs. Par suite, l'alimentation devait être majoritairement végétale avec des apports plus sporadiques de viande et de poisson.
Au-delà de ces spéculations, dans son fameux livre *Histoire de l'alimentation végétale depuis la préhistoire jusqu'à nos jours* paru en français pour la première fois en 1932, le botaniste, chercheur et historien suisse Adam Maurizio (1862-1941) a suggéré une liste hypothétique de plantes préagricoles de l'hémisphère Nord à partir de quatre sources d'information : 1° l'alimentation des peuples premiers résiduels encore chasseurs-cueilleurs ; 2° les survivances du même ordre validées par les préhistoriens ; 3° les plantes alimentaires utilisées en temps de famine ; 4° les survivances de cette alimentation de collecte à notre époque chez nous. Son livre comprend une liste de près de 800 noms, de multiples exemples qu'il a relevés, ce qui est considérable par rapport aux espèces aujourd'hui cultivées sur ce même territoire.

Au niveau 1°, même si les peuples premiers encore existants au nord de l'équateur ne sont plus que partiellement chasseurs-cueilleurs, citons quelques exemples indiqués par A. Maurizio, qui montrent une grande diversité d'espèces. D'abord des bulbes tels ceux de la fritillaire du Kamtchatka *(Fritillaria camschatcensis)* et de l'ail angulaire *(Allium angulosum)* ramassés par diverses ethnies de Sibérie et d'Alaska, et la racine charnue et aromatique de la jacinthe des Indiens *(Camassia quamash)*[49] qui reste un aliment important des tribus du Nord-Ouest américain jusqu'à l'île de Vancouver, grillé ou en bouillie. S'y ajoutent la partie cambiale de l'écorce de certains arbres comme les saules (*Salix* spp.), les bouleaux (*Betula* spp.) ou le pin de l'Himalaya *(Pinus excelsa)* au Groenland ou en Asie, et les fruits de certains arbustes des mêmes régions tels le chèvrefeuille bleu *(Lonicera caerulea)*, la myrtille des marais *(Vaccinium uliginosum)*, ou la framboise arctique *(Rubus arcticus)*. Il y a aussi des plantes aquatiques comme le butome en ombelle *(Butomus umbellatus)*, le roseau à larges feuilles *(Typha latifolia)*, le riz sauvage amérindien *(Zizania palustris)* ou le riz sauvage de Mandchourie *(Zizania latifolia)*.

49. A. Maurizio cite cette espèce sous l'appellation synonyme *Camassia esculenta.*

4.1. Monte Verde et Ohallo II, deux preuves d'usage de macroalgues et de plantes sauvages comestibles et médicinales par des populations paléolithiques

Monte Verde, campement humain découvert sous une tourbière en 1976, au Chili, a été daté au carbone 14 d'au moins 18 500 ans avant le présent (AP). Les fouilles successives y ont révélé la présence d'une quarantaine de plantes terrestres et de champignons ainsi que des bois brûlés, des os d'animaux et des outils de pierre. Plus intrigant, alors que ce site est situé à plusieurs heures de marche du littoral du Pacifique, 22 types d'algues marines y furent retrouvées, soigneusement séchées et parfois mâchées, suggérant des usages à la fois pour se nourrir et se soigner. Cette découverte suivie d'autres, sur les côtes de l'Oregon et de la Californie aux États-Unis, et du Pérou, ont fait émerger la théorie de la « *kelp highway* » ou « autoroute de la forêt d'algues » émise par l'archéologue américain Jon M. Erlandson et son équipe en 2007 : selon celle-ci, qui porte sur l'établissement de l'homme en Amérique, plusieurs générations de groupes humains issus des extrémités orientales de l'Asie se seraient déplacées vers le sud par cabotage en se nourrissant des ressources des forêts de macroalgues, avant la fonte des glaciers d'il y a 12 000 ans, qui a fait monter le niveau des mers de plus de 100 m.

Ohallo II, situé près du lac de Tibériade en Israël, est un site encore plus ancien puisqu'il remonte à 23 000 ans AP, c'est-à-dire à l'Épipaléolithique des chasseurs-cueilleurs du Proche-Orient. Des restes de plus de 140 espèces de plantes ont été identifiés dans cet habitat temporaire, dont des graines de plusieurs céréales sauvages, souvent broyées – amidonniers, avoines, bromes, orges, etc. – et plusieurs fruits et légumes – amandes, jujubes, lentilles, mauves, olives, pistaches, vesces, raisins, etc. Cette grande diversité montre une parfaite connaissance de la flore locale par les habitants, et les nombreux restes animaux prouvent qu'il en allait de même pour la gestion de la faune. Les archéologues ont pu mettre en évidence que les aliments végétaux étaient collectés à deux périodes distinctes de l'année dans cette zone, ce qui est interprété comme une transition vers le sédentarisme et la domestication des céréales à des fins agricoles. La présence de proto-adventices – chénopode blanc, gaillet à trois cornes, ivraie annuelle, mauve à petites fleurs, etc. – va dans le même sens et montre déjà les perturbations du milieu liées aux activités humaines.

Carte des principaux sites palafittiques des Alpes

Source : UNESCO

En ce qui concerne les exemples archéologiques du 2°, A. Maurizio cite le cas des cités palafittiques qui ont été découvertes sur les bords de lacs, de terres marécageuses et de rivières des régions alpines et subalpines de l'Europe ; datées de 5000 à 500 av. J.-C., elles ont été étudiées à partir du milieu du XIXe siècle. Là, dans les boues, divers fruits ont pu être identifiés – des glands du chêne pédonculé *(Quercus robur)* et du chêne sessile *(Q. sessiliflora)*, d es fruits du noisetier sauvage *(Corylus avellana)*, de l'alisier blanc *(Sorbus aria)*, du sorbier des oiseleurs *(Sorbus aucuparia)*, de la viorne lantane *(Viburnum lantana)*, du framboisier sauvage *(Rubus idaeus)*, de la ronce commune *(R. fruticosus)*, de l'églantier *(Rosa canina)*, du merisier *(Prunus avium)*, de la prunelle *(P. spinosa)*, du sureau noir *(Sambucus nigra)*, etc. On a également retrouvé les restes de nombreux légumes sauvages : par exemple, la bardane *(Arctium lappa)*, le chénopode blanc *(Chenopodium album)*, la macre *(Trapa natans)*, la renouée faux-liseron *(Polygonum convolvulus)*, etc.

Ouvrage d'A. Parmentier, 1791

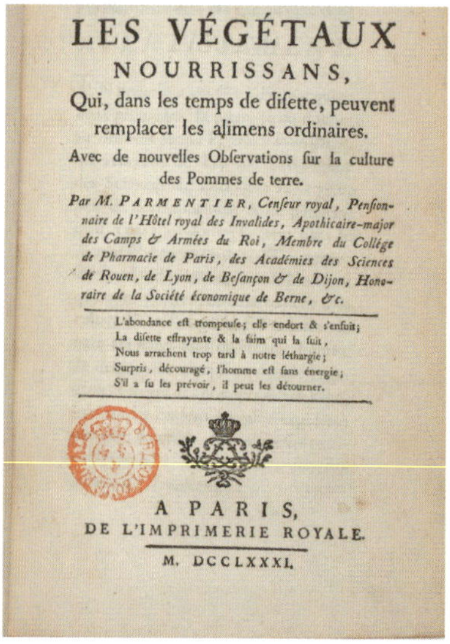

LES VÉGÉTAUX
NOURRISSANS,
Qui, dans les temps de disette, peuvent remplacer les alimens ordinaires.
Avec de nouvelles Observations sur la culture des Pommes de terre.
Par M. PARMENTIER, Censeur royal, Pensionnaire de l'Hôtel royal des Invalides, Apothicaire-major des Camps & Armées du Roi, Membre du Collége de Pharmacie de Paris, des Académies des Sciences de Rouen, de Lyon, de Besançon & de Dijon, Honoraire de la Société économique de Berne, &c.

L'abondance est trompeuse; elle endort & s'enfuit;
La disette effrayante & la faim qui la suit,
Nous arrachent trop tard à notre léthargie;
Surpris, découragé, l'homme est sans énergie;
S'il a su les prévoir, il peut les détourner.

A PARIS,
DE L'IMPRIMERIE ROYALE.
M. DCCLXXXI.

Pour ce qui est de la classe 3° (les plantes de famine), le célèbre pharmacien militaire et nutritionniste Antoine Augustin Parmentier

(1737-1813) a publié en 1781 le très intéressant ouvrage *Recherches sur les végétaux nourrissans qui, dans les temps de disette, peuvent remplacer les aliments ordinaires ; avec de nouvelles observations sur la culture des pommes de terre*, dans lequel il mentionne de nombreuses espèces sauvages de nos contrées. Évoquant les restrictions dues à la guerre de 1914-1918 en Europe, A. Maurizio cite autant les plantes sauvages que les cultures rapides et roboratives de légumes et de plantes de grandes cultures que les différents gouvernements de l'époque ont promues pour nourrir leurs populations. « Rappelons donc d'une façon générale qu'on ne négligea aucune plante susceptible d'être mangée. Krause, que je citerai à nouveau ci-dessous, compte 115 espèces culinaires ; Hiltner plus de 200 espèces de légumes sauvages ; E. Küster environ 100 ; Agnès O. Klein et Paula Ulfert, 22 plantes pour soupes printanières, 42 légumes sauvages pour plats d'épinards, 19 légumes utilisables comme asperges ou comme racines, 12 salades sauvages, 26 fruits sauvages, et avec les plantes médicinales recommandées en même temps, 126 espèces propres au ramassage. »

En ce qui touche la classe 4°, c'est-à-dire les survivances de collecte de plantes alimentaires à notre époque, permettez-moi de vous citer ce qui se pratique dans mon Auvergne natale depuis 1960. Dans un texte intitulé *Évolution de la cueillette sauvage de plantes alimentaires, de champignons et de simples médicinales en Basse-Auvergne de 1960 à aujourd'hui*, qui regroupe les souvenirs de ma sœur cadette et de moi-même remontant aux années 1960-1980, j'estime que, sur le territoire du Puy-de-Dôme et de l'arrondissement de Brioude dans la Haute-Loire, nos quatre grands-parents récoltaient annuellement environ 90 espèces de plantes sauvages comestibles, 60 espèces de médicinales et autour de 30 champignons comestibles, et cela sans but lucratif, seulement pour la consommation familiale élargie à quelques amis. J'indiquais également que, depuis 2014, date de mon retour de Chine, « les plantes sauvages et les champignons collectés par ma famille dans les années 1960-80 restent relativement abondants pour qui sait les chercher » et qu'« il reste aujourd'hui en Auvergne un intérêt marqué d'une frange notable de notre population pour une poignée d'espèces végétales souvent à la frontière des légumes – ail des ours, cresson, doucette, pissenlit... – ou des fruits – châtaigne *(Castanea sativa)*, framboise *(Rubus idaeus)*, fraise des bois *(Fragaria vesca)*, myrtille *(Vaccinium myrtillus)*... – et sans doute plus encore pour certains champignons dits "nobles" – cèpe de Bordeaux *(Boletus edulis)*, girolle *(Cantharellus cibarius)*, morille (*Morchella* spp.), mousseron *(Marasmius oreades)*, trompette de la mort *(Craterellus cornucopioides)* ». J'ajoutais : « À de rares exceptions, force est de constater que l'attrait de la cueillette sauvage n'est plus enraciné chez l'Auvergnat en ce début du XXIe siècle, ne conditionne plus son existence, sa raison d'être comme dans les années 1960-80 ou plus encore auparavant. Le fait que ce ne soit plus une nécessité constitue en soit une sorte de progrès matériel. Néanmoins, c'est un peu comme si, depuis les Trente Glorieuses, les facilités offertes par l'agro-alimentaire et la grande distribution avaient annihilé la connivence de l'Auvergnat avec son terroir, son initiative et sa capacité à se satisfaire des petits bonheurs saisonniers de ses anciens, qui nécessitaient un certain degré de connaissances empiriques, du temps et un peu de travail. Cela est d'autant plus vrai que l'enseignement public s'est brutalement détourné de l'enseignement de la description et de la connaissance pratique du vivant au travers des sciences naturelles vers une initiation limitée et trop fréquemment théorique à l'écologie et à la protection de l'environnement, sans relier ces nouvelles connaissances avec une perception bien intégrée des fondements de notre culture. »

4.2. Importance préagricole des graminées sauvages

Durant la très longue période préagricole de l'humanité, les graminées sauvages ont eu, parmi toutes les plantes sauvages avec lesquelles notre espèce interagissait, une grande importance.

Arbre phylogénétique des Graminées ou Poacées

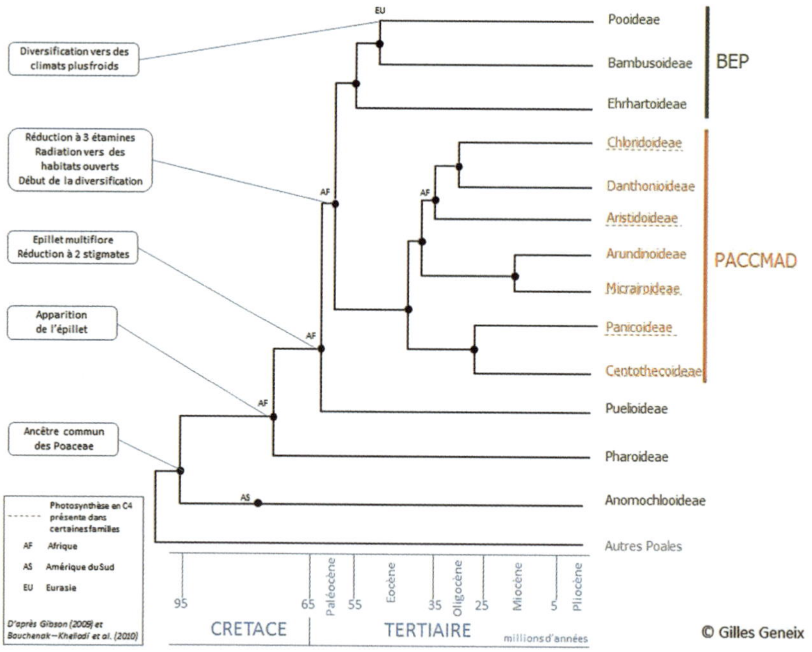

Source : GGeneix

Sous l'angle phylogénétique, les Graminées ou Poacées sont des angiospermes assez récentes puisque leur origine remonterait à 96-90 millions d'années, période au cours de laquelle elles seraient apparues dans des forêts tropicales du Gondwana.

On en distingue trois groupes : des sous-familles ancestrales et deux clades monophylétiques.

Les espèces des trois sous-familles ancestrales sont relictuelles – il en reste une trentaine seulement –, et proviennent toutes de forêts tropicales denses et ombragées. On distingue les *Anamachlooideae*, la plus ancienne, native d'Amérique du Sud, et deux sous-familles africaines, les *Pharoideae* et les *Puelioideae*.
Le clade BEP *(Bambusoideae, Ehrhartoideae, Pooideae)*, apparu voici 53 millions d'années, comprend uniquement des plantes à photosynthèse en C3 et s'est principalement diffusé en Eurasie en milieux ouverts, tempérés à froids.
Le clade PACCMAD *(Panicoideae, Arundinoideae, Chloridoideae, Centothecoideae, Micrairoideae, Aristidoideae, Danthonioideae)*, datant de 45 millions d'années, comprend des plantes à photosynthèse en C3 ou C4 et s'est dispersé avant tout dans les milieux ouverts et secs d'Afrique.

Sous l'angle botanique, ce sont des plantes monocotylédones très communes, généralement herbacées, rarement ligneuses, annuelles ou vivaces qui se distinguent des autres plantes par une morphologie et des caractéristiques propres : elles ont un système racinaire superficiel souvent à rhizomes, des tiges ou chaumes nombreux, cylindriques, aux entre-nœuds creux ; leurs feuilles sont alternes, à limbe linéaire et nervation parallèle ; leurs inflorescences en panicules ou en épis regroupent des épillets ; leurs fleurs sont réduites aux organes sexuels hermaphrodites, à quelques exceptions près. Leur pollinisation se fait principalement par le vent, même si quelques insectes peuvent intervenir dans ce processus. Leurs fruits sont des caryopses dont le péricarpe est soudé à la graine. Selon *Grassworld* (2012), on en connaît plus de 12 100 espèces cosmopolites réparties en 823 genres.

Au niveau des biomes, elles se présentent sous des formations très denses, dans lesquelles les Poacées sont très largement dominantes, ce qui en fait probablement la famille la plus importante en termes de biomasse produite et d'impact écologique. Ce sont les savanes plus ou moins parsemées d'arbres des régions chaudes du globe à longue saison sèche et les prairies qui couvrent plus de 40 % des terres émergées, hors Antarctique et Groenland. Les Graminées se trouvent aussi en grandes quantités dans la toundra, les zones de montagne, les forêts et les zones humides. Beaucoup d'entre elles sont adaptées aux feux[50] et au broutage. En cela les formation graminéennes ont de tout temps été des réserves de gibier, notamment de gros et petits mammifères, et d'oiseaux coureurs tout en étant aussi l'habitat de nombre d'invertébrés, en particulier d'insectes piqueurs et de papillons.

50. Les graminées sauvages sont des espèces colonisatrices, croissant facilement après un incendie, une propriété que nombre d'ethnies de chasseurs-cueilleurs ont largement exploitée. Ainsi, avant la conquête de l'Australie par les colons anglais, les aborigènes d'Australie avaient-ils pour habitude de brûler régulièrement les prairies natives afin d'attirer kangourous et autres animaux sur la jeune herbe qui succédait aux brûlis.

Liste non exhaustive de Graminées sauvages collectées pour leurs graines au Paléolithique par région du globe

Levant	Blés, orges et seigles sauvages
Inde	Millets sauvages
Chine	Riz asiatiques sauvages, millets sauvages
Océanie	Millets sauvages
Afrique	Riz africains sauvages, cram-crams, fonios, mils et millets sauvages
Amériques	Petite orge sauvage, téosintes, riz amérindiens sauvages, millets et bromes sauvages
Europe Sibérie	Mannes, seigles de mer et alpiste sauvages

Source : Bonjean & Vermander, 2021

Bien avant l'apparition de l'agriculture, les graines de certaines de ces espèces sauvages citées dans le tableau ci-dessus ont été collectées par des peuples chasseurs-cueilleurs dans diverses régions de la planète, puis stockées et broyées avec des pilons ou des meules à main, notamment au Paléolithique.

E4.2. Appropriation et partage de réserves alimentaires végétales d'animaux par l'humain

Parmi les exemples de collecte de greniers animaux issus du monde végétal par l'homme, citons la collecte de rayons de miels de forêts stockés par des abeilles sauvages ou des insectes apparentés. Cette pratique demeure assez fréquente, et je l'ai moi-même observée il y a quelques années chez les populations Dai de la préfecture de Xishuangbanna à l'extrême sud de la province du Yunnan en Chine, au sein de portions résiduelles de la forêt primaire subtropicale qui borde le Laos et le Myanmar.

Miel de mélipones sauvages, marché de Xishuangbanna, Yunnan, Chine,

Source : Alain Bonjean, 2012

En matière de céréales, depuis l'Épipaléolithique et au moins jusque dans les années 1980, les Touaregs du Sahara récoltaient les greniers de grains de graminées sauvages remplis avant l'hiver par des fourmis arénicoles, avant de les broyer au mortier et de les transformer en une farine grossière dont ils faisaient des galettes qu'ils cuisaient à même le sol, soit sur des brindilles, soit sur de la bouse de chameau. Une pratique similaire est encore parfois observée chez les Soninkés en Afrique de l'Ouest sahélienne (principalement Mali, Mauritanie, Sénégal).

Dans son ouvrage *Histoire de l'alimentation végétale* paru en 1932, le botaniste suisse Adam Maurizio cite un exemple non plus d'appropriation, mais d'échange entre hommes et animaux. En Russie orientale, dans la péninsule sibérienne du Kamtchatka, les Itelmènes extraient des greniers des souris deux tiers des bulbes de lis martagon *(Lilium martagon)* qu'elles y entassent à la belle saison pour se nourrir l'hiver et mettent à la place en « dédommagement » des cônes de pin cembro *(Pinus cembra)* remplis de graines, des aiguilles de sapin et des vieux chiffons.

Certaines Graminées ont également été utilisées très longtemps comme matière première pour une multitude de fins utilitaires : élaboration de récipients tissés, utilisation de bambous dans la construction ou pour fabriquer des objets ménagers, consolidation de construction en terres, etc.

4.3. Médecines traditionnelles

Parmi les animaux, il existe, au moins chez les vertébrés, un instinct de soigner. La plupart des mammifères s'alimentent de plantes ou se soignent avec elles. En Afrique, les gorilles, les bonobos et les chimpanzés avalent fréquemment des feuilles de certaines *Aspilia* ou *Vernonia amygdalina* pour se débarrasser de parasites intestinaux. En Indonésie, certains orangs-outans mâchent une liane grimpante, *Fibraurea tinctoria*, et ensuite l'appliquent sur leurs plaies pour en accélérer la guérison. Même les carnivores consomment de temps à autre des végétaux notamment pour des raisons de santé ou autres. Ainsi parmi les félins, les chats apprécient de lécher et mâchonner la cataire ou herbe-aux-chats *(Nepeta cataria)* qui déclenche chez eux une euphorie et une excitation sexuelle. Cette plante contient en effet une molécule, la népélactone, qui agit sur eux comme une phéromone. Nous savons aussi que les grands singes consomment des végétaux dans un but thérapeutique et pratiquent l'automédication.

Dans la Préhistoire, le contact des humains avec la nature était quotidien et passait par les cinq sens. C'était un espace sans fin de ressources, de curiosité et de réflexion pour nos ancêtres, et d'expérimentation aussi. S'il est impossible de savoir quand l'humain a commencé à se soigner avec des plantes, l'archéologie nous fournit des preuves que ce comportement est extrêmement ancien et multi-local dans notre lignage. Un site occupé par *Homo erectus* daté d'environ 370 000 ans a été découvert en Allemagne, contenant 14 plantes médicinales qui pouvaient traiter des problèmes intestinaux, respiratoires, urinaires et dermatologiques. Un autre site attribué à des *Homo sapiens* nomades, trouvé en Afrique du Sud et daté de 77 000 ans, a montré que cette population utilisait dans les litières des feuilles de laurier du Cap *(Cryptocarya woodii)* contenant plusieurs produits chimiques qui tuent les insectes, pour se protéger de la malaria transmise par les moustiques et d'autres nuisibles.

Six plantes médicinales ont été retrouvées dans une sépulture collective de Néandertaliens datée de 60 000 ans, à Shanidar dans le nord-est de l'Irak ; parmi elles, le buis (*Buxus* spp.), le cornouiller sanguin *(Cornus sanguinea)*, le frêne (*Fraxinus* spp.) et le troène (*Ligustrum* spp.) qui sont connus pour leurs propriétés anti-inflammatoires, astringentes et diurétiques, ont été formellement identifiés. D'autres fossiles néandertaliens provenant du site d'El Sidrón dans le nord de l'Espagne, d'environ 49 000 ans, attestent de la consommation d'achillée millefeuille *(Achillea millefolium)* et de camomille *(Matricaria chamomilla)* « qui ont un goût amer, guère de qualités nutritionnelles – mais sont connues pour leurs propriétés médicinales », et aussi de peuplier (*Populus* spp.), un arbre qui contient de l'acide salicylique, précurseur de l'aspirine[51], ainsi qu'un type de *Penicillium*. Bien plus tard voici plus de 3 000 ans, les *Homo sapiens* du lac de Chalain dans le Jura soignaient le ténia avec les spores d'une fougère locale.

L'étendue de l'automédication animale à base de plantes pour renforcer la capacité de reproduction, lutter contre les parasites et soigner les traumatismes ainsi que les pratiques similaires de nos ancêtres hominidés suggèrent que ce comportement évolutif avantageux correspond à un instinct de survie très ancien, fondateur. Il a été transmis au cours de l'évolution à *Homo sapiens* et a sans doute été renforcé par les comportements sociaux et les échanges survenus entre diverses ethnies.

***Shennong en train de goûter une brindille*, peinture de Guo Wu (1456-1529)**

Source : CC-Wik

51. En pharmacie, l'aspirine ou acide acétylsalicylique est obtenue par acétylation de l'acide salicylique.

Dans la mythologie chinoise, un personnage civilisateur existe, 神农 Shennong, parfois nommé « Empereur des remèdes », « Empereur des cinq graines », « Ancêtre des champs[52] », qui passait son temps voici plusieurs millénaires à goûter des plantes[53], dont certaines toxiques ; il aurait ainsi identifié de nombreuses espèces dont 360 sont décrites dans le plus ancien traité chinois de drogues végétales, le 神农本草经 *Shénnóng běncǎo jīng* compilé aux débuts de notre ère. En réalité, il est vraisemblable que les Chinois et les Indiens disposaient de pharmacopées efficaces voici plus de 5 000 ans. Le plus ancien document médical connu provient toutefois de Mésopotamie : c'est une tablette d'argile datée de 2400 av. J.-C. décrivant en écriture cunéiforme des préparations médicinales à base de plantes. D'autres documents du même type de cette région mentionnent plus de 250 espèces de simples parmi lesquelles l'ail *(Allium sativum)*, la belladone *(Atropa belladonna)*, la mandragore *(Mandragora officinarum)*, la myrrhe *(Commiphora myrrha)*, le pavot à opium *(Papaver somniferum)*, le safran *(Crocus sativus)*. À l'époque pharaonique, les Égyptiens disposaient d'un corps de vrais médecins dont la pratique comportait nombre de rituels liés à la religion et qui ont été de grands utilisateurs de plantes médicinales. Divers papyrus, tel celui d'Ebers rédigé il y a 3 500 ans, font état de l'usage courant de divers simples, figuier *(Ficus carica)*, fruit du sycomore *(Ficus sycomorus)*, pyrèthre (*Tanacetum* spp.), racine de grenadier *(Punica granatum)*, ricin *(Ricinus communis)*, pour n'en citer que quelques-uns. Les textes grecs comme le *Corpus Hippocraticum* d'Hippocrate de Kos (460-377 av. J.-C.) qui décrit 230 plantes médicinales et le *De materia medica* de Dioscoride (20-90) qui en cite plus de 500 ont transmis une grande partie de ces savoirs en Occident.

Quelques pratiques anciennes de pharmacopée resurgissent de nos jours comme un savoir à redécouvrir, telles les cures de sève de bouleau (*Betula* spp.) au début du printemps, qui sont issues des traditions scandinaves et sibériennes, elles-mêmes descendantes de la fin de la dernière glaciation. Elles se font habituellement à raison d'un grand verre de sève à jeun le matin durant trois semaines entre mars et avril lorsque la sève remonte des racines aux branches, en perçant de petits trous à la tarière dans le tronc des arbres. C'est une eau à la saveur agréable, légèrement boisée et naturellement sucrée. Riche en vitamines, en oligoéléments (calcium, magnésium, sélénium, phosphore, potassium, etc.) et antioxydants de la famille des flavonoïdes, elle aide à détoxifier l'organisme en drainant et facilitant l'élimination des toxines hivernales, améliore la qualité du sommeil et prépare le corps au changement de saison en renforçant les défenses immunitaires de l'organisme.

52. On lui attribue aussi l'invention de l'agriculture chinoise. Shennong est souvent représenté avec des cornes de bœuf, le cou orné d'un collier de simples.

53. Il aurait aussi goûté diverses substances animales et minérales pour déterminer comment elles agissaient sur la santé humaine.

E4.3. Premières trépanations connues sous l'emprise de plantes médicinales

De manière surprenante, d'assez nombreux crânes trépanés ont été retrouvés dans des sites archéologiques de régions très éloignées de la planète, en Europe au Néolithique et en Amérique précolombienne voici environ 3 000 ans, mais pas uniquement – le crâne de la grotte des Pigeons de Tafoughalt au Maroc, daté d'il y a 12 000 ans, soit du Paléolithique supérieur, est le plus ancien connu de ce type. Si certaines ouvertures correspondent à des prélèvements osseux réalisés indéniablement post mortem, généralement pour constituer des amulettes, beaucoup paraissent avoir été pratiquées sur des individus vivants, femmes ou hommes, avec un taux relativement élevé de survie qui se mesure aux excroissances osseuses cicatricielles observées. Plusieurs techniques de percement de la voûte crânienne exposant la dure-mère sans la blesser ou endommager le cerveau ont été identifiées : grattage-abrasion de l'os par un silex tranchant, rainurage-burinage et perçage-découpage.

À quoi pouvaient servir ces opérations ? Acte chirurgical ou rituel, la question se pose. Une première hypothèse concerne l'emploi de la trépanation dans des contextes post-traumatiques (blessures de pierres polies ou de frondes reçues à la tête lors de conflits, chutes, etc.). Une deuxième suggère le traitement magique d'épilepsies, de convulsions ou de maladies à expression psychiatrique, liées à des concepts de possession, d'exorcisme ou à d'autres superstitions. Une troisième invoque des raisons purement religieuses (cérémonies d'initiation, ouverture d'un « troisième œil », etc.) qui pourraient expliquer, dans certains cas, des crânes présentant plusieurs trépanations réalisées au cours de la vie d'un sujet.

Compte tenu de la durée de ces interventions estimée généralement à plusieurs heures, à la douleur engendrée, aux saignements et aux craintes qu'elles ne pouvaient manquer d'engendrer, elles n'ont pu avoir lieu sans que le « chirurgien » sache résoudre ces différents problèmes. Si l'on ne sait pratiquement rien des pratiques néolithiques, plusieurs témoignages espagnols des débuts de la conquête de l'Amérique latine rapportent le recours à des substances végétales anesthésiques ou autres :

- Contre la douleur, le sujet absorbait des préparations anesthésiques à base de coca *(Erythroxylum coca)*, de datura (*Datura* spp.), de yucca (*Yucca* spp.) et d'autres espèces ; dans certains cas andins, le praticien mâchait des feuilles de coca et laissait couler de la salive dans la plaie…
- Contre le saignement, une cordelette était généralement usitée comme garrot, serrée au-dessus des oreilles du patient ; des plantes à

forte teneur en tanins pouvaient aussi aider à limiter les saignements, par exemple des extraits de racines de ratanhia *(Krameria lappacea)*, ainsi que des poudres de bois et d'os.
- Contre les infections, certains miels, de la cire d'abeille, de la quinine ou des feuillages pourrissant libérant des antibiotiques étaient employés au Pérou.

4.4. Plantes magiques et rituels

Les plantes magiques regroupent des espèces auxquelles diverses traditions confèrent des propriétés surnaturelles, directes ou indirectes (par exemple à travers la préparation d'une boisson) ou considérées comme telles : on se trouve là à proximité de la magie, voire de la sorcellerie. Souvent des rituels religieux ou non religieux ont été ou sont associés aux plantes pour en déclencher ou tenter d'en contrôler les effets. Ces plantes sont fréquemment classées en quatre catégories : les plantes liées à l'amour et à la sexualité, les plantes de la magie blanche, les plantes de la magie noire et les plantes dites hypocrites.

Témoignages archéologiques et historiques d'usages antiques non exhaustifs de plantes magiques par l'homme

Dates	Ancien monde	Nouveau monde
11000 av. J.-C.	Bière/Orge (*Hordeum* spp.), Israël	
		Cactus (*Trichocereus* spp.), Pérou
8200 av. J.-C.	Chanvre *(Cannabis)*, Japon	
7000 av. J.-C.	Bétel *(Areca catechu)*, Thaïlande	
6000 av. J.-C.	Jusquiame (*Hyoscyamus* spp) et nénuphar (*Nymphaea* spp.), Égypte	Coca (*Erythroxylum* spp.), Pérou
5800 av. J.-C.	Vin/Vigne *(Vitis vinifera)*, Géorgie	
5600 av. J.-C.	Pavot *(Papaver somniferum)*, Italie	
4500 av. J.-C.	Belladone *(Atropa belladonna)*, Roumanie	
4000 av. J.-C.	Rue de Syrie *(Peganum harmala)*, Caucase et Égypte	

Dates	Ancien monde	Nouveau monde
2500 av. J.-C.	Cidre/Poirier (*Pyrus* spp.), Espagne0	
2100 av. J.-C.		*Anadenanthera* spp., Argentine
2000 av. J.-C.	*Ephedra* spp., Chine	
1900 av. J.-C.		Cacao/Cacaoyer *(Theobroma cacao)*, Mexique
1700 av. J.-C.	*Datura stramonium* (Andorre)	
1500 av. J.-C.		Tabac (*Nicotiana* spp.), Amérique du Nord
1400 av. J.-C.	Mandragore (*Mandragora* spp.), Égypte	
800 av. J.-C.		Chicha/Maïs *(Zea mays)*, Bolivie
650 av. J.-C.		Maté *(Ilex paraguariensis)*, Argentine

Source : Samorini, 2019

Les plantes et leurs fleurs liées à l'amour et à la romance sont si nombreuses et si variées selon les cultures qu'il est impossible de toutes les citer. En Occident, la rose (*Rosa* spp.), notamment la rose rouge, symbolise classiquement amour intense et hommage à la beauté. La tulipe rouge (*Tulipa* spp.) est une déclaration d'amour en elle-même. Le chèvrefeuille (*Lonicera* spp.) est un gage de fidélité et d'amour durable. Le lys de la paix (*Spathiphyllum* spp.) garantit la sérénité des couples. L'azalée (*Rhododendron* spp.) représente un amour timide et un symbole de positivité. En Chine, le magnolia (*Magnolia* spp.) est associé à la pureté et à l'amour sincère. Le narcisse (*Narcissus* spp.) au parfum envoûtant exprime des sentiments romantiques, l'amour sincère et la fidélité. Le camélia (*Camellia* spp.) symbolise l'amour durable et la perfection, tandis que le lotus *(Nelumbo nucifera)* est un symbole puissant d'amour spirituel.

Publicité péruvienne de la maca, plante aphrodisiaque

Le jasmin *(Jasminum officinale)*, souvent utilisé dans les thés et les parfums, est associé à l'amour éternel. Autant de civilisations, autant de fleurs d'amour… D'autres plantes à l'odeur attractive tels le basilic *(Ocimum basilicum)* ou la verveine citronnelle *(Aloysia triphylla)* sont censées inviter plus directement le partenaire à la sensualité.

Et, lorsque le manque de désir, la baisse de la libido surviennent au sein du couple, l'humain n'a pas manqué de prospecter les végétaux aphrodisiaques. Si le rhinocéros a souvent perdu sa corne dans cette traque, certaines plantes sont devenues incontournables. Une des plus puissantes fait partie de la pharmacopée chinoise, il s'agit du ginseng *(Panax ginseng)*, plante adaptogène d'Extrême-Orient qui diminue le stress et l'anxiété, et dont il a été démontré que le rhizome riche en ginsénosides augmente les taux de l'hormone lutéinisante et de l'hormone folliculostimulante chez la femme, et celui de concentration de la testostérone dans le sang chez l'homme. Loin de là, dans les hauteurs des Andes, les populations amérindiennes utilisent depuis des siècles une sorte de gros radis rustique à l'odeur piquante, la maca *(Lepidium meyenii)*, pour stimuler la libido et augmenter la fertilité chez le lama[54], mais aussi chez la femme et l'homme grâce à sa richesse en macaenes et macamides. En Amérique centrale, les populations mayas avaient et ont pour alternative un arbuste de la famille des Passifloracées, la damiana *(Turnera diffusa)* aux effets voisins. Dans le bassin méditerranéen, une Zygophyllacée annuelle aux fruits épineux, la croix-de-Malte ou clou de vigne *(Tribulus terrestris)*, riche en saponines, remobilise le désir sexuel chez la femme ainsi que la concentration d'œstradiol et augmente le taux de testostérone chez l'homme. En Afrique de l'Ouest, la noix de kolatier (*Cola* spp.), au goût amer et riche en xanthines, caféine, kolatine et kolatéine est surtout connue pour éviter les problèmes d'impuissance masculine et d'éjaculation précoce. Elle est souvent appelée de manière très imagée « le démarreur ». Il ne s'agit là que des aphrodisiaques végétaux les plus connus, tellement la liste des plantes de ce type est longue. Presque autant que l'imagination humaine et la liste de nos fantasmes…

Bacchus et la vigne

Parler d'amour puis de magie, c'est presque un pléonasme tant les deux semblent liés. L'orateur romain Claude Élien (175-235) allait plus loin, affirmant dans son traité *De la nature des animaux* que « la nature est, elle aussi, magicienne ». Dans toutes les civilisations, la magie blanche s'appuie sur des plantes considérées comme protectrices,

54. Les conquistadors espagnols n'arrivèrent à faire reproduire leurs chevaux dans les altitudes andines que lorsqu'ils les nourrirent avec cette racine.

consolatrices ou divinatoires. Elle invoque le bien, la justice et l'harmonie. La magie noire emploie, quant à elle, des plantes malfaisantes pour nuire à autrui ou à la société, jeter des sorts, déclencher des catastrophes, communiquer avec les morts, etc. Elle est intentionnellement néfaste et vouée au mal. Pour antinomiques qu'elles soient, les deux formes de magie passent l'une et l'autre par des rituels, généralement secrets et plus ou moins complexes, au cours desquels les plantes peuvent être manipulées, broyées, brûlées, fermentées, transformées en philtres ou en onguents par un intercesseur, le mage, que d'autres nomment sorcier, pour générer des actions de manière occulte sur une personne, un groupe, un animal, un objet.

Citons à titre d'exemples quelques plantes classiques de magie blanche de nos contrées :

- L'ail des ours *(Allium ursinum)* était censé protéger l'enfant à naître ; la mère devait en porter dans ses poches ; cette pratique est encore recommandée par de vieux rebouteux en Combrailles dans certaines zones du Puy-de-Dôme.
- La benoîte commune *(Geum urbanum)*, aussi appelée herbe bénite ou herbe du bon soldat, a longtemps été employée par les moines exorcistes pour chasser le diable ; elle reste un simple employé contre les brûlures.
- En terres celtes, la callune *(Calluna vulgaris)*, sous-arbrisseau proche des bruyères, était de bon augure. Les jeunes filles qui en découvraient un brin couvert de fleurs blanches étaient sûres de se marier dans l'année. L'espèce étant censée protéger des mauvais esprits, on en a longtemps suspendu des brindilles dans les maisons.
- Le fenouil sauvage *(Foeniculum vulgare)* d'origine méditerranéenne, au doux parfum, était assimilé chez les Grecs à la force, à la jeunesse et aussi à la claire vision. Il a été associé aux rites de l'oracle de Delphes. Les Romains en firent la plante sacrée de Bacchus.
- La joubarbe des toits *(Sempervivum tectorum)* était plantée sur les toits, censée protéger les maisons et les granges de la foudre.
- Le lierre terrestre *(Glechoma hederacea)*, longtemps considéré comme une panacée, placé sous les draps d'une jeune mère, appelait le retour des forces après l'accouchement et favorisait la montée de lait.
- La vigne *(Vitis vinifera)* amenant l'ivresse par le vin, a longtemps été vue comme une manière de communiquer avec les dieux et symbolise encore, à travers l'eucharistie, un moyen d'accéder à l'extase mystique.

Malheur de l'opium

Pour ce qui est de la magie noire, beaucoup de plantes hallucinogènes lui sont rattachées du fait des changements de perception, de pensée, des confusions mentales et des pertes d'identité dans le temps et dans l'espace qu'elles suscitent, mais aussi des risques physiques et mentaux que court à les consommer le commun des mortels sans en connaître les dosages. Ceci concerne par exemple la consommation de datura *(Datura stramonium)* seul ou mélangé à du chanvre indien *(Cannabis sativa)* comme le pratiquait au Moyen Âge la secte ismaélienne des Nizârites, plus connue sous le nom de Hashashiyyin (ou Assassins). C'est le cas du pavot somnifère *(Papaver somniferum)*, dont on tire l'opium qui a un temps ravagé la Chine, et de produits encore plus dangereux telle l'héroïne. C'est encore le cas du ricin *(Ricinus communis)* dont le poison violent tiré de la coque de la graine servirait encore parfois en Afrique à tuer l'adversaire lors d'élections !

Les plantes dites « hypocrites » regroupent des espèces médicinales qui peuvent être toxiques à forte dose ou l'ont longtemps été tant que la chimie n'existait pas et ne permettait pas d'en préciser le dosage. Peu de gens savent que le muguet de nos forêts *(Convallaria majalis)*, fleur du 1er mai s'il en est, très apprécié pour ses jolies clochettes et son parfum, est un tueur impénitent. Toutes les parties de cette plante riche en saponosides et hétérosides cardiotoxiques sont extrêmement violentes, et une gorgée d'eau de muguet peut provoquer la mort par arrêt cardiaque en quelques minutes. L'ivraie enivrante *(Lolium temulentum)*, messicole de nos champs proche des ray-grass anglais et d'Italie de nos pelouses, devient une plante toxique lorsque sa graine est infectée par un champignon assez banal, *Neotyphodium coenophialum*, contenant des alcaloïdes aux propriétés narcotiques. Le problème survient quand elle est moulue accidentellement avec du blé : le pain fabriqué accidentellement avec cette farine polluée brouille les esprits des consommateurs, leur donne une démarche de personne ivre et, dans les cas les plus graves, provoque la mort, ce qui vaut à cette humble graminée d'être citée négativement depuis des siècles dans l'Évangile selon saint Matthieu.

E4.4.a Présence de plantes dans les tombes préhistoriques

Dans l'histoire du genre *Homo*, les premières sépultures connues correspondant au sens d'un enterrement rituel et de la protection volontaire d'un corps *post mortem* remontent au moins à 100 000 ans. Elles appartiennent à des populations nomades de Néandertaliens et d'*Homo sapiens* des rives orientales et septentrionales de la Méditerranée et datent du Paléolithique moyen.

La présence de pollens fossiles de plantes aux pouvoirs hallucinogènes (éphédras notamment) dans des tombes néandertaliennes du Kurdistan irakien datées de 50 000 ans a été expliquée par l'usage de fleurs dans des rites funéraires inconnus. Cependant, cette interprétation a été rendue incertaine par des travaux plus récents impliquant la présence d'abeilles fouisseuses et de rongeurs sur ce site.

La sépulture magdalénienne découverte dans la grotte d'El Mirón en Espagne et datée de -19 000 ans, d'une femme de 30 à 40 ans aux os recouverts d'ocre rouge s'est aussi avérée riche en pollens de fleurs blanches à jaunâtres de la famille des Chénopodiacées (famille des épinards) qui font penser à un rituel d'offrandes ou de présents de plantes alimentaires ou médicinales déposées intentionnellement. En effet, on ne les a pas retrouvés dans les mêmes niveaux archéologiques des autres parties de la grotte ou dans le paysage-environnant.

À la suite de la découverte en 2005 de quatre tombes multiples de la fin du Paléolithique au mont Carmel en Israël, on a conclu à l'existence de telles pratiques dès la culture natoufienne ancienne. Une trentaine de squelettes, datés entre -13 700 et -11 700 ans y ont été retrouvés sur un tapis de plantes fleuries, comprenant des sauges de Judée *(Salvia judaica)*, d'autres Labiées (famille des menthes) et Scrophulariacées (famille des digitales et des mufliers) témoignant de sépultures printanières avec des fleurs colorées et aromatiques. Ils étaient accompagnés également de perles et d'outils de pierre taillée. Ce processus sophistiqué et planifié chez cette civilisation de chasseurs-cueilleurs reflète un signe de préoccupation des vivants pour le bien-être de leurs morts dans l'après-vie, voire peut-être de différenciations sociales déjà marquées au sein de cette communauté préagricole à la sédentarisation émergente.

Aujourd'hui encore, dans diverses régions de la planète, des rituels d'offrandes de fleurs reflètent le respect des vivants vis-à-vis d'un défunt, leur attention à la peine de sa famille endeuillée et l'empathie s'exprimant avec délicatesse et élégance. Les gerbes de nos enterrements et les chrysanthèmes de la fête des morts en portent témoignages.

E4.4.b Les arbres du nemeton

Comme cela advint dans d'autres civilisations, la tradition celte sacralisait des sites naturels qui étaient associés aux cycles et aux forces de la nature : montagnes, îles, sources et rivières, eaux dormantes, forêts, etc. Parmi ceux-ci, certains arbres assuraient la connexion entre les trois mondes de leur mythologie : le sous-sol, le sol et le ciel.

Leurs sanctuaires, les nemetons, étaient, à l'origine, des clairières au sein de forêts profondes dotées d'un point d'eau. Ils plaçaient donc l'humain dans un lieu propice à un rassemblement en un point physique permanent de convergence favorable à l'échange avec les puissances du ciel et du sol. Les arbres, par leurs racines et leurs frondaisons, servaient d'intercesseurs entre les dieux et les hommes. Soutiens de la voûte céleste, ils symbolisaient, par leurs modifications à chaque changement de saison, puis année après année, les cycles de renouveau, de croissance et de mort ; leur durée de vie traduisait la longévité mais non pas l'éternité. Pour celles et ceux qui savaient les « lire », ils constituaient des banques de connaissances offertes par les dieux aux humains : chaque espèce possédait une énergie particulière, spécifique, et renfermait des ressources cachées, matérielles et spirituelles. Le fait que, dans les langues celtes, les termes « connaissance » et « bois » possèdent la même racine, *« vidu »*, n'est pas anodin. Les nemetons sont devenus des enclos rituels à la fin du Hallstatt (VIe siècle av. J.-C.) et avaient quasiment disparu de l'Hexagone au Ve siècle à la suite de la christianisation de la Gaule, même si l'on rapporte qu'au XIIe siècle, saint Bernard de Clairvaux (1090-1153) « faisait encore abattre des arbres sacrés païens lors de ses voyages ».

Peu de pratiques spirituelles du culte druidique nous sont parvenues, mais il semble que sept arbres européens natifs ont été particulièrement vénérés par son clergé – le bouleau *(Betula pendula)*, l'aulne noir ou vergne *(Alnus glutinosa)*, le saule blanc *(Salix alba)*, le chêne pédonculé *(Quercus robur noir)*, le houx *(Ilex aquifolium)*, le noisetier *(Corylus avellana)* et le pommier des bois *(Malus sylvestris)*. Tous avaient une portée religieuse et symbolique, et présentaient un intérêt médicinal. Chaque bois avait des usages précis et parfois portait des fruits. Ainsi, à titre d'exemple, le chêne sessile/pédonculé *(Quercus petraea/Q. robur)*, roi de la forêt et porteur rare du gui *(Viscum album)*[55], « celui qui guérit tout », symbolisait la belle saison. Son écorce permettait de lutter contre les problèmes de gorge, et ses feuilles aux effets stomachiques traitaient gastro-entérites et diarrhées. Elles permettaient aussi de tanner les peaux des bêtes. Ses glands nourrissaient les élevages et même parfois les hommes dans les périodes difficiles. Autre exemple, son faux jumeau le houx sonnait chaque année l'arrivée de la mauvaise saison. Son écorce permettait de chasser à la glu grives et autres petits oiseaux, son bois dur, de fabriquer divers outils et objets. En pharmacopée, le houx était considéré comme une plante protectrice notamment contre la fièvre, les problèmes pulmonaires, les troubles cardiaques et les rhumatismes.

---

55. Selon le naturaliste Pierre Déom, cofondateur du magazine *La Hulotte*, la France compterait de nos jours autour de quinze chênes porteurs de gui.

CHAPITRE 5

Conséquences de l'apparition des foyers d'agriculture au Néolithique

5.1. Apparition de multiples foyers d'agriculture au Néolithique et domestication de certaines plantes en cultures

Lors du dernier événement glaciaire (110 000 à 11 700 ans AP), la forêt était réduite, et l'humanité entièrement formée de multiples petits groupes nomades de chasseurs-cueilleurs. Voici environ 20 000 ans, lors d'un épisode de réchauffement climatique, la déglaciation des terres a débuté, et la forêt a recolonisé de nombreux territoires. On estime aujourd'hui que la planète comptait alors 2 à 3 millions d'humains.

Sites du début du Néolithique du Proche-Orient, avec en grisé les premières zones agricoles

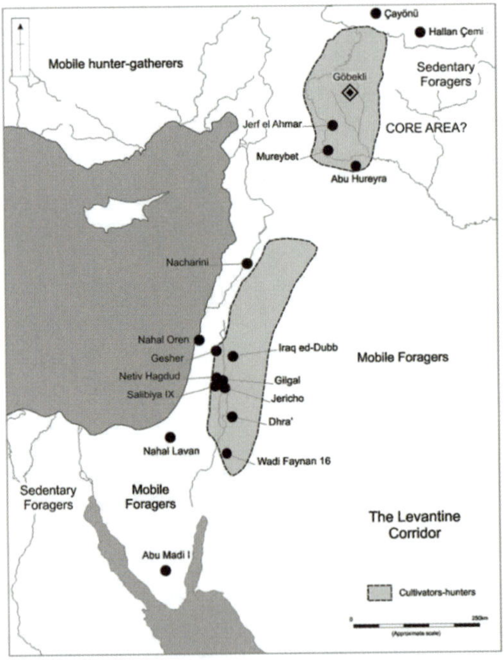

Source : Assouti, 2013

Au cours du XIIe millénaire av. J.-C., des groupes humains du Proche-Orient se mirent progressivement à domestiquer certains animaux et à cultiver quelques espèces de plantes tout en se sédentarisant. Ainsi inventèrent-ils l'agriculture autour d'un complexe comprenant principalement bœuf *(Bos taurus)*, mouton *(Ovis aries)*, chèvre *(Capra hircus)*, porc *(Sus scrofa domesticus)*, pigeon (*Columba* spp.) et figuier

(Ficus carica), vigne *(Vitis vinifera)*, orge *(Hordeum vulgare)*, blé *(Triticum)*, pois *(Pisum sativum)*, pois chiche *(Cicer arietinum)*, lentille *(Lens culinaris)*, lin *(Linum usitatissimum)*. Au fil de ce lent processus, les humains choisirent et transformèrent certains vivants sauvages. Chez certains animaux, la capture de jeunes individus, puis la sélection de quelques-uns d'entre eux parmi les moins farouches, souvent de taille réduite et ainsi facilement manipulables, aux cornes petites moins dangereuses, au pis plus gros et au plus grand nombre de petits survivant à chaque portée, constituèrent les débuts de l'élevage. Pour ce qui est des plantes, le choix se fit parmi celles qui étaient déjà récoltées et consommées à l'état sauvage depuis des millénaires, soit à des fins alimentaires, soit pour produire de l'alcool ou fabriquer des vêtements, soit pour leurs propriétés médicinales ou hallucinogènes. Celles dont les graines étaient les plus grosses et qui nécessitaient de moindres travaux post-récoltes et étaient faciles à stocker, furent privilégiées, préservées et multipliées. Au contact de l'homme, ces espèces ont été domestiquées – leur taille a souvent été raccourcie, leur port devenu plus compact, leur maturité synchrone, la dormance de leurs graines amoindrie, leur teneur en toxines réduite, etc., au point que la plupart d'entre elles sont aujourd'hui incapables de se perpétuer sans son intervention.

Carte des principaux foyers mondiaux d'agriculture – les datations sont approximatives

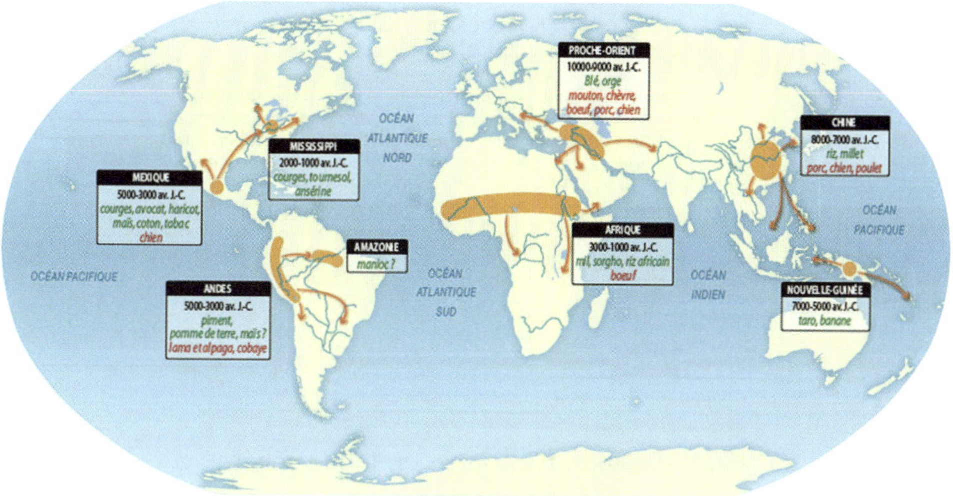

Source : LC

Depuis le XIXe siècle, les archéologues ont révélé que, durant la période s'étendant de 11 700 et 2 100 av. J.-C (date finale correspondant au début de l'âge du bronze en Europe et en Chine), désignée comme le Néolithique[56], la domestication des animaux et

56. Appellation dérivée du grec « *néos* » pour nouveau et « *lithos* », pour pierre, signifiant littéralement « âge de la pierre nouvelle ».

des plantes est apparue indépendamment dans plusieurs régions du monde, chacune développant des espèces animales et végétales spécifiques à son environnement. Au vu des artefacts retrouvés ici et là lors de fouilles et de leurs datations respectives, le Proche-Orient et la Chine semblent constituer les deux foyers d'agriculture les plus anciens, suivis par des foyers plus récents en Amérique centrale et au sein d'un dipôle ando-amazonien en Amérique du Sud, puis en Nouvelle-Guinée, Afrique subsaharienne et bassin du Mississipi en Amérique du Nord. Ces différentes agricultures ont ainsi émergé en quelques millénaires, sans échanges initiaux d'un foyer à l'autre.

Principales espèces végétales domestiquées par grand centre d'origine d'agriculture.

Centres d'origine	Principales cultures
Proche- et Moyen-Orient	amandier, blés, cameline, grenadier, lentille, lin, olivier, orge, palmier dattier, pistachier, pois, pois chiche, fève, figuier, vigne
Chine, Inde et Asie du Sud-Est	aubergine, bambou, chanvre, chou chinois, gingembre, jute, larmier de Job, manguier, millet commun, millet des oiseaux, mungo, mûrier, ramie, riz asiatique, sarrasin, soja, théier
Amérique centrale	amaranthe rouge, agave, chia, coton mexicain, courge, haricot, maïs, noix-pain, piment commun, sisal
Andes	brome mango, haricot de Lima, lupin des Andes, maca, patate douce, pomme de terre, quinoa, tomate
Amazonie	ananas, arachide, hévéa, igname, manioc papayer, yacon
Nouvelle-Guinée	arbre à pain, bananier, canne à sucre, herbe-palmier, kawa, sagoutier, taro, taro géant,
Afrique	caféier, éleusine, fonio, lentille de terre, mil, palmier à huile, pois bambara, riz africain, souchet, sorgho, teff, yam
Amérique du Nord	petite orge, topinambour, tournesol, riz amérindien

E5.1.a Domestication d'un Janus végétal, le chanvre-cannabis

La communauté scientifique a longtemps cru que le chanvre *(Cannabis sativa; 2n=20)* avait été domestiqué en Asie centrale. Il n'en est rien. Des analyses moléculaires d'une collection diversifiée de l'espèce regroupant des types historiques et modernes (sauvages, cultivars à fibres, médicinaux et psychotropes, plantes férales), menées en 2011 par une équipe internationale de chercheurs, ont démontré que cette plante aurait commencé à être domestiquée en Chine voici environ 12 000 ans. Les plants sauvages de chanvre que l'on trouve aujourd'hui en Chine étant les descendants les plus proches du pool génétique ancestral commun aux types à fibres riches en cannabidiol (ou CBD) et aux types hallucinogènes riches en tétrahydrocannabinol (ou THC), cette domestication apparaît monophylétique.

Pendant des millénaires, les paysans chinois en ont fait une culture multifonctionnelle qui leur fournissait simultanément grain et huile à des fins alimentaires, fibres textiles notamment en Chine du Nord[57], traitements médicinaux efficaces contre diverses pathologies et usages religieux et récréatifs. L'espèce est d'ailleurs classée parmi les cinq plantes sacrées de la Chine dans son Classique des rites ou *Lijing*. La présence de ce type de chanvre est attestée au Japon dès 8000 av. J.-C. et dès 5000 av. J.-C. en Europe.

Trois sous-espèces de chanvre et leurs chémotypes

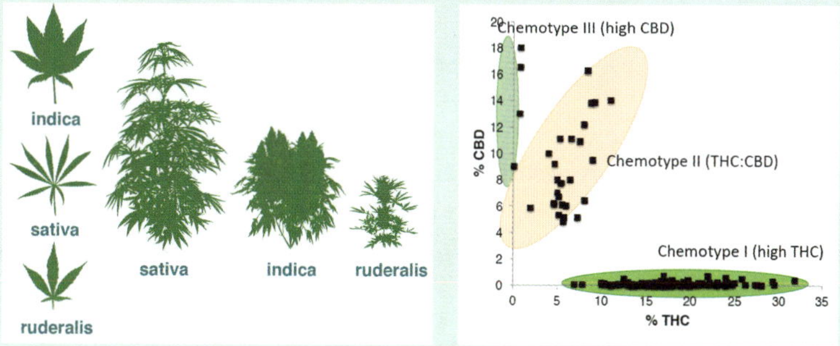

Bien plus tard, voici environ 4 000 ans, une spécialisation variétale est apparue en Chine et en Asie centrale entre types à fibres et types hallucinogènes, faisant de l'espèce un véritable Janus végétal et donnant lieu à la classification actuelle de l'espèce en trois sous-espèces :

- *Cannabis sativa* subsp. *sativa*, le chanvre à fibres ou industriel, haut et peu branchu, à feuilles aux lobes étroits ;
- *Cannabis sativa* subsp. *indica*, le chanvre psychotrope ou marijuana, plus ramassé, branchu, à feuilles plus denses et aux hampes florales plus riches en fleurs afin d'augmenter la production de résine psychoactive riche en tétrahydrocannabinol ou THC[58] ;
- *Cannabis sativa* subsp. *ruderalis*, de petite taille, plus tolérant au froid, regroupant les formes sauvages résiduelles et les plantes férales issues des deux précédentes.

57. En Chine du Sud, on cultivait une autre fibre végétale indigène provenant de la ramie *(Boehmeria nivea)*. Sa production est actuellement relictuelle.

58. Les variétés psychotropes contiennent jusqu'à 20 fois plus de THC que de CBD.

Vers 2000 av. J.-C., la présence des deux types cultivés est validée en Afrique, ce qu'atteste le papyrus Ebers de la période pharaonique, daté v. 1550 av. J.-C. Au XVIe siècle, la mondialisation de la culture du chanvre a débuté lorsque les Espagnols l'introduisirent au Chili pour fabriquer des cordages et des toiles. Actuellement, selon la filière InterChanvre, la culture du chanvre à fibres dépasserait les 275 000 hectares. Bien qu'inconnue, celle du chanvre psychotrope dont la culture est interdite dans de très nombreux pays et encadrée depuis peu dans quelques autres (Allemagne, Canada, Uruguay, une partie des États-Unis), est beaucoup plus importante puisque ce marché est estimé par l'agence Mordor Intelligence à 33,84 milliards de dollars en 2024 et devrait atteindre 69,25 milliards de dollars en 2029.

Pourquoi l'agriculture est-elle ainsi apparue en plusieurs fois en des points du monde éloignés les uns des autres ? Beaucoup de théories – adaptation aux nouvelles contraintes environnementales, manque local de nourriture, quête de substances psychoactives et en premier lieu d'alcool, génie inventif, bouleversement idéologique et/ou religieux, évolution des contraintes sociales, etc. – sont nées pour tenter de l'expliquer, et il en apparaît toujours de nouvelles. Les données archéologiques étant par essence fragmentaires et difficilement comparables, interpréter les faits et leurs interactions est particulièrement délicat. Par exemple, certaines civilisations préhistoriques ont inventé la poterie avant l'agriculture, d'autres avec elle : ainsi, au Japon, des peuples non agricoles produisaient des pots en argiles pour la préparation des aliments, sans doute leur stockage, voici environ 16 000 ans tandis qu'au Levant, le Néolithique potier apparaît voici environ 8 750 ans, bien après les débuts de l'agriculture sur ce territoire.

Il reste que le Néolithique faisant évoluer quelques groupes de chasseurs-cueilleurs nomades en agriculteurs sédentaires a constitué une véritable révolution dans les pratiques humaines et qu'il est indéniablement à la base des formes complexes d'organisation sociale de nos civilisations actuelles.

E5.1.b Cartes mondiales des foyers d'agriculture et évolution du concept de centre d'origine des plantes

Même s'il eut des prédécesseurs qui se penchèrent sur les origines des plantes cultivées tel Alphonse de Candolle (1806-1893), le premier scientifique à établir une carte mondiale plausible des foyers d'agriculture fut l'agronome et généticien russe Nikolaï I. Vavilov (1887-1943) que nous évoquerons sous un autre angle dans un prochain chapitre.

À la tête d'une équipe de botanistes de qualité, il fut le premier à réaliser des prospections de plantes cultivées et apparentées sur la plupart des continents : entre 1916 et 1933, il a visité 64 pays et rassemblé les fruits de ses recherches à Leningrad (redevenue depuis Saint-Pétersbourg). Lors du Congrès international de génétique de Berlin en 1926, il proposa d'identifier les espèces collectées selon leurs caractères morphologiques, botaniques, physiologiques, cytologiques, génétiques et d'adaptation à l'environnement tout en recoupant ces données avec des éléments archéologiques, historiques, linguistiques et ethnobiologiques, puis de localiser ces cultivars sur une carte. Il a identifié ensuite les centres d'origine des espèces comme les zones à concentration et diversité de cultigènes les plus denses et en a compté huit. Fidèle à sa devise « La vie est courte il faut se dépêcher », il n'hésitait pas à proclamer aussi que ces centres regroupaient une majorité d'allèles dominants et qu'à leur périphérie, sous l'effet de l'isolement géographique et de la dérive génétique, la diversité diminuait mais que la fréquence des allèles récessifs s'élevait.

Huit centres d'origine des plantes cultivées

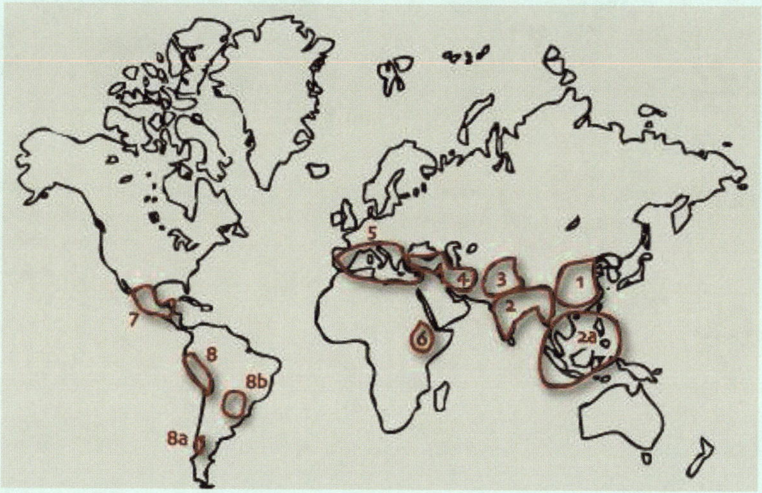

Source : Vavilov, 1949-1950.

1. Foyer chinois ; 2. Foyer indien ; 2a. Foyer indo-malais ; 3. Foyer d'Asie moyenne ; 4. Foyer d'Asie Mineure ; 5. Foyer méditerranéen ; 6. Foyer abyssin ; 7. Foyer centre américain ; 8. Foyer sud-américain ; 8a. Foyer chilien (île de Chiloé) ; 8b. Foyer brasilo-paraguayen.

Après la Seconde Guerre mondiale, (a) certains, tel le naturaliste anglais J. G. Hawkes (1915-2007), ont tenté de compléter ses travaux en prenant en compte les plantes sauvages apparentées aux plantes cultivées, mais cela n'a pas fondamentalement changé les résultats. (b) Parallèlement, l'élève de Vavilov, le botaniste soviétique P. M. Zhukovsky (1888-1975), et le botaniste hollandais A. C. Zeven (1933-) reprirent ses travaux en donnant plus d'importance aux apparentées lointaines et développèrent le concept de mégacentres génétiques, qui a pour inconvénient de pratiquement recouvrir le globe. (c) Dès 1971, l'américain J. Harlan (1917-1998) a développé la théorie des centres et des non-centres de culture, arguant du fait que les centres de diversité sont fréquemment, mais pas toujours, situés au même endroit que les centres d'origine ou les centres des cultures les plus anciennes. (d) À la fin des années 2000, le spécialiste de génomique évolutive et écologique M. D. Purugganan et l'archéologue D. Q. Fuller ont recoupé les foyers d'agriculture avec les preuves archéologiques actuelles. Les résultats de ces travaux sont résumés dans les quatre cartes ci-dessous.

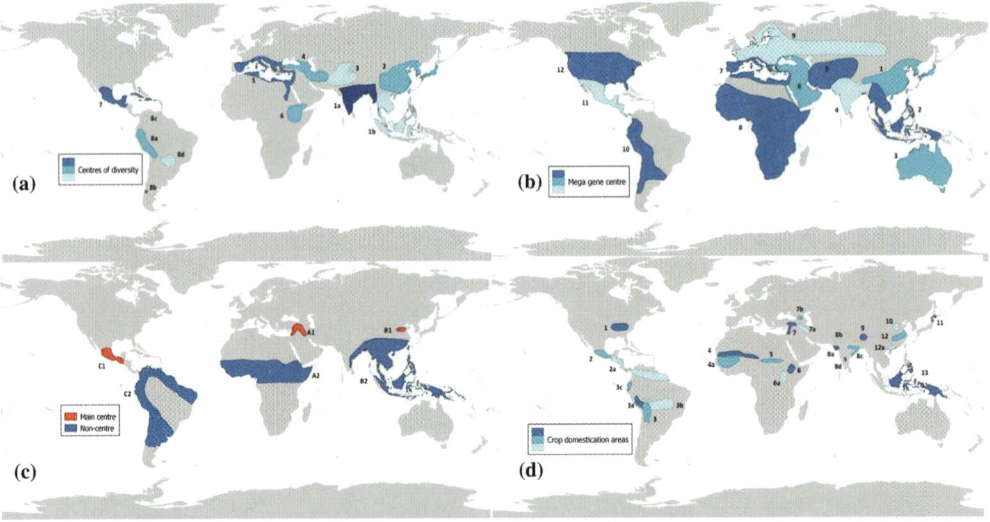

Centres de domestication des cultures et intensité de la diversité que l'on y trouve sur la base des travaux (a), (b), (c) et (d) précités

La reprise de ces travaux par N. Maxted et H. Vincent en 2021 sous l'angle de la congruence pouvant exister entre les points chauds de présence des apparentées sauvages des espèces cultivées et les centres d'origine et de diversité des cultures a permis d'établir une nouvelle carte de consensus de douze pools de gènes de plantes cultivées associés à la version modifiée du concept de Vavilov (les zones orange correspondent aux centres originaux de Vavilov et les zones vertes à des centres additionnels ; les nombres suivent la notation de Vavilov avec des nombres additionnels pour les centres additionnels ajoutés).

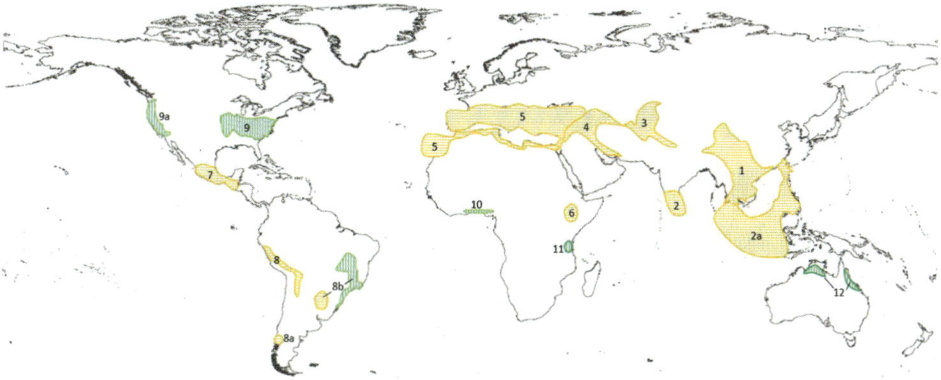

Le concept de centre d'origine des plantes cultivées se confond désormais avec le processus évolutif au cours duquel ils ont été choisis et conçus par nos ancêtres.

5.2. Ascendant plurimillénaire des céréales sur les autres cultures

Les céréales sont des plantes monocotylédones, plus exactement des Graminées, cultivées principalement à titre alimentaire pour leurs grains. En dehors des bambous qui sont lignifiés, elles sont herbacées. La structure de réserve de ces grains ou albumen atteint selon les espèces 70 à 90 % de leur masse et est riche en amidon. Ces grains, fréquemment écrasés et moulus en farine, constituent un aliment privilégié, très calorique et non dépourvu de protéines tant pour l'homme que pour les animaux domestiques. Ils constituent également une base importante pour la fabrication d'alcools. Leur biomasse aérienne, souvent appelée paille, est utile pour la fabrication de torchis, de toitures, de litières. Leurs racines servent parfois de matériaux de construction.

Coupe d'un grain de blé tendre

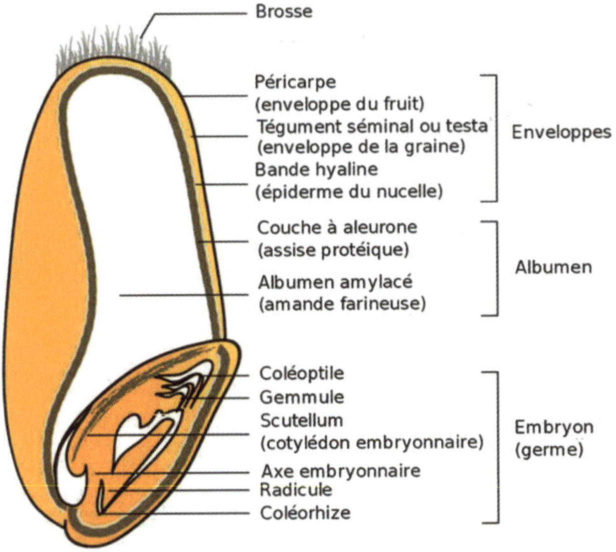

Source : CC-Wik

Par comparaison, les pseudo-céréales, beaucoup moins nombreuses, sont toutes des dicotylédones appartenant à des familles botaniques différentes, herbacées ou arborées, dont les graines peuvent être moulues en farine ; elles sont utilisées par l'humain à la manière des céréales.

Tableau des principales céréales et pseudo-céréales cultivées de par le monde

Centres d'origine	Céréales	Pseudo-céréales
Proche-Orient	avoine cultivée, amidonnier, blé dur, blé tendre, orge, petit épeautre, seigle	
Asie centrale	blé du Dekkan, blé indien, millet jaune, millet kodo, millet raishan, millet rameux, petit millet, sétaire verticillée	amarante épineuse, fleur de paille, renouée glabre, sésame
Asie de l'Est	avoine nue, larmier de Job, millet commun, millet des oiseaux, millet japonais, riz asiatique	châtaignier chinois, châtaigne d'eau chinoise, châtaignier japonais, chénopode blanc, chénopode géant, renouée orientale, sarrasin amer, sarrasin commun

Centres d'origine	Céréales	Pseudo-céréales
Océanie	millets spp., sétaires spp.	acacias spp., arbre à pain, roseau de Nouvelle-Calédonie
Afrique	avoine d'Abyssinie, drinn, éleusines spp., fonios spp., mil à chandelle, millets spp., pied-de-coq du Niger, riz africain, sorgho, teff	célosies spp., hanza, souchet
Amérique du Nord	alpiste de Caroline, herbe à riz, millet de Sonora, petite orge, riz amérindiens spp.	amarante à rayures vertes, atriplex spp., châtaignier d'Amérique, chénopode de Berlandier, herbe à poux
Amérique centrale	maïs, sétaires spp.	amarante rouge, amarante plumes du prince, chia, fausse-ambroisie, noix-pain
Amérique du Sud	brome araucan	amarante queue de renard, désespoir des singes, kiwicha, quinoa
Europe-Sibérie	alpiste, avoines spp., manne de Pologne, manne rouge, seigle (domestication secondaire)	amarante verte, châtaignier d'Europe, macre, massette à feuilles étroites, oseille

Source : Bonjean et Vermander, 2021

Pourquoi partout sur la Terre des céréales et par convergence des pseudo-céréales furent-elles d'abord distinguées au sein de la flore, puis domestiquées au Néolithique et dominèrent-elles dès lors les autres cultures ?

Certainement parce qu'au sortir de la dernière glaciation au Paléolithique supérieur, les grains de nombre de graminées sauvages des prairies créées par la mégafaune étaient déjà largement collectés par beaucoup de groupes humains qui s'en nourrissaient et y trouvaient aussi des ressources médicinales, magiques ou religieuses. Les découvertes archéologiques de lames de silex et de meules dormantes porteuses de grains d'amidon datant d'au moins 40 000 ans dans de nombreux sites de la planète sont là pour le prouver. Certainement également parce que ces espèces poussent vite, notamment après brûlis naturels ou provoqués par l'humain, et forment de vastes ensembles où elles sont faciles à collecter par tous : femmes, enfants, hommes âgés si l'on imagine que les jeunes hommes adultes étaient plutôt impliqués dans la pêche et la chasse. Ensuite probablement parce que les céréales sont assez aisément stockables hors de la portée des rongeurs et d'autres prédateurs d'une saison à l'autre, et même sur plusieurs années, contrairement à la plupart des tubercules, racines et fruits amylacés (bananes et plantains (*Musa* spp.), igname (*Dioscorea* spp.), manioc (*Manihot esculenta*), patate douce *(Ipomoea batatas)*, pomme de terre *(Solanum tuberosum)*, etc., qui pourrissent assez vite. Le fait que les céréales soient par suite aisément transportables d'un lieu à un autre ainsi que leur aptitude à produire alcool et pain, produits d'échanges et de sociabilité par excellence entre groupes humains, a certainement aussi beaucoup fait pour conférer très tôt à ce groupe végétal un attrait particulier au sein de la flore terrestre. Au Proche-Orient, les premières traces archéologiques de fabrication de pain et de bière remontent d'ailleurs respectivement à 14 400 ans et 13 000 ans, périodes antérieures aux débuts de l'agriculture.

E5.2. Les plus anciens pains de la planète ont été inventé par les Aborigènes d'Australie.

Le premier pain connu du Proche-Orient a été trouvé récemment dans un foyer en pierre du nord de la Jordanie. Bien que ce pain plat non levé attribué à la culture natoufienne ait été daté de 14 400 ans, il est loin d'être le plus ancien pain de la planète.

Aire de collecte historique de céréales et pseudo-céréales aborigènes

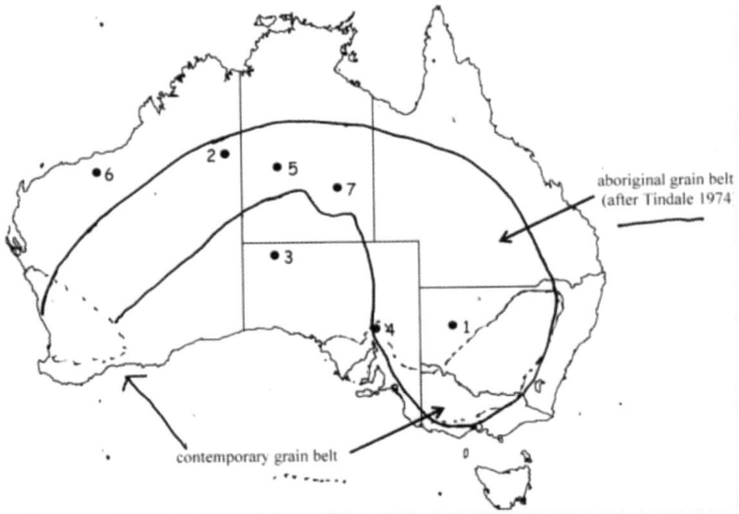

L'archéologie australienne a montré que les Aborigènes faisaient cuire du pain des dizaines de milliers d'années plus tôt, avec des preuves indiquant une pratique datant d'au moins 34 000 ans, qui pourrait remonter, au vu de certains outils, à 50 000 ans. Cette conclusion est basée sur la découverte d'anciennes meules en Nouvelle-Galles du Sud, qui ont été utilisées pour transformer les graines de céréales ou de pseudo-céréales natives en farine pour la cuisson. Pour cela, les Aborigènes collectaient des graines de millets (*Panicum* spp.), d'herbe à kangourou *(Themeda australis)* et de *Spinifex* autochtones, ou même des graines qu'ils pillaient dans des nids de fourmis moissonneuses – ces graines ayant l'avantage d'avoir été décortiquées pour eux par les fourmis. Le processus de fabrication de la farine était exigeant en main-d'œuvre, impliquant le vannage avec des outils comme le coolamon et le broyage avec des meules. La farine grossière était mélangée à de l'eau pour créer une pâte, et cuite sur du bois à même le sol. Elle pouvait être enrichie d'autres graines du bush, souvent riches en protéines, comme l'herbe à panier *(Lomandra longifolia)* au goût de pois.

Il existe actuellement un regain d'intérêt pour ces techniques anciennes, avec un accent sur la relance et la célébration de l'histoire culinaire pluri-millénaire des Australiens autochtones.

5.4. Déclassement de cultures devenues adventices et, inversement, apparition de cultures à partir d'adventices

Des débuts de l'agriculture à l'apparition en Europe de l'Ouest des premiers herbicides chimiques dans les années 1880, les champs voyaient cohabiter cultures principales et adventices en mélanges. Pour disposer de productions les plus propres possibles, l'arrachage des mauvaises herbes et le binage étaient les seuls moyens possibles, d'où les rendements souvent très faibles. Ainsi à titre d'exemple, juste après la Révolution en 1792, on récoltait en Limagne d'Auvergne 3 à 8 grains pour 1 semé, soit 4 à 8 quintaux par hectare.

Ainsi pendant des siècles de famines et disettes toujours plus ou moins menaçantes, la frontière entre espèces cultivées et mauvaises herbes est restée très floue pour nos ancêtres. En tout cas, beaucoup moins binaire qu'aujourd'hui.

Dans ce contexte, certaines cultures anciennes sont devenues adventices ou relictuelles de nos jours, notamment après les grands échanges de végétaux survenus au cours de l'âge du bronze et surtout à la suite de la découverte des Amériques. Ainsi, les premiers seigles (*Secale* spp.), domestiqués et cultivés dans le Croissant fertile vers 6600 av. J.-C., ont ensuite disparu en cultures face à la progression de celles d'orge *(Hordeum sativum)* et de blé (*Triticum* spp.), sans doute plus productives ou plus appréciées, dans lesquelles ils sont devenus des plantes-compagnes adventices. Ainsi la vesce amère *(Vicia ervilia)*, légumineuse domestiquée au Levant, n'a plus guère été cultivée après l'Antiquité et est devenue une adventice, vaguement fourragère. *Idem* pour la nielle *(Agrostemma githago)* un temps cultivée pour sa toxicité, vue comme un principe de magie noire, puis devenue commensale des céréales. Cela est particulièrement vrai après 1492 pour diverses espèces potagères du Moyen Âge, souvent alors qualifiées de *« potherbes »* et quasiment oubliées aujourd'hui ou redevenues subspontanées : l'aurone *(Artemisia abrotanum)*, la bardane *(Arctium lappa)*, la campanule raiponce *(Campanula rapunculus)*, la gesse tubéreuse ou macusson *(Lathyrus tuberosus)*, la guimauve *(Althaea officinalis)*, le maceron *(Smyrnium olusatrum)*, les mauves (*Malva* spp.), la grande passerage *(Lepidium latifolium)*, l'herbe de Sainte-Barbe *(Barbarea vulgaris)*, l'hysope *(Hyssopus officinalis)*, la petite pimprenelle *(Sanguisorba minor)*, etc. C'est vrai un peu plus tard pour deux céréales européennes : le millet sanguin *(Digitaria sanguinalis)* et la manne de Pologne *(Glyceria fluitans)*.

À l'inverse, plus rarement, certaines adventices du Néolithique sont devenues des cultures. C'est en particulier le cas du seigle *(Secale cereale)* dont nous avons vu qu'une apparentée avait été domestiquée brièvement au Néolithique au Proche-Orient, puis y avait évolué comme adventice au sein des premières cultures d'orge et de blés. Lorsque vers 4500 av. J.-C. des semences de ces dernières furent progressivement diffusées en Europe de l'Est par les civilisations cardiale et rubanée, on suppose aujourd'hui qu'elles contenaient comme impuretés diverses messicoles dont du seigle comme adventice mimétique. En effet, les archéologues ont retrouvé du seigle adventice dans divers sites en Pologne et en Roumanie datés de la fin du Néolithique, en Ukraine, Tchéquie et Slovaquie à l'âge du bronze et en Crimée, au Danemark et en Allemagne à l'âge du fer. Comment, en quelques siècles, le seigle qui était au départ une mauvaise herbe est-il devenu dominant au sein des cultures de céréales dans ces régions ?

Chronologie de la domestication du seigle en Eurasie

Néolithique	Âge du Bronze	Âge du Fer
-9 000 av. J.-C. à -3 000 av. J.-C.	-3 000 av. J.-C. à -1-100 av. J.-C.	Europe du nord : -800 av. J.-C. à fin du Ier s. av. J.-C. Europe du sud : - 1100 av. J.-C. à -52 av. J.-C.
Seigle introduit du Croissant fertile en Europe de l'est comme adventice vers 4 500 av. J.-C.	Seigle adventice en Europe centrale et méditerranéenne	Domestication progressive du seigle grain en Europe du nord, et peut-être aussi du sud comme fourragère

Période antique	Haut Moyen-Âge	Moyen-Âge classique	Bas Moyen-Âge
-52 av. J.-C. à 476	476 à 987	987 à 1328	1328 à 1517 (début de la Réforme)
Seigle grain cultivé chez des peuples non romains	Seigle grain cultivé partout en Europe, parfois pâturé très temporairement en vert Seigle fourrager en Europe du sud jamais très développé		

Source : A. Bonjean, 2018

Après plusieurs générations de cultures de mélanges de céréales à paille par les Celtes sur les sols pauvres des rives de la Baltique et de Scandinavie, la tolérance au froid du seigle étant supérieure à celle de l'orge et des blés, et ses besoins en eau et en éléments étant moindres, il apparaît que la fréquence du seigle récolté s'y est considérablement accrue. Et un jour, à l'âge du fer, il y est devenu, par substitution progressive, la culture principale. Deux arguments confortent cette théorie : d'une part, le blé et le seigle se ressemblent énormément morphologiquement, et, comme le blé, le seigle est assez aisément panifiable ; d'autre part, on sait que les anciens Scandinaves séchaient leurs épis de céréales avant leur battage, ce qui leur permettait d'éliminer l'impact de champignons toxiques comme l'ergot et assurait une meilleure longévité de leurs semences.
La domestication européenne de l'avoine commune *(Avena sativa)* à peu près aux mêmes époques a dû suivre un schéma similaire, ainsi que celle de la cameline *(Camelina sativa)*, initialement adventice mimétique dans les jeunes cultures de lin *(Linum usitatissimum)*, également dans les régions situées entre l'Ukraine et les pourtours de la mer Caspienne.

E5.4. Les plantes recommandées par Charlemagne au début du IXe siècle

Dans son fameux *Capitulaire De Villis* publié v. 800 dont il ne reste qu'un exemplaire original conservé à la Herzog August Bibliothek de Wolfenbüttel en Allemagne, Charlemagne (742-814) préconise, dans ses chapitres 43, 62 et 70, la culture de près d'une centaine de plantes – 73 herbes principalement alimentaires dont des aromatiques, des médicinales et une magique, 5 plantes textiles et tinctoriales, 16 arbustes et arbres essentiellement fruitiers, dans les jardins de ses domaines et des monastères, le tout protégé dans un enclos par des plessis.

La lecture de cette liste est intéressante car elle montre les espèces dont la culture s'est pérennisée, voire amplifiée, et celles qui ont disparu ou presque en douze siècles

- *abrotanum :* aurone *(Artemisia abrotanum), potherbe, médicinale*
- *adripias :* arroche *(Atriplex hortensis), potherbe*
- *alia :* ail *(Allium sativum L., Alliacées), potagère*
- *altaea :* guimauve *(Althœa officinalis), médicinale, ornementale, potherbe*
- *ameum :* ammi élevé *(Ammi majus), potherbe*
- *anesum :* anis vert *(Pimpinella anisum), aromatique*
- *anetum :* aneth *(Anethum graveolens), aromatique*
- *apium :* céleri *(Apium graveolens), potagère*
- *ascalonica :* échalote *(Allium ascalonicum), potagère*
- *beta :* bette *(Beta vulgaris subsp. maritima), potagère*
- *blida :* brède *(Amaranthus blitum), potherbe*
- *britla :* ciboulette *(Allium schoenoprasum), aromatique*
- *canava :* chanvre *(Cannabis sativa), textile et médicinal*
- *cardones :* cardère *(Dipsacus spp.), lié au textile – cardage de la laine*
- *careium :* carvi *(Carum carvi), aromatique, médicinal*
- *carvita :* carotte *(Daucus carota), potagère*
- *caulos :* choux *(Brassica oleracea), potagère*
- *cepa :* ciboule *(Allium fistulosum), aromatique*
- *cerfolium :* cerfeuil *(Anthriscus cerefolium), aromatique*
- *cicerum italicum :* pois chiche *(Cicer arietinum), légumineuse*
- *ciminum :* cumin *(Cuminum cyminum), aromatique*
- *coloquentida :* coloquinte *(Citrullus colocynthis), potagère*
- *coriandrum :* coriandre *(coriandrum sativum), aromatique*
- *costum :* grande balsamite *ou* menthe-coq *(Balsamita major) ornementale, médicinale*
- *cucumeres :* concombres *(Cucumis sativus), potagère*
- *cucurbita :* gourde *(Lagenaria siceraria), potagère*
- *diptamnum :* dictame de Crète *(Origanum dictamnus), médicinal*
- *dragantea :* estragon *(Artemisia dracunculus), aromatique, médicinal*
- *eruca alba :* roquette *(Eruca sativa), potherbe*
- *fabas majores :* fèves *(Vicia faba), légumineuse*
- *fasiolum :* mongette *(Vigna unguiculata), légumineuse – a précédé le haricot avant sa venue des Amériques*
- *febrefugia :* camomille allemande *(matricaria chamomilla), ou camomille romaine (Chamaemelum nobile), médicinale*
- *fenicolum :* fenouil commun *(Foeniculum vulgare), potagère*
- *fenigrecum :* fenugrec *(Trigonella foenum-graecum), légumineuse, médicinal*
- *git :* nigelle *(Nigella sativa), aromatique, médicinale, ornementale*
- *gladiolum :* glaïeul *(Gladiolus spp.) ou* iris *(Iris spp.), médicinal, ornemental*

- *intubas :* chicorées *(Cichorium intybus), potagère, médicinale*
- *lacterida :* épurge *(Euphorbia lathyris), médicinale*
- *lactuca :* laitue *(Lactuca sativa) potagère, médicinale*
- *levisticum :* livèche *(Levisticum officinale), potagère*
- *lilium :* lis *(Lilium candidum, Liliacées), potagère, ornemental*
- *linum :* lin cultivé *(Linum usitatissimum) textile et oléagineux*
- *malva :* mauve *(Malva spp.), Potherbe, médicinale*
- *menta :* menthe *(Mentha spp.), aromatique*
- *mentastrum :* menthe *(Mentha spp.), aromatique*
- *nasturtium :* cresson *(Nasturtium officinale), potagère*
- *nepeta :* cataire *(Nepeta cataria), ornementale, médicinale*
- *olusatrum :* maceron *(Smyrnium olusatrum), potherbe*
- *papaver :* pavot *(Papaver spp,), ornementale, oléagineux, médicinal*
- *parduna :* bardane *(Arctium lappa), potherbe, médicinale*
- *pastenaca :* panais *(Pastinaca sativa), potagère*
- *pepones :* melon *(Cucumis melo), potagère*
- *petreselinum :* persil *(Petroselinum sativum), aromatique, potherbe*
- *pisos mauriscos :* pois *(Pisum spp.), légumineuse*
- *porros :* poireaux *(Allium porrum), potagère*
- *puledium :* pouliot *(Mentha pulegium), aromatique, médicinal*
- *radices :* radis *(Raphanus sativus) ou raifort (Armoracia rusticana), potagère, aromatique*
- *ravacaulos :* choux-raves *(Brassica oleracea spp.), potagère*
- *rosas :* rosier *(Rosa spp., Rosacées), ornemental, médicinal*
- *ros marinus :* romarin *(Rosmarinus officinalis), aromatique, médicinal*
- *ruta :* rue *(Ruta graveolens), aromatique, médicinale*
- *salvia :* sauge *(Salvia officinalis), aromatique, médicinale*
- *satureia :* sarriette *(Satureja hortensis), aromatique, médicinale*
- *savina :* sabine *(Juniperus sabina), aromatique, médicinale*
- *sclareia :* sauge sclarée *(Salvia sclarea), aromatique, médicinale*
- *silum :* chervis *(Sium sisarum, potherbe*
- *sinape :* moutarde *(Sinapis alba), aromatique, médicinale*
- *sisimbrium :* sisymbre *(Sisymbrium officinale), potherbe*
- *solsequia :* souci *(Calendula officinalis), ornemental, médicinal*
- *squilla :* scille maritime *ou* oignon de mer *(Scilla maritima), ornementale, médicinale*
- *tanazita :* tanaisie *(Tanacetum vulgare), aromatique, médicinale, tinctoriale*
- *uniones :* oignons *(Allium cepa), potagère*
- *vulgigina :* cabaret *(Asarum europaeum), médicinal*
- *waiado :* pastel des teinturiers *(Isatis tinctoria), tinctorial*
- *warentia :* garance *(Rubia tinctorum), tinctoriale*
- *Jobis barba :* joubarbe des toits *(Sempervivum tectorum), magique*

... /...

- *pomarios :* pommier *(Malus spp.), fruitier*
- *pirarios :* poirier *(Pyrus spp.), fruitier*
- *prumarios :* prunier *(Prunus spp.), fruitier*
- *sorbarios :* sorbier *(Sorbus spp.), fruitier*
- *maspilarios :* néflier *(Mespilus germanica), fruitier*
- *castanerios :* châtaignier *(Castanea sativa), fruitier, pseudo-céréale*
- *persicarios :* pêcher *(Prunus persica), fruitier*
- *cotoniarios :* cognassier *(Cydonia oblonga), fruitier*
- *avellanarios :* noisetier *(Corylus avellana), fruitier, oléagineux*
- *amandalarios :* amandier *(Amygdalus spp.), fruitier*
- *morarios :* mûrier noir *(Morus nigra), fruitier*
- *lauros :* laurier-sauce *(Laurus nobilis), aromatique, médicinal*
- *pomarios :* pommier *(Malus spp.), fruitier*
- *pinos :* pin *(Pinus spp.), bois, aromatique, médicinal*
- *ficus :* figuier *(Ficus carica), fruitier*
- *nucarios :* noyer *(Juglans regia), fruitier, oléagineux, bois*
- *ceresarios :* merisier *et* cerisier *(Cerasus spp.), fruitier*
- *moris :* ronce *(Rubus spp.), fruitier*
- *vitis :* vigne *(Vitis vinifera), fruitier*

5.5. Plantes, religions et rituels

Depuis son apparition sur Terre, l'humain, confronté aux forces et aux merveilles de la Nature, s'est interrogé sur son bref destin arrimé à la Planète bleue et sur l'énigme de la perpétuation éventuelle d'une forme de vie après la mort, où il pourrait avoir la joie de retrouver les siens. Des scientifiques comme le neurologue et psychiatre Boris Cyrulnik et le spécialiste en neurosciences Sébastien Bohler travaillant sur les origines des religions tentent de montrer dans leurs ouvrages respectifs *Psychothérapie de Dieu* (2017) et *Où est le sens ? Les découvertes sur notre cerveau qui changent l'avenir de notre civilisation* (2020) que notre cerveau abordant ces questions existentielles cherche depuis des millénaires à leur donner du sens. Ils vont même jusqu'à penser que le déclin des religions en Occident est « source de stress et d'anxiété », ce qui n'est pas sans rappeler les thèses de l'anthropologue et essayiste Emmanuel Todd, auteur de *La Défaite de l'Occident* (2024), selon lesquelles la diversification, puis l'affaiblissement des pratiques religieuses ont miné l'Europe et la disparition progressive du protestantisme a fait sombrer l'Amérique du Nord dans les péripéties hasardeuses du néo-libéralisme.

Nous savons par les palynologues que la tombe néandertalienne de Shanidar IV découverte dans le Kurdistan irakien, datée de -60 000 ans, contenait des rameaux d'éphèdre *(Ephedra altissima)* et aussi des fleurs de plantes médicinales, achillée (*Achillea* spp.), bleuet du solstice *(Centaurea solstitialis)*, muscari (*Muscari* spp.), prêle des bois *(Equisetum sylvaticum)*, une rose trémière (*Althea* spp.), etc. Comment interpréter ces faits ? Souci de continuer à soigner le défunt dans l'au-delà, de l'y accompagner avec des fleurs qu'il aimait ? Nous ne le saurons probablement jamais. Toutefois, la présence de plus en plus fréquente au fil du temps de plantes, souvent de fleurs, voire de fruits, de graines, puis de plats cuisinés et de boissons tirées de végétaux dans ou autour des tombes du Néolithique, puis de l'Antiquité jusqu'à nos jours, montre leur implication croissante dans les rituels funéraires de quasiment toutes les civilisations de la planète.

Il en va ainsi particulièrement depuis l'apparition de l'agriculture au Néolithique, qui a bouleversé les modes de vie sur Terre. C'est vraisemblablement à cette époque que, s'inspirant du cycle végétal – la plante née d'une graine vit, puis meurt et renaît d'une autre graine –, la conception de la vie et le mystère de la renaissance ont été ritualisés, liés souvent de manière complexe aux cycles du soleil, de la lune et des pluies. Ces observations ont pris très tôt un caractère religieux incontestable. Elles sont aussi à la base de la conceptualisation de tous nos calendriers.

Des plantes particulières ont ensuite été symboliquement intégrées et vénérées dans la plupart des religions. Parfois sous la forme de « produits dérivés » au sens actuel du terme, elles sont souvent devenues des offrandes, voire des constantes inhérentes à la réalisation de divers sacrifices au fur et à mesure qu'ils devenaient non sanglants.

Extrait du codex de Florence – offrandes de maïs et de chicha

Ainsi, en Amérique précolombienne, d'après la chercheuse Élisabeth Menéndez qui travaille sur le *Codex de Florence* (rédigé en nahuatl entre 1558 et 1577), on trouve dans celui-ci trois divinités du panthéon aztèque reliées à la fertilité des plantes et aux cultures agricoles : *Chicomecoatl*, déesse de la nourriture et des vivres, et donc déesse du maïs *(Zea mays)*, des haricots (*Phaseolus* spp.), de la chia *(Salvia hispanica)* et de l'amarante rouge *(Amaranthus cruentus)* ainsi que des boissons fabriquées avec ces espèces ; *Centeotl*, dieu de l'épi de maïs sec ; *Xilonen*, déesse du jeune maïs. Élisabeth Menéndez évoque dans le même texte les trois mois de l'année où des cérémonies et fêtes sont plus particulièrement pratiquées au Mexique pour célébrer les divinités du maïs :

- *Huey tozoztli*, la « grande veille », a lieu le quatrième mois de l'année aztèque et débute le 30 avril de notre calendrier. C'est une fête de chants et de danses en l'honneur de *Chicomecoatl* et de *Centeotl*, dédiée au maïs en végétation. Elle débute par quatre jours de jeûne, puis continue avec des offrandes de roseaux couverts du sang de jeunes gens (après scarification des jambes et des oreilles), de fleurs, d'aliments (tortillas de maïs, grenouille séchée implorant la pluie, farine de chia, maïs grillé, etc.) dans les temples de quartier et les oratoires familiaux. La fête se poursuit par une procession de jeunes filles qui portent des épis de maïs au temple central de *Chicomecoatl*, avant d'en déposer les grains, futures semences, dans les greniers.
- *Huey tecuilhuitl*, la « grande fête des seigneurs », a lieu le huitième mois de l'année aztèque à partir du 16 juillet de notre calendrier pour honorer *Xilonen*, la déesse du jeune maïs ou *xilotl*. Durant les huit premiers jours de la célébration, des aliments et de la boisson sont fournis aux pauvres, quel que soit leur âge. Ensuite des chants et des danses rituelles ont lieu tous les soirs avant le coucher du soleil, puis d'autres accompagnent le sacrifice d'une femme symbolisant la déesse, par décapitation au temple du maïs, le *Cinteopan*. Après ce rituel, on consomme des galettes de maïs tendre.
- *Ochpaniztli*, le « balayage », se situe au onzième mois de l'année aztèque et débute le 27 septembre de notre calendrier, lorsque les épis de maïs commencent à être secs. Cette fête implore *Toci*, mère de tous les dieux, et *Centeotl*, dieu des moissons, pour obtenir de bonnes récoltes. Une femme y est sacrifiée à *Toci*, puis une cérémonie a lieu au temple de *Centeotl* dont l'effigie est revêtue d'un masque de la peau d'une jambe de la femme sacrifiée.

Fabrication de la chicha

Source : code Trujillo du Pérou

Dans les territoires de l'ancien Empire inca qui, avant l'arrivée des colonisateurs espagnols, fut brièvement mais fortement expansionniste, la consommation de « chicha », bière fabriquée à base de grains de maïs écrasés puis fermentant en présence d'eau, permettait aux sacerdotes autochtones d'entrer en communication avec les dieux. Sa fabrication supervisée par le pouvoir donnait également lieu à des consommations rituelles lors d'échanges profanes internes ou avec des peuples envahis ; le maïs ainsi transformé participait donc à un rituel élargi d'alliance sociale et politique qui dépassait son seul cadre religieux initial. La perpétuation actuelle de la consommation de cette boisson lors de fêtes ou de cérémonies andines donne la mesure de la forte imprégnation de ce rituel dans l'inconscient collectif andin.

E5.5. Sacralisation chrétienne du blé, de la vigne et de l'olivier à travers le pain, le vin et l'huile

Dès le début de la Bible, dans la Genèse, le rapport du végétal et de l'homme est posé de manière quasi écosystémique : « Le Seigneur Dieu planta un jardin en Éden, à l'Orient, et il y plaça l'homme qu'il avait modelé. Le Seigneur Dieu fit germer du sol tout arbre d'aspect attrayant et bon à manger, l'arbre de vie au milieu du jardin et l'arbre de la connaissance de ce qui est bon ou mauvais. » Globalement, la Bible peut être vue comme une flore pour initiés. Elle répertorie 120 plantes dont la plupart ont pu être identifiées. Parmi elles, trois espèces cultivées identitaires de l'espace méditerranéen, le blé (*Triticum* spp.), la vigne *(Vitis vinifera)* et l'olivier *(Olea europaea)*. Les mythes et croyances antiques, entremêlant alimentation quotidienne et autres bienfaits, dont l'appropriation du terroir, sont au cœur de la religion chrétienne et y ont été sacralisés.

Pour reprendre des propos de mon ami Benoît Vermander tirés de notre livre *L'Homme et le grain – Une histoire céréalière des civilisations* (2021), « à l'évidence, blé et pain – depuis l'ensemencement jusqu'à la consommation en passant par la moisson – ont procuré à Jésus des métaphores décisives, par l'entremise desquelles il était en mesure d'exprimer le sens qu'il donnait à l'existence, sa foi dans l'action salvatrice et la munificence de Dieu, et la manière dont il voulait que la communauté de ses disciples poursuive la mission qu'il les avait appelés à remplir ». En témoigne l'attention portée au blé qui occupe une place singulière dans la culture alimentaire du Proche-Orient depuis le Néolithique, et à sa transformation en pain dans la lecture des quatre Évangiles : Matthieu et la parabole du semeur, Marc et celle du grain jeté en terre, Matthieu encore comparant l'action de la parole divine à celle du levain qui fait lever le pain, ou rapportant les propos de Jésus à travers la parabole du bon grain et de l'ivraie pour fortifier la foi, Jean révélant le mystère le la mort et de la résurrection par la germination, Luc

... / ...

répétant les mots de Jésus à ses disciples lors de son dernier repas, « prenant le pain, il rendit grâce, le rompit et leur donna en disant : ceci est mon corps, donné pour vous ; faites cela en mémoire de moi ».

Dans le Nouveau Testament, la vigne et le vin sont des symboles d'espoir, de partage et de renouveau de la transmission du message divin. Plusieurs fois, selon le récit des évangélistes, Jésus se qualifie de vin nouveau à verser dans de nouvelles outres. Ainsi Jean dit-il : « Moi je suis la vraie vigne et mon Père est le vigneron... moi je suis la vigne et vous les sarments. » La scène de la transformation de l'eau en vin aux noces de Cana complète ces propos en donnant une valeur sacramentelle au vin. Le vin devenu le sang du Christ rejoint ainsi dans le mystère de l'Eucharistie le pain qui en est le corps.

Pain et vin de l'Eucharistie – Saint Charbel's mission, Sydney, Australie

Dans l'Ancien Testament, une colombe apporta un rameau d'olivier à Noé pour l'avertir de la fin du déluge et de la réconciliation de Dieu avec l'humanité. Dans la religion chrétienne, cet arbre est devenu un symbole de paix et de martyre ; en effet, c'est dans le Jardin des Oliviers, à Jérusalem, que Jésus-Christ passe sa journée, la veille du baiser de Judas, de son arrestation et de sa crucifixion, à prier. Dans les églises anciennes, la flamme des lampes issue de cette huile parfumée symbolisait la présence de Dieu. Le saint chrême composé d'huile d'olive, de baumes et de substances parfumées est toujours utilisé par les catholiques dans les sacrements de baptême, de confirmation, d'ordination des prêtres, de consécration des évêques ainsi que dans la bénédiction des cloches.
Depuis, l'Église veille à toujours disposer de pain, de vin et d'huile pour accomplir ses principaux rituels.

5.6. Fardeau historique de la sédentarité

Le Néolithique qui a émergé indépendamment à différents endroits du globe, à différentes dates, a constitué une transition d'un mode de vie nomade de chasseurs-collecteurs à celui d'agriculteur-éleveur, entraînant progressivement la sédentarité de certaines populations. La nature qui était jusqu'alors un bien commun à respecter est devenue simultanément une ressource à exploiter.

Modèle de fécondité énergétique, exprimé par le nombre moyen d'enfants nés d'une femme au cours de sa vie féconde

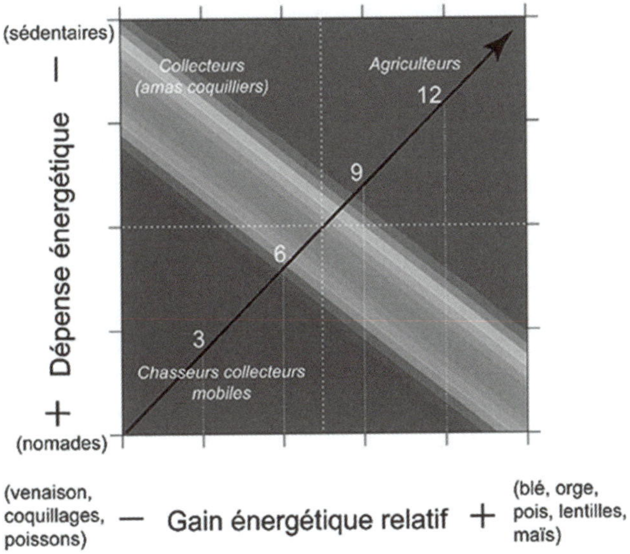

Source : J.-P. Bocquet-Appel, 2010

Ce graphique montre que, sur une durée féconde de trente-cinq ans, le nombre moyen d'enfants par femme est inversement proportionnel à la durée de l'intervalle entre les naissances. La diagonale représente le nombre moyen d'enfants déterminé par : i) la durée nécessaire à un retour positif du bilan énergétique après l'accouchement (axe horizontal), produit par la consommation d'aliments allant de pauvres en calories (à gauche) à riches (à droite) ; ii) la dépense énergétique (axe vertical) représentée par l'effort physique, impliquant principalement la mobilité, allant de nomade à sédentaire.

D'un point de vue collectif, cette révolution mentale et sociétale a eu des effets positifs en permettant une gestion programmable de l'alimentation, donc une meilleure sécurité alimentaire, à l'époque essentiellement portée par le végétal, et des gains énergétiques favorables à la fécondité et à la possibilité des rapprocher des naissances. L'apport du lait du bétail comme aliment de transition a dû aussi renforcer cette tendance générale. Selon l'anthropologue Jean-Pierre Bocquet-Appel, le Néolithique a connu une augmentation rapide de la natalité pendant au moins 3 000 ans dans les foyers d'agriculture du Levant et de Chine et seulement sur environ 700 ans dans les zones périphériques de diffusion des pratiques de ces foyers. Il en a résulté un accroissement considérable de la population humaine mondiale entre le début et la fin du Néolithique : on estime que le nombre d'humains est passé de 4 à 5 millions 10 000 ans av. J.-C. à 31 à 45 millions 4 000 ans av. J.-C. La fin du Néolithique a aussi été marquée par un déclin notable de la diversité du chromosome Y uniquement porté par les hommes, ce qui est désormais interprété comme le passage de sociétés matrilinéaires antérieures à des systèmes sociaux patrilinéaires.

L'accroissement de la population conjuguée avec la sédentarité et la cohabitation avec des animaux d'élevage a entraîné sur la même période une hausse des contaminations au sein des populations humaines, à cause notamment des problèmes d'évacuation des déchets. Le développement du commerce a aussi propagé des maladies sur de plus longues distances. Il en a résulté une dégradation de la santé humaine individuelle et collective que les archéologues constatent en examinant les squelettes qu'ils découvrent : augmentation de la mortalité dans la petite enfance, réduction de la taille moyenne adulte, augmentation du nombre de caries, usure des articulations, symptômes post mortem de maladies infectieuses (brucellose, tuberculose, etc.). Cela n'a rien d'étonnant puisque l'on sait aujourd'hui que la sédentarité renforce diverses pathologies : risques de maladies cardiovasculaires, d'obésité et de diabète, de cancer du côlon, d'ostéoporose, d'anxiété et de dépression.

Le passage à l'agriculture et à l'élevage, l'avènement du patriarcat et de l'urbanisation ont également provoqué au Néolithique des bouleversements sociétaux importants, à commencer par le passage de sociétés immémoriales assez égalitaires à des sociétés paysannes plus nombreuses et plus denses, inégalitaires, et cela à cause des nouveaux modes d'exploitation du sol et de la constitution de réserves alimentaires (céréales, légumineuses, etc.) : coexistence de paysans, guerriers, prêtres et artisans, apparition de tâches administratives, puis, à des périodes ultérieures, du calcul, de l'écriture et de la monnaie. Le Néolithique marque aussi le début de l'impact des activités humaines sur la nature : déforestation par brûlis induite par les besoins agricoles, détournement de l'eau pour l'irrigation, ouverture de nouveaux espaces naturels par le passage des troupeaux, etc. La transformation de la biosphère qui en résulte réduit les migrations saisonnières, accroît la sédentarité à long terme, renforce la notion de propriété et fait apparaître les premières formes de conflits entre pouvoirs régionaux, préfigurant le monde d'aujourd'hui.

E5.6. Tablettes d'argile de Mésopotamie et premiers impôts connus

À partir de 3400 av. J.-C., les agriculteurs du sud de la Mésopotamie utilisant l'irrigation doivent gérer d'importants stocks d'orge *(Hordeum vulgare)* et d'amidonnier *(Triticum dicoccon)*. À la fin de la période d'Uruk, vers 3200 av. J.-C., la première écriture connue de l'humanité, le proto-cunéiforme, apparaît comme la solution : elle est composée de pictogrammes, souvent de simples dessins symbolisant des plantes, des animaux, puis des idées, dessinés sur des tablettes d'argile gonflée, séchées au soleil ou cuites au four.

Détails d'une tablette d'argile comptabilisant des champs de céréales, Uruk, 3100-2900 av. J.-C.

Le calcul, l'écriture naissent ainsi, avec très vite des relevés comptables, administratifs qui ne tarderont pas à devenir des assiettes d'impôt.

Le premier système fiscal bien décrit, intitulé *« La suite d'Horus »*, est né en Égypte dans les années 3000-2800 av. J.-C. Appliqué tous les deux ans, il donnait lieu à des versements de dîmes – un dixième des récoltes ou du bétail, ou leur équivalent financier – au pharaon ou à des corvées de travaux généraux pour ceux qui ne pouvaient pas payer, le temps du remboursement de leur dette.

CHAPITRE 6

Mondialisation progressive de la flore cultivée entre l'âge du bronze et le XXe siècle

6.1. Échanges de plantes cultivées à l'âge du bronze entre l'Eurasie et l'Afrique

Dans l'Ancien Monde, les vagues successives d'échanges technologiques, commerciaux et culturels sont bien connues des paléoanthropologues comme des historiens. C'est au point que certains géohistoriens, il est vrai de culture européenne, ont formé les termes « Eurafrasie » et « Eufrasie » pour regrouper dans un espace-temps plus ou moins continu l'aire des relations et des échanges entre les populations d'Europe, d'Asie et d'Afrique autour de la Méditerranée, de la péninsule Arabique et de l'océan Indien.

Parmi toutes ces périodes, celle de l'âge du bronze est fascinante. Ce grand récit débute en Eurasie par les échanges progressifs de plantes cultivées, notamment de céréales, entre les zones d'influence des foyers anciens d'agriculture proche-orientaux et chinois sur de très longues distances. Ils ont été conduits en parallèle d'autres transferts parfois antérieurs (obsidienne, jade, techniques naissantes de métallurgie, animaux, religions, etc.) et probablement favorisés par le fait que ces deux centres se retrouvent à des latitudes et sous des climats relativement voisins. Vers 5200 av. J.-C., trois systèmes céréaliers indépendants coexistent en Eurasie : orge *(Hordeum vulgare)* et blés (*Triticum* spp.) au Levant, millet commun *(Panicum miliaceum)* et millet des oiseaux *(Setaria italica)* en Chine du Nord, riz asiatique *(Oryza sativa)* et larmier de Job *(Coix lacryma-Jobi)* en Chine du Sud. Leur diffusion d'ouest en est et d'est en ouest selon un axe longitudinal ressemble fort à un double essaimage à la recherche de nouveaux territoires lors de séquences successives de troc, de commerce ou de chocs de populations. Aux alentours de 2500 av. J.-C., les céréales du Levant sont présentes en Europe, dans le bassin méditerranéen et en Asie jusque dans l'est de la péninsule indienne et plus au nord, par-delà les montagnes de l'Altaï, jusqu'au sud du lac Baïkal. Leur diffusion vers des zones d'altitude élevée ou plus septentrionales leur a permis par mutations spontanées de développer une plus grande tolérance au froid et de s'adapter à des photopériodes nouvelles. Simultanément, le millet commun voit son aire s'élargir de Chine en Extrême-Orient à la région actuelle de Vladivostok et à l'ouest où il cohabite avec le millet des oiseaux au Qinghai et au Gansu, ainsi qu'au Sichuan dans le sud. À la fin du IIIe millénaire, le millet des oiseaux se trouve aussi à Taïwan, tandis que le larmier de Job reste confiné à son aire initiale. Pour ce qui est du riz natif du moyen et bas bassin du Yangtze, sa culture s'étend au nord au bassin du fleuve Jaune et au sud jusqu'au Guangxi et à Taïwan. En Asie du centre, des protocultures de riz apparaissent aussi dans les vallées de l'Indus et du Gange.

Voies de dispersion hypothétiques des céréales dans l'Ancien Monde en 1500 av. J.-C.

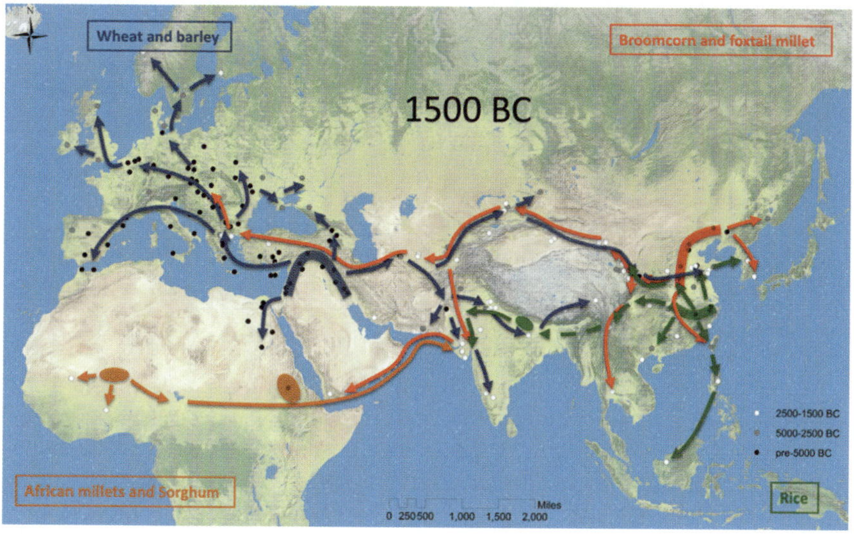

Source : Liu *et al.* 2019

Entre 2500 et 1500 av. J.-C., les barrières que constituaient auparavant l'Himalaya et la zone d'impact des moussons sont fortement amoindries. Orge et blés sont cultivés d'Europe en Extrême-Orient ainsi qu'en Égypte, Abyssinie et Sahel. Les deux millets ont été dispersés en Asie du Sud et centrale, et le millet commun est attesté au début du IIe millénaire en Grèce et 500 ans plus tard au Yémen et au Soudan. Le millet des oiseaux rejoint la Thaïlande vers 2000 av. J.-C. et semble présent en Hongrie dès 1600 av. J.-C. Par ailleurs, des échanges survenus au IIIe millénaire par voie maritime entre l'Afrique et la vallée de l'Indus ont permis la transmission du sorgho *(Sorghum halepense)*, du mil chandelle *(Pennisetum glaucum)* et de l'éleusine *(Eleusine coracana)* en Inde et du blé tendre à grain rond *(Triticum sphaerococcum)*, un mutant né dans l'est de l'Inde, au Sahel.

Durant toute cette période, ces échanges de céréales ont été accompagnés de transferts d'autres espèces végétales domestiquées (sans compter les animales) entre Eurasie et Afrique, dont voici les principales : lentille *(Lens esculenta)*, pois *(Pisum sativum)*, lin *(Linum usitatissimum)* transférés du Levant dans le reste de Asie, l'Europe et l'Afrique, pois chiche *(Cicer arietinum)* diffusé du Levant en Inde, région méditerranéenne et Afrique ; soja *(Glycine max)* diffusé de Chine au Japon, en Asie centrale et de l'Est, chanvre *(Cannabis sativa)* de Chine en Europe et Afrique, sarrasins (*Fagopyrum* spp.) de Chine en Europe ; pastèque *(Citrullus lanatus)*, melon *(Cucumis melo)* et niébé *(Vigna unguiculata)* d'Afrique en Asie centrale.

Ces échanges ont formé une première globalisation de l'agriculture au sein de l'ancien Monde.

E6.1.a Importance du mode de cuisson dans le choix d'une céréale – L'exemple chinois

Si, depuis les débuts de l'agriculture, les céréales ont été les plantes alimentaires les plus cultivées de la planète, l'adoption ou le rejet d'une céréale par une population donnée a souvent été reliée à d'autres perceptions humaines, souvent gustatives.

À titre d'exemple, lorsqu'au terme de quelques millénaires les blés ont été diffusés d'ouest en est en Chine de l'Ouest par des mouvements humains, les populations chinoises ont rejeté le blé dur *(Triticum durum)* et adopté le blé tendre *(Triticum aestivum)*. Pourquoi ?

Parce que ces ethnies asiatiques avaient préalablement domestiqué le riz asiatique *(Oryza sativa)*, le millet commun *(Panicum miliaceum)* et le millet des oiseaux *(Setaria italica)*, et surtout parce qu'elles en consommaient alors les grains uniquement bouillis ou cuits à la vapeur. C'est aussi qu'applicant ces techniques de cuisson rapide aux grains « exotiques », elles obtenaient des plats ressemblant plus en bouche à de petits graviers immangeables qu'à leurs céréales habituelles.

À la suite de cette déplorable expérience, le blé dur ne s'est jamais développé en Chine. Imitant les pratiques des élevages espagnols contemporains, j'ai tenté moi-même d'en faire cultiver dans ce pays au cours des années 2000 pour qu'on l'utilise comme nourriture pour les nombreux cochons – la viande de porc est la plus consommée dans ce pays d'Extrême-Orient. Vainement tant l'inconscient collectif des Chinois surréagit quand il est confronté au terme « blé dur ».

À l'inverse, le blé tendre cuit à la vapeur ou bouilli leur avait paru acceptable, puis très intéressant une fois moulu et cuit au four, technologies qu'ils ne tardèrent pas à adopter, et les paysans de la moitié nord de la Chine virent dans cette céréale une plante plus productive que leurs millets. Il fallut toutefois un à deux millénaires pour que les Chinois du Nord adoptent le blé tendre à grande échelle et réduisent leurs cultures de millets, moins productives par unité de surface. Depuis, le blé tendre est devenu une des premières cultures de Chine, et ce pays en produit tous les ans autant que l'Union européenne.

E6.1.b L'origine indienne de certains blés rares des oasis du Sahara

Après le palmier à dattes, le blé et l'orge sont probablement parmi les plus importantes cultures des oasis africaines. Dans les années 2000-2010, mes amis Philippe Monneveux, physiologiste, Maria Zaharieva, généticienne, et moi-même nous sommes penchés sur les origines des rares blés oasiens du Sahara qui restaient alors une énigme dans la diffusion mondiale de cette céréale majeure. Nous étions moins guidés par la résolution de ce mystère que par notre souci de préserver ces cultivars dans le contexte du changement climatique et du risque de disparition des systèmes de cultures sahariens soumis à divers chocs (tourisme, exploitation du pétrole et du gaz, essor démographique, introduction de variétés modernes, subversion islamiste, etc.). En effet, soumises pendant des millénaires à la sécheresse, à des températures extrêmes et à la salinité des eaux du désert, l'existence et la diversité génétique de ces populations de blé de plus en plus menacées nous paraissaient représenter un attrait de premier ordre, outre leur bonne qualité boulangère : elles étaient susceptibles, une fois leurs caractéristiques isolées, d'introduire des progrès dans la sélection du blé tendre et du blé dur des grands bassins céréaliers dans le contexte de réchauffement des décennies à venir.

Principaux traits utiles des populations de blé du Sahara

Traits	Populations porteuses du trait identifiées
Précocité	Presque toutes
Capacité de tillage	Khreci
Fertilité d'épi	Blés compacts, surtout Fartass, El Klouf
Poids de 1 000 grains	Fartass, El Hamra
Tolérance à la verse	Farina, Manga
Tolérance à la sécheresse	Fartass
Tolérance à la chaleur	Probablement toutes
Tolérance à la salinité	Fartass
Qualité boulangère	Ali Ben Maklouf, El Mansouri, Farina, Khreci
Qualité de la paille	Khreci

Cet intérêt ciblé pour les blés des oasis sahariennes s'est traduit dans un premier temps par la collecte la plus large possible de données archéologiques, botaniques et agronomiques sur cet ensemble hétérogène de blés. Elle ne fut pas aisée, car le Sahara s'étend sur 8,5 millions de km², soit dix États, et comprend plus de 90 oasis majeures qui ont subi d'importantes variations climatiques depuis la Préhistoire. Les fouilles archéologiques y ont été plus ou moins importantes selon les régions, et les textes antiques relatifs à la circulation dans ce vaste désert sont rares et souvent imprécis. Les études botaniques et agronomiques sérieuses n'y ont débuté qu'à partir du début du XXe siècle, et il est dangereux de nos jours de circuler dans ces vastes territoires en raison du terrorisme qui y est implanté. De plus, l'analyse fine des variétés collectées est rendue complexe par la multiplicité des appellations régionales qui leur ont été données, que ce soit en relation avec des connotations religieuses ou pour d'autres raisons, sans rapport avec la nomenclature internationale.

Routes probables d'introduction du blé dans les oasis sahariennes

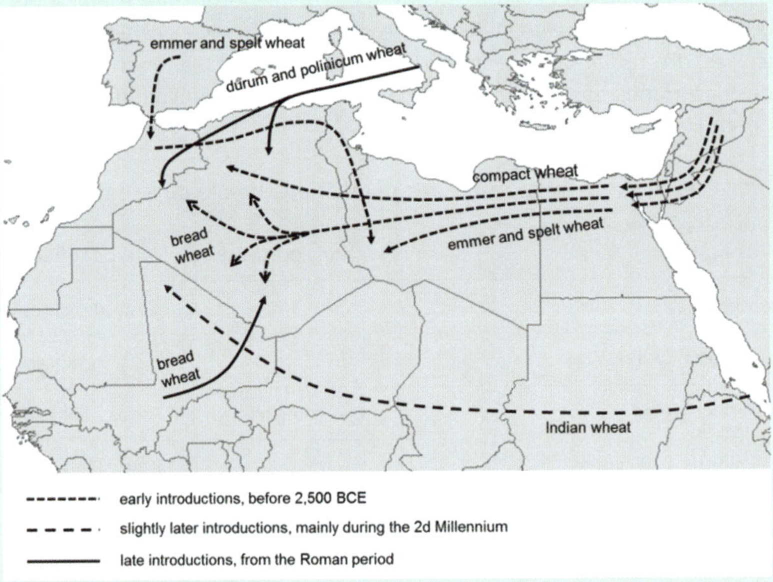

Source : Zaharieva, Bonjean, Monneveux, 2016, in : Bonjean, Angus, van Ginkel (éd.). *The World Wheat Book : A History of Wheat Breeding,* Lavoisier tech&Doc, Paris, 543-615.

L'étude de ces collections et le suivi de gènes d'intérêt nous ont permis d'identifier cinq étapes de diffusion du blé au Sahara par divers groupes humains :

- Au Néolithique et durant la période pharaonique, les premiers blés hexaploïdes et tétraploïdes en provenance du Croissant fertile, établis par voie de terre dans la vallée du Nil vers 6000 av. J.-C., ont ensuite été diffusés dans le Sahara alors plus vert qu'aujourd'hui via la Libye. Dans le cas de la Tunisie, de l'Algérie et du Maroc, la plupart des études concordent vers une propagation du Néolithique d'est en ouest combinée à des introductions maritimes ultérieures.

- D'autres introductions de blés (amidonniers, blés tendres panifiables) de l'Iran et d'Asie centrale ont eu lieu pendant l'occupation achéménide de l'Égypte lorsque les contacts entre l'Iran et l'Égypte étaient particulièrement intenses.
- Sous les Phéniciens, les Garamantes et les Romains, le développement des échanges maritimes au sein de la Méditerranée et les implantations phéniciennes en Afrique dont Carthage, l'exploitation de mines d'or dans le Sahara, le Sahel et au Ghana, les colonies romaines d'Afrique, ont ouvert de nouvelles voies d'introduction de blés au Sahara. Parmi celles-ci, le blé dur a probablement été massivement introduit en Afrique du Nord durant la première période de l'Empire romain (27 av. J.-C.-476).
- De l'Hégire en 622 à l'apogée du commerce caravanier du XIIIe au XVIe siècles, les échanges au sein du Sahara, entre le Sahara et le Sahel, et entre le Sahara et la péninsule Arabique se sont amplifiés. Des blés européens, notamment portugais, ont aussi été diffusés dans le Sahara et le Sahel par voie maritime au long de la côte Atlantique.
- D'autres introductions de blé ont ensuite eu lieu pendant la période de colonisation française -1830-1962).

Épis et grains de blé indien

Source : MSzczepanek *et al.*, 2020

De tous ces mouvements de semences, le plus inattendu est celui de la présence très ancienne du blé indien nain (*Triticum sphaerococcum* Perc.) hexaploïde dans les oasis sahariennes. Historiquement cultivé dans le nord-ouest de l'Inde et au Pakistan dans le Baloutchistan oriental, ce type de blé tendre se caractérise par sa stature semi-naine (60-70 cm), son apparence dressée et

… /…

rigide, sa précocité, sa résistance à la rouille jaune, et surtout ses grains nus semi-sphériques à nul autre pareils. Il est apparu vers 2500 avant notre ère en Afghanistan ou dans le nord-ouest du sous-continent indien à la suite d'une mutation spontanée au gène *S*, qui a imposé cette modification unique de la forme du grain. La présence de ce cultivar a été signalée sur de nombreux sites archéologiques, de la vallée du Cachemire au plateau du Deccan, à l'est de la vallée du Gange et à l'ouest de Mehrgarh sur la marge de la plaine de l'Indus, suggérant que le blé indien était l'une des principales cultures d'hiver dans les anciennes cultures sud-asiatiques. À partir du IIe millénaire av. J.-C., on a retrouvé ce blé, également porteur du gène de nécrose hybride Ne_1* en provenance de l'Inde via les rives de la péninsule Arabique et le Soudan, dans diverses fouilles archéologiques du Sahel. Ses caractéristiques xérophytiques comme son nombre peu élevé de feuilles dressées, sa tolérance aux hautes températures de l'air durant le remplissage du grain et aussi sa sensibilité aux fortes températures ont probablement favorisé ensuite son intégration durable dans les systèmes agraires oasiens au nord de la bande sahélienne.

6.2. L'échange dit colombien

Si Christophe Colomb (1451-1506) a ouvert aux Européens la première route maritime pérenne vers les Amériques[59] lors de ses quatre voyages conduits entre 1492 et 1504 dans l'ouest de l'Atlantique, les conquêtes du Mexique et du Pérou qu'ont menées au XVIe siècle les conquistadors Hernán Cortés (1485-1547) et Francisco Pizarro (1475-1541) en dépit de leurs maigres troupes, sont à la base d'un échange biologique sans précédent au niveau planétaire en termes de nombre de plantes, d'animaux et de micro-organismes originaires d'Europe et des Amériques. Il n'aura pas non plus d'équivalent dans le futur. Cet échange mutuel qui s'est poursuivi entre les XVIe et XVIIIe siècles, qualifié de « colombien » depuis 1972 par l'historien américain Alfred W. Crosby dans son ouvrage magistral *The Columbian Exchange : Biological and Cultural Consequences of 1492*, a profondément et très rapidement modifié l'écologie de l'Eufrasie et des Amériques, avant que son impact se propage dans le reste du monde. Faisant disparaître diverses civilisations et en marquant ou renforçant d'autres, il a aussi remodelé l'humanité.

59. Des contacts transocéaniques antérieurs à 1492 sont connus au niveau légendaire ou paraissent avoir eu lieu ponctuellement entre les Amériques et d'autres continents, sans suivi durable. Le mieux documenté de ces contacts est celui de la présence viking discontinue et sans suite sur les côtes de Terre-Neuve à compter de l'an 1000, sur quelques décennies.

Chute de la population mexicaine à partir de 1520 selon Acuna-Soto *et al.*, 2002 ; représentation d'une épidémie de variole chez les Aztèques, tirée du *Codex florentin* de B. de Sahagun

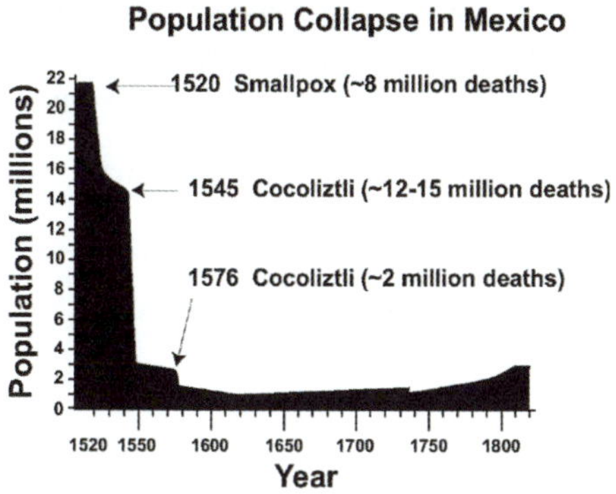

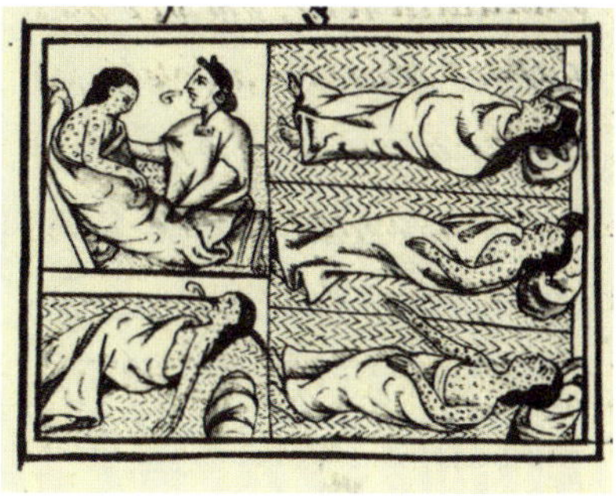

Dès le départ, cet échange a été fondamentalement déséquilibré, car il a mis en présence des lignées évolutives du vivant qui s'étaient séparées depuis l'éclatement du supercontinent Gondwana il y a plus de 100 millions d'années et possédaient des patrimoines génétiques plus ou moins adaptables. Lors de cet événement, les lignées provenant d'Eufrasie, qui avaient déjà fait face à de multiples confrontations de longue date entre des organismes provenant d'Europe, d'Asie et d'Afrique, se sont avérées immunisées ou au moins plus tolérantes aux génétiques exogènes rencontrées, notamment aux maladies infectieuses, que les lignées beaucoup plus homogènes issues de l'échange interaméricain, consécutif à la formation de la Mésoamérique, 2,8 millions d'années auparavant. Au niveau humain, dès les premiers contacts entre ces deux groupes, l'avantage des Espagnols vis-à-vis des populations amérindiennes, initialement beaucoup plus nombreuses, s'avéra plus biologique que militaire ou technologique. Ainsi au Mexique, si en 1520 la population indigène était estimée à 22 millions d'humains, une épidémie de variole décima cette année-là 6 millions d'individus au premier contact avec les Espagnols ; après deux fortes épidémies de fièvres hémorragiques (ou *cocoliztles*), probablement accompagnées de rougeole, de thyphus et de grippe, la population résiduelle aurait chuté en 1576 à moins de 2 millions. Plus globalement, si aujourd'hui, la plupart des historiens s'accordent sur le fait que la population amérindienne totale se situait en 1492 entre 43 et 65 millions d'individus, ils pensent que celle-ci aurait chuté autour de 10 millions en 1570[60], certaines ethnies ayant disparu à 99 % comme les Caraïbes ou celles du Bassin amazonien en 1600, les différentes populations du Mexique ayant subi 90 % de pertes, les Mayas du Guatemala au moins 75 % à la même date, et celles des Andes, plus de 50 %. L'impact de la colonisation du Brésil par les Portugais, bien que moins documenté, a été du même ordre.

60. Pour mémoire, la population des deux Amériques est estimée en 1800 à 27 millions d'habitants seulement (Amérindiens, Européens, esclaves africains, métis).

La rapidité de ce déclin démographique, que les Espagnols et les Portugais ne tardèrent pas à tenter de compenser par le transfert d'esclaves africains, n'est pas liée uniquement aux contacts interhumains et s'explique probalement en grande partie par le fait que les Amérindiens, ayant peu d'animaux domestiques, n'étaient pas non plus immunisés contre les pathologies disséminées par les animaux, domestiques ou non, importés de l'Ancien Monde (chevaux, porcs, vaches, rats, etc.) contrairement aux Européens et Africains qui les côtoyaient depuis des millénaires.

Tableau non exhaustif des principales espèces domestiquées et maladies échangées

Espèces	Apports d'Europe (d'Eufrasie)	Apports des Amériques
Plantes utiles	Ail cultivé	Agave
	Abricotier	Amarante
	Amandier	Anacardier (noix de cajou)
	Asperge	Ananas
	Aubergine	Arachide
	Avoine cultivée	Avocat
	Banane	Cacaoyer
	Basilic	Cachou
	Blé dur	Chayote
	Blé tendre	Chia
	Betterave	Coca
	Café	Cotonnier (fibre longue)
	Canne à sucre	Courge
	Carotte	Feijoa
	Cerisier	Fraise américaine
	Chanvre	Fruit de la passion
	Choux	Fruit du dragon
	Citrus spp.	Haricots
	Concombre	Hévéa
	Coriandre	Maïs
	Cornichon	Manioc
	Cotonnier égyptien (fibre courte)	Maté
	Cumin	Opuntia (figuier de Barbarie)
	Dolique	Papaye
	Épinard	Patate douce
	Figuier domestique	Physalis
	Fraise des bois	Piment
	Gingembre	Pomme de terre
	Gourde	Potiron
	Grenadier	Quinoa
	Houblon	Riz amérindien
	Laitue cultivée	Stevia
	Lentille	Tabac

Espèces	Apports d'Europe (d'Eufrasie)	Apports des Amériques
Plantes utiles	Lin Manguier Melon Menthe Mil Millet commun Millet des oiseaux Moutarde Navet Oignon Okra Olivier Origan Orge Palmier à huile Panais Pastèque Pavot à opium Pêcher Pistachier Poireau Poirier Pois Pois chiche Poivre noir Pommier Radis Riz Seigle Sésame Soja Sorgho Taro Vigne	Tomate Tomatillo Topinambour Tournesol Vanillier Yucca
Animaux	Âne Buffle d'eau Canard domestique Chameau Chat Cheval Chèvre Cochon	Alpaga Canard de Barbarie Chinchilla à longue queue Cochon d'Inde Dinde Lama Perroquet du Nouveau Monde

Espèces	Apports d'Europe (d'Eufrasie)	Apports des Amériques
Animaux	Cygne Dromadaire Lapin Mouton Oie Pigeon Pintade Rat Souris Tourterelle Vache	
Maladies infectieuses	Choléra Diphtérie Fièvre jaune (souche européenne) Fièvre thyphoïde Grippe Lèpre Maladie du sommeil Paludisme Peste bubonique Rougeole Rubéole Scarlatine Tuberculose Typhus Variole	Fièvre jaune (souche américaine) Maladie de Chagas

E6.2.a Focus sur la région amazonienne précolombienne

Durant la période précolombienne, des populations amérindiennes ont pratiqué pendant des millénaires l'agroforesterie[61] dans le bassin amazonien. L'analyse des sols, la présence massive dans ceux-ci de charbon de bois et l'apparition de pollen de cultures domestiquées il y a entre 6 000 et 4 500 ans montrent que ces populations ont commencé à brûler sélectivement des forêts à cette époque pour y implanter certaines cultures – maïs *(Zea mays)*, courges (*Cucurbita* spp.), ananas *(Ananas comosus)*, patate douce *(Ipomoea batatas)* et

61 xxxxx

manioc *(Manihot esculenta)*, au milieu des arbres. Un peu partout dans le bassin amazonien, des poches de terre noire riches en charbon de bois, excréments humains et animaux, compostage, appelées « *terrapreta* » ou « sols noirs amazoniens », témoignent de la volonté d'amélioration de la fertilité de ces terres par l'homme. Les spécialistes estiment aujourd'hui qu'avant l'arrivée des Européens, les Amazoniens pratiquant l'agroforesterie et l'enrichissement des sols avaient appris à cultiver au moins 83 espèces de plantes dont celles précitées, ce qui a longtemps permis à ces premières sociétés de maintenir des populations relativement importantes en dépit de fluctuations climatiques non négligeables.

Distribution non exhaustives de sites archéologiques précolombiens

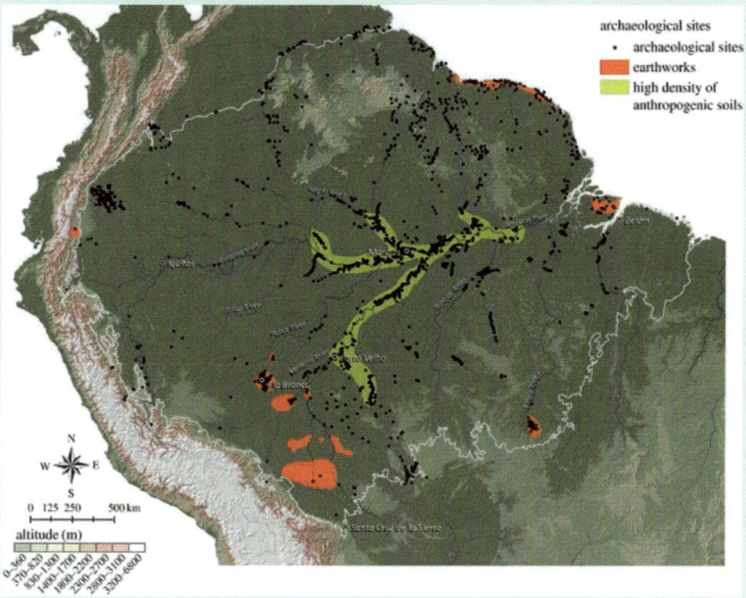

Source : *Proceedings of the Royal Society B.*

Ces sociétés vivant d'agriculture, de chasse, pêche et cueillette dans cette immense région avaient ainsi changé la forêt vierge en une forêt comestible, protégée d'une manière encore perceptible aujourd'hui. Une récente étude publiée dans la revue *Science* a en effet relevé que de nombreux arbres et palmiers domestiqués sont cinq fois plus surreprésentés en Amazonie que les arbres sauvages et que le nombre des espèces domestiques, tels le noyer du Brésil *(Bertholletia excelsa)*, le cacaoyer *(Theobroma cacao)*, le palmier açaï *(Euterpe oleracea)* et d'autres, sont regroupées dans les zones où les Amérindiens vivaient avant 1492, autour de vestiges archéologiques

… / …

redécouverts récemment, notamment dans les zones déforestées par les vastes incendies volontaires déclenchés durant le mandat Bolsonaro.

Ces populations amérindiennes estimées entre 8 et 10 millions d'individus en 1492 ayant disparu ou énormément régressé dès le début du XVIIe siècle du fait des maladies importées du Vieux Continent par les conquistadors, l'Amazonie a été quasiment vidée de présence humaine en l'équivalent d'une ou deux générations. La biodiversité de cette zone a repris ses droits en quelques décennies, régénérant naturellement une forêt dense, d'autant plus vite que ce vaste territoire est situé en zone intertropicale où la végétation pousse très vite. Voilà pourquoi les explorateurs des XIXe et XXe siècles ont pu croire que la forêt amazonienne était une forêt pluviale primaire, alors qu'elle n'était qu'une forêt de reboisement de quelques siècles, devenue difficilement pénétrable. Une étude récente a montré que ce reboisement spontané fut brutal au point que la présence de ce nouveau puits de carbone abaissa la concentration de CO_2 dans l'atmosphère entre 1520 et 1610.

Très vite, Espagnols et Portugais transférèrent les produits de leurs agricultures en Amérique, tentant d'y transposer leurs modèles agraires et leurs élevages avec plus ou moins de succès. Au niveau des végétaux, l'adaptation aux territoires intertropicaux de populations de pays de blé tendre européen *(Triticum aestivum)*, indispensable à la célébration des messes chrétiennes (il sert à fabriquer les hosties), fut toutefois longue et difficile : elles n'étaient pas adaptées aux jours courts sous lesquels on les semait au Mexique ou au Pérou, ni aux nouveaux pathogènes qu'elles rencontraient. Leurs premières récoltes bien maigres en territoires amérindiens ont donné lieu à des offrandes de *« trigos sacramentales »*, c'est-à-dire de blés sacramentaux que l'on conserve encore pieusement, comme des preuves de miracles, dans les premières cathédrales d'Amérique latine. Mon ami danois Sir Ben Skovmand (1945-2007) en avait fait un inventaire quand il était curateur de la banque de gènes du CIMMYT[62]. L'adoption du gros bétail européen, notamment des bovins et des chevaux, que les Amérindiens ne connaissaient pas, fut en revanche plus rapide : elle facilita le transport sur de longues distances et permit le trait, tout en constituant de grosses réserves de viande. Dans l'autre sens, les métaux précieux recherchés par les conquérants européens n'étant pas faciles à découvrir, les cales de leurs navires se remplirent rapidement de plantes et d'animaux américains à destination de l'Europe où ils s'arrachaient à prix d'or sur les marchés. Les Portugais leur ouvrirent les routes de l'Afrique et de l'Asie tandis que les Espagnols, durablement implantés dans le Nouveau Monde, puis aux Philippines, s'en s'approprièrent les richesses. Au terme

62. CIMMYT, Centre international de recherche du maïs et du blé, basé à Mexico ; plus grand programme mondial d'amélioration génétique du blé et du maïs, dépendant du CGIAR, branche de l'ONU dédiée au développement agricole mondial et à la sécurité alimentaire de l'humanité.

de ce gigantesque maelström de l'espace-temps, trois espèces eurasiennes – le blé tendre *(Triticum aestivum)*, le soja *(Glycine max)* et la vigne *(Vitis vinifera)* – et trois plantes américaines – le maïs *(Zea mays)*, la tomate *(Solanum lycopersicum)* et le piment *(Capsicum annuum)* – dominèrent au niveau planétaire.

En un siècle, toutes les plantes cultivées sont passées d'un continent à l'autre, et les régimes alimentaires mondiaux en ont été bouleversés à jamais. À tel point qu'un peu plus de cinq siècles après 1492, les plantes cultivées ne sont plus, pour la plupart, identitaires de telle ou telle région du monde. Posez la question autour de vous : demandez à des Français si le tournesol est natif de l'Hexagone. Beaucoup le croient alors qu'il provient d'Amérique du Nord. L'échange biologique colombien a constitué ainsi l'un des plus grands brassages génétiques de l'histoire, sinon le plus global.

E6.2.b La petite histoire d'un « navet » andin, la *« maca »*, qui est, dans le monde, la plante cultivée à la plus haute altitude et l'une des rares réellement aphrodisiaques

Lorsque les conquistadors envahirent l'Empire inca, ils constatèrent assez vite qu'aux altitudes du plateau andin, leurs chevaux, pourtant bien nourris, avaient du mal à se reproduire du fait d'une chute drastique de leur libido. Cherchant un remède à cette situation qui mettait en péril leur reproduction, ils le trouvèrent dans la pharmacopée locale en complétant les rations alimentaires de leurs montures d'une sorte de petit navet autochtone des Andes centrales, cultivé entre 3 500 m et 4 500 m d'altitude, la *« maca andina » (Lepidium meyenii)*, appelée *« chichicara »* en quechua et *« januckara »* en aymara. Cette plante est aujourd'hui aussi nommée commercialement « ginseng péruvien » ou « viagra andin » ; elle est consommée crue, cuite, ou séchée puis réduite en poudre à la meule et employée dans divers mets comme une farine.

Le jésuite Bernabé Cobo (1580-1657) indique dans son ouvrage *Historia del Nuevo Mundo* que les populations amérindiennes cultivaient en effet cette petite Brassicacée autochtone aux fins de leur propre alimentation ainsi que pour maintenir la fertilité de leurs troupeaux de lamas. Des récits locaux plus anciens disent également que la maca entrait dans la diète des guerriers incas pour augmenter leur énergie et leur vitalité au combat ; cependant, il leur

… /…

était interdit d'en consommer après la conquête d'une ville pour protéger les femmes de leurs pulsions sexuelles. Il semble que cette plante ait été domestiquée et cultivée entre 2000 et 1300 av. J.-C. dans la région de steppe ou « *puna* » du lac Junin après des millénaires de cueillette à l'état sauvage – sa domestication a peut-être été favorisée par les déjections des lamas élevés dans la région, car celles-ci favorisent le développement de la racine de la maca.

Cette plante est à l'état sauvage une des rares à pouvoir survivre aux conditions climatiques extrêmes (altitude, soleil brûlant, froid, vents violents, etc.) des hauts plateaux andins semi-désertiques, dont les sols sont très riches en divers minéraux. C'est une petite herbacée vivace octoploïde (2n = 8x = 64 ; génome de 751 Mb) de 10 cm de haut. Elle n'a pas de tige apparente et ses feuilles, petites, pennatiséquées, disposées en rosette, sont aplaties au sol. Sa racine pivotante qui ne tubérise qu'en haute altitude peut avoir diverses couleurs (jaune, rosâtre, violette, noire). Elle est comestible et de saveur légérement caramélisée. Suite à plusieurs études, les nutritionnistes considèrent désormais que cette espèce riche en fer non héminique et vitamine C ainsi qu'en flavonoïdes et isothiocyanates est adaptogène, revitalisante, antidiabétique, anti-oxydante, neuroprotectrice et régulatrice hormonale et endocrinienne, susceptible de traiter divers troubles sexuels chez l'homme et la femme, ainsi que chez plusieurs mammifères. Des études ont permis de préciser les vertus de chaque type de maca. La jaune augmenterait la libido des deux sexes et favoriserait l'équilibre hormonal chez les femmes ménopausées ; la rouge réduirait les troubles liés au stress et à la fatigue, tout en réduisant les problèmes de prostate chez l'homme âgé et régulant les cycles féminins ; la violette traiterait les symptômes de préménopause et de ménopause ; la noire stimulerait la libido des deux sexes et la mobilité des spermatozoïdes chez l'homme, tout en régulant le système nerveux.

En 2000-2001, une société nord-américaine, Pure World Botanicals, utilisant des données historiques andines dans son marketing, s'est mise à commercialiser aux États-Unis des capsules de poudre de maca importée du Pérou en la présentant comme aphrodisiaque. Elle a été rachetée en 2005 par la société française Naturex, spécialisée en compléments alimentaires, nutraceutiques et cosmétiques, acquise elle-même en 2018 par le groupe suisse Givaudan (arômes, parfums, ingrédients actifs cosmétiques et autres).

Depuis 2014, la Chine s'est aussi beaucoup intéressée à cette espèce et en produit dans les contreforts du Tibet, surtout au Yunnan et au Sichuan, bien qu'étant accusée par les pouvoirs publics péruviens de biopiraterie pour avoir importé illégalement des semences de maca des hauts plateaux. Par suite, le marché mondial de la maca pourrait s'élever à 2,5 milliards de dollars d'ici 2032.

6.3. Les périples transpacifiques anciens de la patate douce

La patate douce (*Ipomoea batatas* (L.) Lam., 1793) est la seule espèce de grandes cultures d'importance de la vaste famille des Convolvulacées qui comprend une soixantaine de genres et près de deux milles espèces dont la plus banale est le liseron des champs *(Convolvulus arvensis)*. C'est aujourd'hui le troisième tubercule le plus cultivé de la planète avec près de 89 millions de tonnes produites en 2021 derrière la pomme de terre (376 millions de tonnes récoltées la même année) et le manioc (250 millions de tonnes) et devant l'igname (54 millions de tonnes) et le taro (12 millions de tonnes).

Cette herbacée vivace polyploïde (2n = 6x = 90 chromosomes, très rarement 2n = 4x = 60) est cultivée pour ses tubercules alimentaires de formes plus ou moins allongées, à la peau fine et à la chair un peu farineuse et légèrement sucrée qui rappelle la saveur de la châtaigne, et aussi pour ses feuilles également comestibles, à la façon de nos épinards.

Deux centres de domestication apparents de la patate douce

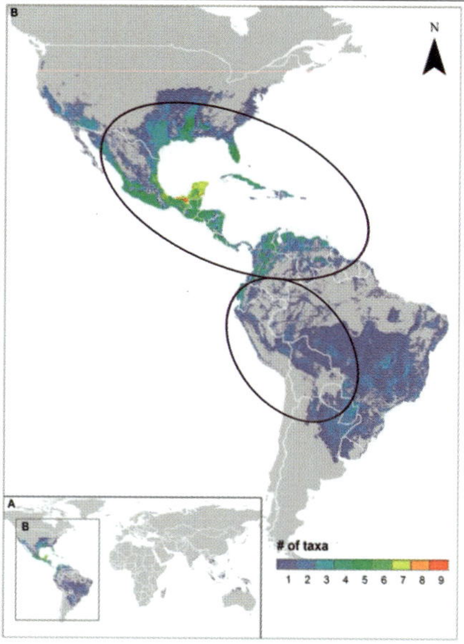

FIGURE 1 | Species richness map for assessed sweetpotato crop wild relative potential distribution models worldwide (A), with concentration of species in the neotropics (B).

Source : Roullier *et al.*, 2013[63]

63. C. Roullier *et al.* (2013). Disentangling the origins of cultivated sweet potato (*Ipomoea batatas* (L.) Lam.). *PLOS One* https://doi.org/10.1371/journal.pone.0062707

Elle a été domestiquée à partir de formes hexaploïdes d'une apparentée sauvage *Ipomoea trifida*, provenant de l'hybridation naturelle de formes diploïdes et tétraploïdes de cette espèce amazonienne, et ce, en deux étapes. Deux groupes de cultivars ont été créés par les populations précolombiennes : un groupe dit du nord vers 4500 av. J.-C. incluant l'extrême-nord de l'Amérique latine et l'Amérique centrale, puis un groupe plus équatorial autour de 2500 av. J.-C. situé dans le nord-ouest de l'Amérique latine. Les échanges de cultivars conduits entre les différents groupes amérindiens les ont par la suite mélangés et rapidement diffusés de manière restreinte vers les Antilles.

Au terme de sa première navigation vers les Amériques, Christophe Colomb introduisit la patate douce en Espagne en 1493. Au cours des XVIe et XVIIe siècles, les navigateurs lusitaniens ont transféré des tubercules de ce légume en Afrique (avant 1500), en Chine (1563, 1594), en Inde (au plus tard en 1605) et au Japon (1608), tandis que les galions ibériques en faisaient don à leur colonie des Philippines (vers 1550).

Quelle ne fut par suite la surprise des marins européens qui, croisant dans le Pacifique, à compter du XVIe siècle, observèrent la patate douce déjà cultivée par les populations de toutes les îles isolées de cet immense océan, tel le capitaine James Cook (1728-1779) qui la découvrit durant ses périples à l'île de Pâques, à Hawaï et dans l'île du Nord de la Nouvelle-Zélande.

Diffusions précolombiennes et postcolombiennes de la patate douce en Océanie

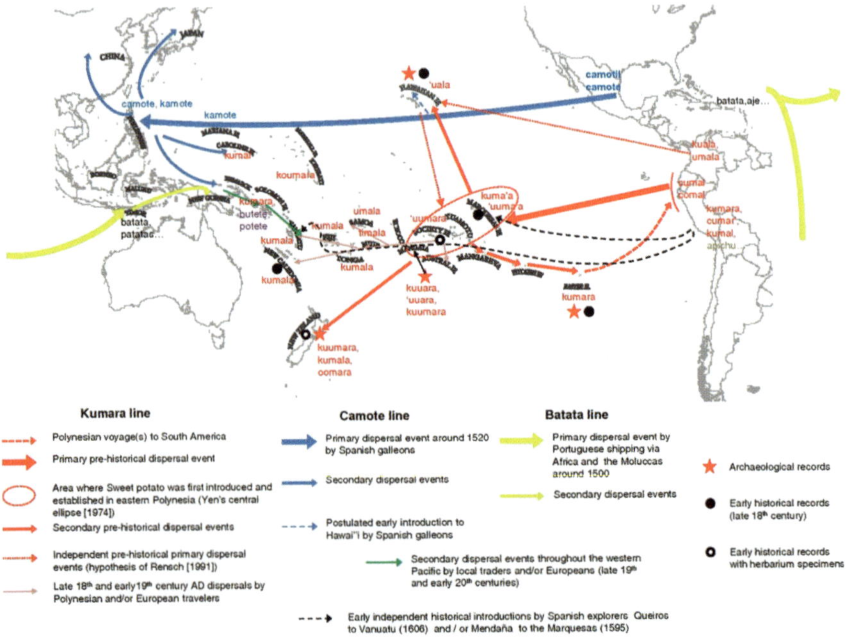

Source : Roullier *et al.*, **2013**

Actuellement, deux théories s'affrontent pour tenter d'expliquer cette singularité :

- Selon la première, des contacts peu nombreux auraient eu lieu par voie maritime dès le Xe siècle entre des populations limitées d'Océanie et d'Amérique du Sud. Certains groupes polynésiens auraient ainsi eu accès à la patate douce, l'auraient cultivée, puis diffusée d'îles en îles avant la venue des Européens. Plusieurs trouvailles archéologiques vont en ce sens – découvertes de fragments de tubercules aux îles Cook du Sud, à Rapa Nui datés entre 1200 et 1300, à Hawaï entre 1290 et 1540, en Nouvelle-Zélande entre 1300 et 1400. Les études linguistiques renforcent très fortement cette hypothèse : deux appellations andines courantes pour la patate douce sont « *kumara* » et « *kumai* », et deux autres en Équateur sont « *kuala* » et « *umala* », tandis que dans les langues polynésiennes, on retrouve « *kumara* » à Rapa Nui, et dans les archipels plus à l'ouest des formes voisines comme « *kuma'a* », « *'uuma'a* », « *kuuara* », « *'uuara* », « *kuuumara* », « *kumala* », « *'umala* », « *oomara* ».
- Selon la seconde hypothèse, moins convaincante, une dispersion naturelle (vent, eau, oiseaux) non humaine, très ancienne (de l'ordre de 100 000 ans), de boutures ou de graines de précurseurs sauvages de la patate douce aurait eu lieu d'Amérique du Sud vers l'Océanie et y aurait été suivie de domestication locale, simple ou multiple.

Loin de ces interrogations humaines sur l'histoire de sa diffusion, la patate douce a sauvé la Chine de la faim lors des errements du maoïsme au point que le Parti communiste chinois en a fait depuis un étendard de sa religion d'État, son « légume révolutionnaire », et que ce pays est désormais le leader mondial de sa production (48 millions de tonnes en 2021, soit 51 % de la production mondiale). Plus globalement, la patate douce est devenue depuis les années 2000 un légume à la mode dans le monde entier, et sa consommation est en constante progression, y compris dans l'Union européenne.

E6.3. La patate douce, un OGM naturel !

Cette espèce possède une particularité qui surprendra certains lecteurs : c'est un OGM naturel !

Le genre *Agrobacterium* est une famille de bactéries communes du sol parcouru par les racines des plantes. On sait depuis les années 1970 que les espèces *Agrobacterium rhizogenes* et *Agrobacterium tumefaciens* sont des bactéries phytopathogènes capables de transférer des fragments d'ADN, dits ADN-T, porteurs de gènes fonctionnels dans le génome de plantes hôtes qu'elles infectent. Les biotechnologies dites vertes ne sont que la mise en œuvre en laboratoires et au champ de ces connaissances récentes : en 2022, les surfaces de plantes génétiquement modifiées ont atteint 199,6 millions d'hectares, principalement aux États-Unis, au Brésil et en Argentine.

En Amazonie, la patate douce a été naturellement infectée par ces bactéries. Des analyses de biologie moléculaire de ce légume, pratiquées en 2015, ont en effet démontré que son génome contient deux séquences d'ADN bactérien provenant de l'ADN dit de transfert (ADN-T) d'*Agrobacterium*, comportant respectivement 4 et 5 gènes fonctionnels et exprimés dans plusieurs tissus de la plante.

Ces séquences suggèrent qu'une infection de la patate douce par *Agrobacterium* sauvage a eu lieu au cours de la domestication de cette plante en Amérique du Sud. L'un des ADN-T est apparemment présent dans tous les clones de patate douce actuellement cultivés, mais non pas chez les parents sauvages qui lui sont étroitement liés, ce qui suggère que l'ADN-T a fourni un caractère ou des caractères considérés comme avantageux par les agriculteurs autochtones qui le ou les ont repérés très tôt en Amérique du Sud.

En toute logique, si l'on prend en compte que la patate douce a été consommée sans dommage et plutôt à leur avantage par de très nombreuses générations de nos ancêtres depuis le Néolithique et l'est de plus en plus, les contradicteurs de la production d'OGM, s'ils étaient objectifs, devraient, devant ces faits scientifiques irréfutables, être ébranlés dans leurs convictions et réviser leurs positions d'objecteurs.

6.4. L'invention de la sélection moderne des plantes cultivées et de l'hybridation

Jusqu'au milieu du XIXe siècle, les plantes cultivées à travers le monde depuis les débuts de l'agriculture au Néolithique étaient des populations de pays (ou variétés de ferme) obtenues empiriquement par les paysans sur leurs terroirs par sélection massale : c'est-à-dire en retenant uniquement des semences de plantes qui ne versaient pas[64], leurs plus beaux épis, leurs grains les plus gros, les plus colorés au moment de la récolte, et plus globalement des caractéristiques présentant un avantage lié aux objectifs de l'agriculteur pour le semis suivant. Cette méthode empirique créait des populations hétérogènes de plantes

64. Si une plante verse, il est évident qu'elle mûrit mal à ras du sol et donne peu de rendement ou pas du tout, donc les paysans du Néolithique ont spontanément retenu des plantes qui ne versaient pas.

obtenues en pollinisation libre d'une même espèce, regroupant génération après génération des génotypes plus ou moins différents aux niveaux morphologiques et physiologiques. La diversité génétique de ces variétés anciennes leur permettait de s'adapter aux variations de l'environnement dans lesquelles elles étaient cultivées année après année.

Dans la première moitié du XIXe siècle, Louis de Vilmorin (1816-1860), petit-fils du maître grainier français Philippe-Victoire Lévêque de Vilmorin (1746-1804) et propriétaire du semencier Vilmorin-Andrieux et Cie, regroupa à Verrières-le-Buisson dans l'Essonne ses travaux de recherche et de création variétale sur de nombreuses espèces de plantes. Il y possédait des jardins d'essais et des collections concernant de nombreuses espèces de grandes cultures mais aussi fourragères, industrielles et ornementales. Celles-ci, très internationales, bénéficiaient de ses réseaux commerciaux et aussi personnels, comme les écoles jésuites. Indiquant dans une de ses communications : « l'étude de la transmission héréditaire des caractères a été et sera le but de toute ma vie ; les diverses expériences que j'entreprends dans cette direction ne sont que des efforts successifs pour attaquer la grande question qui fait le lien commun de ces recherches », il établit des classifications de ses collections sur des critères morphologiques, botaniques et physiologiques tout en coopérant avec de grands chimistes de son temps comme Michel-Eugène Chevreul (1786-1889) et Jean-Baptiste Boussingault (1801-1887). En 1856, s'inspirant de travaux précurseurs anglais, Louis de Vilmorin crée une véritable révolution dans le monde agricole en inventant la sélection généalogique présentée dans sa publication à l'Académie des Sciences *« Note sur la création d'une nouvelle race de betterave – Considération sur l'hérédité chez les plantes »*, qui décrit comment il a sélectionné sa nouvelle variété homogène, la « betterave blanche sucrière améliorée » dont la teneur en sucre de 18 % dépassait largement ses contemporaines qui stagnaient à 10 %.

Son principe en est simple : la sélection débute par le croisement volontaire, ou hybridation, de deux plantes parentales dont les caractères sont jugés utiles et complémentaires par le sélectionneur pour créer une descendance améliorée – par exemple une plante tardive à fort potentiel de rendement et une plante précoce tolérante à des pathogènes majeurs. Les plantes issues de ce croisement sont fortement hétérozygotes pour tous leurs caractères et présentent des phénotypes très variés. Elles sont autofécondées, ce qui permet au sélectionneur de retenir uniquement les meilleurs individus à chaque génération et de réduire, génération après génération, leur niveau d'hétérozygotie. Ainsi, la beauté de cette méthode est qu'elle permet simultanément de sélectionner le matériel végétal et de stabiliser celui qui est choisi sous une forme quasi identique après quelques autofécondations, tout en le rendant de plus en plus fixé au niveau des caractères désirés (homozygotie) dans une variété « lignée pure » obtenue en quelques générations, et dont la descendance est identique à elle-même – par exemple pour un blé tendre d'hiver *(Triticum aestivum)*, 8 à 10 ans sont nécessaires pour inventer une nouvelle variété fixée et débuter sa commercialisation.

Schéma de sélection généalogique chez le blé

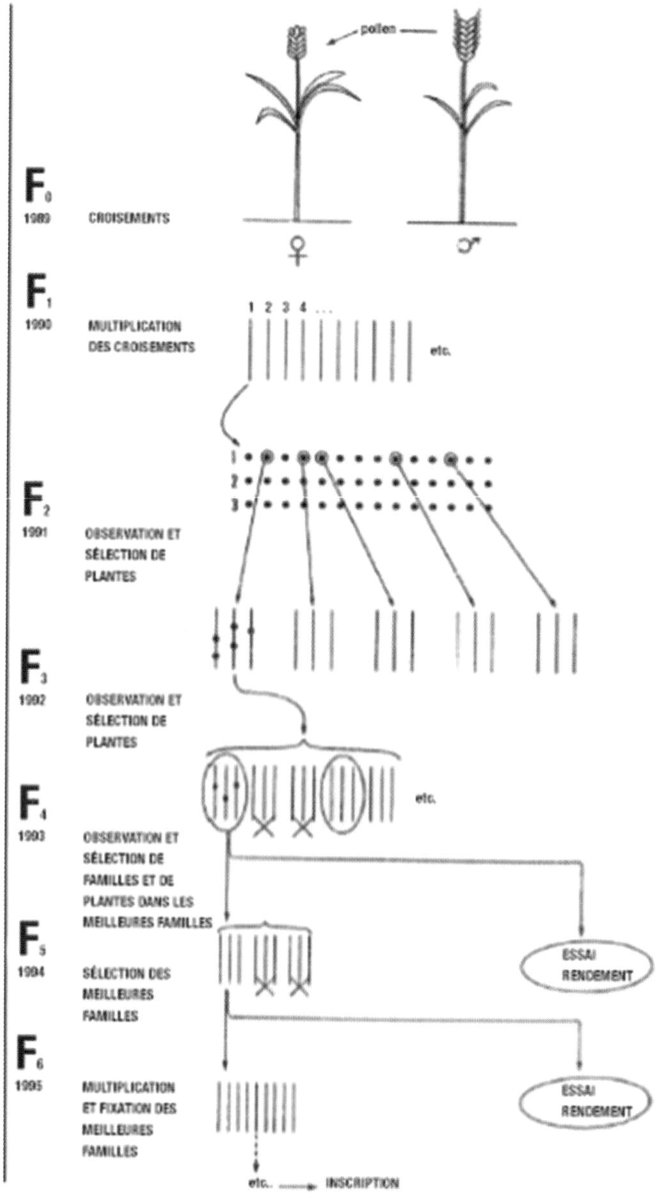

Source : Bonjean et Picard, 1990

Même si cette méthode entraîne une perte de variabilité génétique, elle est très efficace pour les caractères très héritables peu influencés par le milieu et moins pour les caractères peu héritables.

Dates de la plupart des programmes nationaux initiaux de blé par pays producteurs et impact majeur de l'invention de la sélection généalogique, Bonjean, 2015

Europe	Asie	Afrique	Am. du Nord	Am. latine	Pacifique
1790-Angleterre (Knight, premiers croisements de blé)					
1856 – France (L. de Vilmorin, sélection généalogique)					
1860 – Pologne (Peplowski)					
1875 – Hongrie (Mokry et Szilay)					
1875 – Allemagne (Rimpau)					
1886 – Hollande (Broekema)			1877 – USA (Pringle au Vermont)		
1886 – Suède (von Neergard, Gyllenkrok et Welminder)	1893 – Japon (Tokyo)		1877 – Canada (Saunders)		
1898 – Suisse (Martinet et Volkart)	1904 – Inde (Howard et Howard)	1902 – Afrique du Sud (Neetling)	1909 – USA (Spillman région Nord-Ouest Pacifique)		1889 – Australie (Farrer)
1900 – Italie (Strampelli)	1910 – Corée (Suwon)	1907 – Kenya (Delamere et Evans)		1911 – Argentine (Backhouse)	
1901 – Autriche (Tschermak-Seyseneeg)	1914 – Chine (Reisner)			1937 – Brésil (Inst. agronomique de Campinas)	1920 – Nouvelle- Zélande (Canterbury Agricultural College)
1904 – Irlande	1914 – Géorgie	Autour de 1920 – Maroc		1934 – Mexique	
1910 – Bulgarie	1924 – Sibérie			1945/1966 – Mexique (Borlaug, CIMMY)	
	1925 – Turquie (Eskisehir) et Azerbaïdjan	1923 – Tunisie			
	1930 – Iran, Arménie et Kazakhstan	1940 – Soudan			
	1953 – Népal				

Dates importantes de la génétique végétale

Années	Avancées scientifiques
1719	Premiers hybrides d'œillet obtenus par pollinisation dirigée par Fairchild
1856	Invention de la sélection généalogique par L. de Vilmorin
1858	Théories de la sélection naturelle par Darwin et Wallace
1866	Lois de l'hérédité de Mendel
1869	Isolement de l'ADN par Miescher
1874-1883	Sélection du premier blé lignée pure Dattel, par H. de Vilmorin
1880	Compréhension de la double fécondation des angiospermes par Hertwig et Strasburger
1900	Redécouvertes indépendantes des lois de l'hérédité de Mendel par Correns, de Vries et von Tschermak-Seyseneeg
1902	Observation d'une méiose par Sutton et proposition de la théorie chromosomique qui sera ensuite démontrée par Morgan en 1911-1912
1905	Invention du terme « génétique » par Bateson
1909	Invention des termes « gène », « génotype » et « phénotype » par Johannsen
1922	Sélection par backcross de Harlan et Pope
1933	Commercialisation des premiers hybrides de maïs dans l'Iowa aux USA
1935	Doublement chromosomique à la colchicine et développement de la mutagénèse
1946	Preuve de l'ADN comme support de l'hérédité par Avery
1950-1980	Développement de méthodes de cultures *in vitro*
1960	Structure de l'ADN par Watson et Crick
1961-1966	Code génétique découvert par Crick, Niremberg, Mathaeri, et Ochoa
1962	Découverte des enzymes de restriction par Arber, Smith et Nathans, qui permettront le marquage moléculaire
1965	Régulation des gènes par Monod, Jacob et Lwoff
1965-1967	Résolution du code génétique

Des méthodes dérivées de la sélection généalogique furent ensuite mises au point au cours du XIXe siècle au fur et à mesure de la découverte des mécanismes de l'hérédité :

- Méthode *bulk*, dans laquelle, au lieu de sélectionner les meilleurs plantes après chaque autofécondation, la sélection n'intervient qu'après 4 à 5 générations, pour être effectuée sur des lignes fixées ;
- Méthode *single seed descent* ou filiation monograine, où il n'y a pas de sélection durant les premières générations, l'objectif étant d'obtenir une graine par plante afin de la ressemer. Cela permet de gagner en fixité, sans faire de choix initiaux, puis de procéder au choix uniquement sur les générations plus tardives. Comme il n'est pas nécessaire d'attendre que toutes les graines soient matures, puisqu'une graine suffit, cette méthode permet un gain de temps.
- Méthode d'haploïdes doublés ou haplodiploïdisation, qui s'appuie par diverses techniques sur l'obtention de plantes haploïdes, contenant une seule copie de chaque chromosome, que l'on double ensuite pour en faire une lignée pure – cf. encadré.

Ces progrès technologiques ont conduit à la première phase de l'industrialisation de la filière semencière de la majorité des plantes cultivées autogames (qui s'autofécondent), peu sensibles à la consanguinité, au cours du siècle qui a suivi. À partir de filière les agriculteurs ont disposé de variétés génétiquement améliorées de blé (*Triticum* spp.), d'orge *(Hordeum vulgare)*, de riz (*Oryza* spp.), de pois *(Pisum sativum)*, de soja *(Glycine max)*, etc., par rapport aux variétés populations antérieures, puis par rapport aux variétés lignées pures plus anciennes.

Pour ce qui est des plantes allogames (à pollinisation croisée) comme le maïs *(Zea mays)* ou le tournesol *(Helianthus annuus)*, sensibles à la consanguinité, développer une lignée pure homozygote de bonne vigueur agronomique pour l'agriculteur était une gageure. Le type de variété mis au point au XXe siècle est l'hybride simple entre deux lignées non apparentées : un système est alors mis au point pour en contrôler l'hybridation à grande échelle. Il peut s'agir de castration manuelle, mécanique ou chimique des fleurs mâles, de l'existence d'une stérilité mâle génique ou de celle d'un cytoplasme particulier entraînant la stérilité mâle des lignées qui en sont porteuses, cytoplasme couplé à la fois à des gènes de maintien de la stérilité de ces lignées pour en permettre la multiplication et à des gènes de restauration de la fertilité chez le parent mâle, etc. Ce type de sélection a permis le lancement des premiers hybrides de maïs aux États-Unis vers 1930, et aujourd'hui, ils représentent plus de 90 % des maïs cultivés au niveau mondial.
Contrairement à ce qui est parfois faussement dit, les hybrides sont fertiles et présentent une vigueur supérieure à celle de leurs parents, avec des gains de rendement généralement compris entre 15 et 25 %. Ils ont toutefois un inconvénient : si l'agriculteur les ressème, il obtient une population hétérogène avec perte de vigueur et de résistance aux maladies, ce qui peut lui faire perdre 20 à 30 % du rendement par exemple chez le maïs. Il doit donc réinvestir dans de la semence à chaque cycle de culture. La production de semences hybrides, plus coûteuses que les non hybrides,

a toutefois ainsi servi à accélérer le progrès génétique et à consolider la filière semencière au niveau mondial tout en contribuant à la sécurité alimentaire de l'humanité.

E6.4. Petite histoire de l'haplodiploïdisation à travers l'exemple du blé tendre

L'haplodiploïdisation est la méthode de production de lignées homozygotes la plus rapide. Après un croisement choisi comme pour la méthode généalogique, elle consiste à produire à partir de gamètes mâles ou femelles de cette plante de petites plantes haploïdes, contenant seulement un jeu de chromosomes, puis de dupliquer artificiellement ce stock chromosomique par traitement à la colchicine ou autre traitement, pour que chaque plante haploïde doublée possède toutes ses fonctions et notamment sa fertilité. On obtient ainsi en un an l'équivalent de la descendance de 8 à 10 générations d'autofécondation. Commercialement, le gain de temps considérable obtenu par cette méthode en fixité des caractères par rapport à la sélection généalogique, la *bulk* ou la filiation monograine, est certes partiellement consommé par les années passées à la multiplication des premières semences, mais il reste réduit de 2-3 ans par exemple pour mettre au point une nouvelle variété de blé d'hiver, ce qui est conséquent par rapport aux méthodes antérieures.

Différentes voies d'obtention d'haploïdes doublés de blé en fonction de leurs origines cellulaires chez le blé

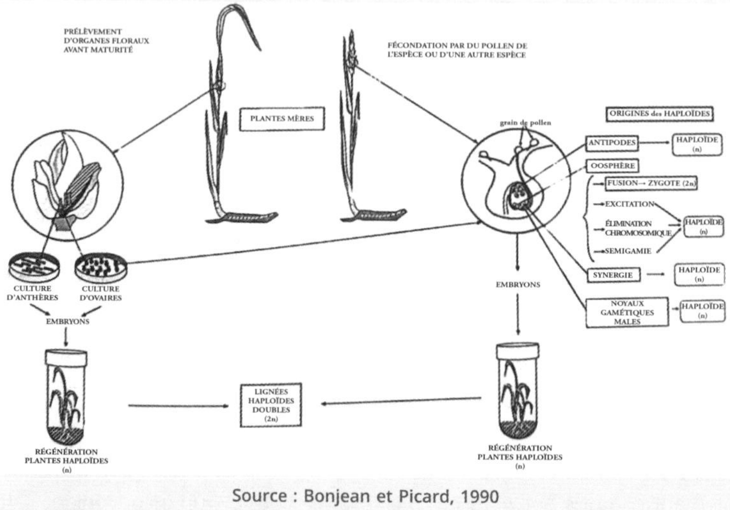

Source : Bonjean et Picard, 1990

Les premiers haploïdes observés étaient d'origine spontanée et provenaient du développement anormal d'un embryon en plante haploïde. Par exemple en céréales à paille, le premier haploïde observé en 1923 à Cambridge résultait d'un croisement entre un blé, *Triticum compactum*, et une graminée apparentée *Aegilops cylindrica*. Depuis, selon les espèces, il a été possible d'induire ce phénomène par diverses méthodes : pollinisation interspécifique ou intergénérique, pollinisation retardée ou par du pollen irradié, cultures *in vitro*, cultures d'anthères, de pollen ou de microspores, cultures d'ovaires ou d'ovules, traitements chimiques, etc.

Chez le blé tendre classique *(Triticum aestivum)*, les premiers haploïdes doublés ont été obtenus simultanément par une équipe chinoise, celle du Dr J. W. Ouyang, et celles de deux chercheurs français, Jean de Buyser et Emmanuel Picard en 1972-1973, par cultures d'anthères. Ensuite, après différentes tentatives de mise au point d'autres méthodes, deux techniques un peu plus productives ont été élaborées et sont toujours très utilisées aujourd'hui : la pollinisation du blé tendre par du pollen de maïs *(Zea mays)* en 1986-1988 et par du pollen de la graminée sauvage tropicale *Imperata cylindrica* à compter de 2005.

6.5. Les gènes de nanisme et la Révolution verte

Au terme de la Seconde Guerre mondiale, alors que le général Douglas MacArthur (1880-1964) supervisait l'occupation du Japon, un agronome américain, Samuel C. Salmon (1885-1975) repéra parmi les blés japonais des variétés demi-naines productrices et vigoureuses, créées avant-guerre par l'agronome japonais Gonjiro Inazuka (1897-1988) de la préfecture d'Iwate dans la grande île de Honshū. Il collecta 16 de ces variétés parmi lesquelles se trouvait Norin 10 qui mesurait 60-110 cm (les blés de l'époque atteignaient 150 cm) et contenait les gènes de nanisme *Rht1* et *Rht2*. On pense aujourd'hui que l'origine des blés semi-nains du Japon se situerait dans la péninsule coréenne au IIIe ou IVe siècles ; Norin 10 dérive de la variété demi-naine japonaise Daruma croisée en 1917 avec une resélection de la variété américaine de blé à grain tendre Fultz, dite Glassy Fultz, dont le croisement a été recombiné en 1924 avec le blé américain à grain dur Turkey Red.

Pedigree de Norin 10

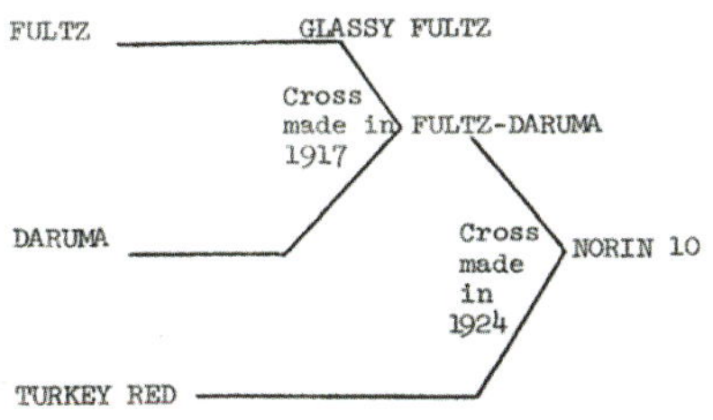

Source : Reitz et Salmon 1968

Samuel C. Salmon adressa ensuite des échantillons de ces variétés à la banque de gènes des céréales à paille de l'USDA. Seul un sélectionneur américain s'intéressa à cette génétique exotique, Orville Vogel (1907-1991) de la Washington State University. Il utilisa ces matériels dès 1949 pour créer en 1961 la variété courte de blé d'hiver Gaines qui détint un temps le record mondial du rendement du blé. Orville Vogel partagea aussi en 1953 des semences des descendances F2 de deux croisements Norin 10 x Bart et Norin 10 x Brevor 14 avec Norman Borlaug (1914-2009), un autre agronome états-unien qui travaillait au Mexique depuis 1944 à développer des blés résistant aux rouilles et qui se trouvait face à un problème de verse parce que, dès les années 1950, les agriculteurs mexicains avaient commencé à utiliser engrais azotés et irrigation.

Norman Borlaug, que j'ai eu l'honneur de connaître dans les trente dernières années de sa vie, les croisa immédiatement avec des variétés mexicaines. Son travail qui bénéficiait de la possibilité de réaliser deux cycles de cultures par an – à El Batán, à 2 249 m d'altitude dans le Mexique central, et un peu au-dessus du niveau de la mer dans le désert irrigué de Sonora, en raison de la géographie particulière du Mexique – aboutit à la création d'un nouveau type de blé de printemps insensible à la longueur du jour, au fort tallage et à la paille rigide, produisant plus de grains par épi et versant moins que les autres variétés de l'époque – les variétés Pitic 62 et Penjamo 62, distribuées dès 1962, sont les prototypes de cette génération. Ces nouveaux blés mexicains demi-nains distribués d'abord au niveau national ont permis de doubler dans un premier temps la productivité moyenne du blé au Mexique.

Généalogie des premières variétés semi-naines de blé du CIMMYT

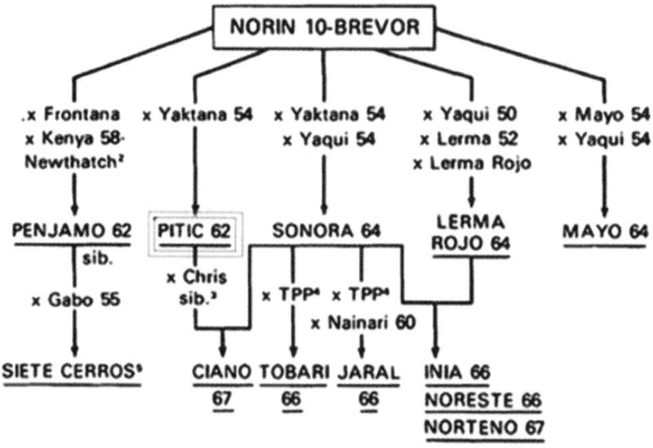

Source : université du Minnesota 2012

En 1964, financé conjointement par les fondations Ford et Rockefeller, et le gouvernement mexicain, Norman Borlaug fut nommé directeur du Programme international d'amélioration du blé à El Batán, Texcoco, à la périphérie est de Mexico, dans le cadre du nouveau Centre international d'amélioration du maïs et du blé

(*Centro Internacional de Mejoramiento de Maíz y Trigo*, ou CIMMYT) du Groupe consultatif pour la recherche agricole internationale (CGIAR). Des variétés de blé de printemps encore plus productives comme Sonora 64, Lerma Rojo 64 et Siete Cerros 66 y furent sélectionnées.

Entre 1960 et 1970, la famine sévissait en Inde, au Pakistan et aussi en Chine après le dramatique échec de l'utopie du « Grand Bond en avant » (1958-1960) de Mao Zedong qui a causé, selon les historiens, la mort de 20 à 43 millions de Chinois. Norman Borlaug qui connaissait ces difficultés par ses voyages en Asie centrale de 1960 et 1963, aida dans un premier temps l'Inde et le Pakistan à importer ses nouvelles variétés mexicaines et à former des agronomes capables de les valoriser tout en contribuant à renforcer les efforts de sélection locaux. Entre 1963 et 1967, l'Inde doubla de cette manière sa production nationale de blé qui atteignit 20 millions de tonnes pour ensuite grimper à 107,7 millions de tonnes en 2022. Entre 1965 et 1970, la production de blé du Pakistan augmenta de 4,6 à 6,7 millions de tonnes pour dépasser 26 millions de tonnes en 2022. Établie plus discrètement à partir de 1974, la coopération entre le CIMMYT et la Chine a été tout aussi efficace. Cette période de progrès agricoles considérables survenus entre 1960 et 1980 a depuis été qualifiée de « Révolution verte »[65]. Elle a sauvé de la famine des centaines de millions d'humains et a été suivie d'une croissance massive de la population mondiale.

Médaille Norman Borlaug, CIMMYT

Ces résultats exceptionnels, Norman Borlaug et ses équipes les doivent à sa capacité de meneur d'hommes, à leur puissance de travail et à la mise en œuvre simultanée de plusieurs innovations.

- Tout d'abord, bien entendu, son utilisation des gènes de nanisme du blé fut décisive à une époque où, avec le développement de la mécanisation de l'agriculture, le besoin en paille des agriculteurs pour leurs animaux n'était plus aussi vital qu'auparavant – en effet, avant lui, des sélectionneurs comme les Vilmorin précités en France ou l'Italien Nazzareno Strampelli (1866-1942) avaient eu connaissance de l'existence des gènes de nanisme d'Extrême-Orient et en avaient même collecté, mais leurs agricultures étaient encore trop manuelles pour en tirer profit.

65. Le terme lui-même apparaît pour la première fois dans un article d'économie agraire publié en 1964 dans la revue spécialisée *Phytopathology* aux États-Unis. L'article était signé par N. Borlaug, alors directeur des recherches sur la sélection des blés au CIMMYT à Mexico City, Mexique.

- Ensuite, la recherche permanente de nouvelles ressources génétiques, suivie de la démultiplication de ses programmes de croisements qui lui a permis de mondialiser sa sélection. Avant lui, les sélectionneurs travaillaient avec une base génétique très régionale et ne réalisaient que quelques croisements par an. Ses succès d'abord en termes de tolérance aux rouilles, puis de valorisation des gènes de nanisme lui ont donné l'idée d'établir un programme d'échange équitable de ressources génétiques de pays à pays et de monter à la suite au Mexique des programmes de milliers de recombinaisons dont il triait les descendances dans des réseaux d'expérimentation géographiquement très larges. Ceci lui permettait de sélectionner des variétés lignées pures productives, résistantes aux stress biotiques et abiotiques, à très large capacité d'adaptation géoclimatique.
- Son idée de sélection accélérée de blé en navette, à raison de deux générations par an : l'une en hiver en irrigation à basse altitude dans le désert de Sonora dans le nord-est du Mexique, l'autre l'été en altitude à proximité de Mexico. Beaucoup de sélectionneurs de son époque n'y croyaient pas, car ils travaillaient sur des blés alternatifs à hiver sensibles à la longueur du jour.
- Travaillant selon sa vision, ses équipes ont peu à peu empiriquement sélectionné des plantes insensibles à la photopériode, fleurissant en fonction des unités de chaleur auxquelles elles étaient exposées ; de plus, ce nouveau type de sélection multipliant les mises en contact des blés avec une multitude d'environnements agro-climatiques a renforcé les tolérances de sa génétique à divers stress biotiques et abiotiques.
- Enfin, il a toujours pensé qu'augmenter la productivité sur les meilleures terres agricoles contribuait à la lutte contre la déforestation en réduisant la demande pour de nouvelles terres, même si divers écologistes lui reprochent aujourd'hui d'avoir promu l'usage d'engrais et d'irrigation durant la « Révolution verte ».

Pour sa contribution à l'alimentation de l'humanité, Norman Borlaug est le seul scientifique du monde agricole à avoir reçu le prix Nobel de la Paix en 1970. Son fils spirituel, mon mentor et ami Sanjaya Rajaram (1943-2021), a perpétué son action et créé avec ses équipes 480 variétés de blé dans 51 pays. Ces innovations ont abouti à une augmentation de la production mondiale de blé de plus de 200 millions de tonnes. Pour cela, il a reçu, entre autres distinctions, le *World Food Prize* en 2014. Depuis, les nouvelles équipes du CIMMYT poursuivent leur œuvre avec dévouement et continuent de former des sélectionneurs professionnels dans le monde entier.

6.5. L'autre succès de la « Révolution verte » : l'industrialisation de la culture du riz asiatique

À la même période, plus de 90 % du riz asiatique *(Oryza sativa)* était cultivé en Asie et pour majeure partie autoconsommé. C'était déjà la troisième céréale mondiale derrière le blé et le maïs. Sa culture prenait place, pour les trois quarts dans des rizières peu profondes bâties par l'humain *(irrigated fields)*, pour un cinquième dans des basses terres de la zone intertropicale *(rainfed lowland)* et, pour le reste, dans des zones de montagnes tropicales à forte pluviométrie *(rainfed upland)*.

Copiant les travaux menés en Occident sur le blé et utilisant la méthode généalogique, des agronomes ont réalisé une sélection de riz au début du XXe siècle en Inde, en Chine et au Japon. Dans les années 1950, des variétés dites « nord-sud » avaient été produites en Inde en combinant la grande sous-espèce tropicale *indica* avec les types plus courts de la sous-espèce *japonica*, dont ADT-27 et Mahsuri qui connurent un certain succès en Asie du Sud et en Asie du Sud-Est. En 1956, des généticiens de l'île de Taïwan produisirent la première variété demi-naine de riz, Taichung Native 1, bientôt appelée TN-1 et diffusée dans toute la partie tropicale de l'Asie du fait de sa bonne résistance à la verse et de son excellente capacité à valoriser les engrais et atteindre un rendement élevé.

Comme en 1960 la famine menaçait des centaines de millions de personnes en Asie centrale, en Asie du Sud-Est et en Chine, les fondations Ford et Rockefeller proposèrent au gouvernement des Philippines de fonder l'IRRI *(International Rice Research Institute)* à Los Baños pour accélérer la sélection moderne du riz. En 1962, le sélectionneur Peter Jennings réalisa 38 croisements dont la moitié intégraient trois variétés de petite taille de Taïwan – TN-1, i-geo-tze, Dee-geo-woo-gen. Son huitième croisement entre Dee-geo-woo-gen et la grande variété indonésienne Peta lui permit d'obtenir la variété semi-naine IR8 en 1966, porteuse du gène de nanisme *semidwarf-1,* présentant des tiges robustes vert foncé et un grand nombre de talles porteurs d'épis. Dès sa diffusion aux Philippines et en Inde où les rendements des riz asiatiques plafonnaient alors entre 1 à 2 tonnes par hectare, la culture d'IR8 permit aux agriculteurs d'atteindre sur les mêmes sols 4 à 5 tonnes par hectare, ce qui lui valut le surnom de « riz miracle ».

Évolution de la production de riz des principaux producteurs durant les années 1950-1998 en millions de tonnes de riz paddy

Période	Pré-Révolution verte 1950-1964	Révolution verte 1965-1981	Post- Révolution verte 1985-1998
Chine	73.5	120.4	184.8
Inde	44.8	64.7	111.1
Indonésie	11.3	21.3	45.5
Bangladesh	12.6	17.6	26.1
Vietnam	7.6	10.3	21.3
Thaïlande	9.3	14.3	20.5
Myanmar	6.4	9.2	15.4
Japon	14.2	16.0	12.9
Brésil	4.2	7.5	9.7
Philippines	3.4	5.8	9.7
Corée	4.0	6.2	7.4
Monde	215.0	331.0	521.6

Source : Dave 2002

Réponse de la variété IR8 et de ses parents à divers niveaux de fertilisation azotée, Hargrove et Coffman, 2006

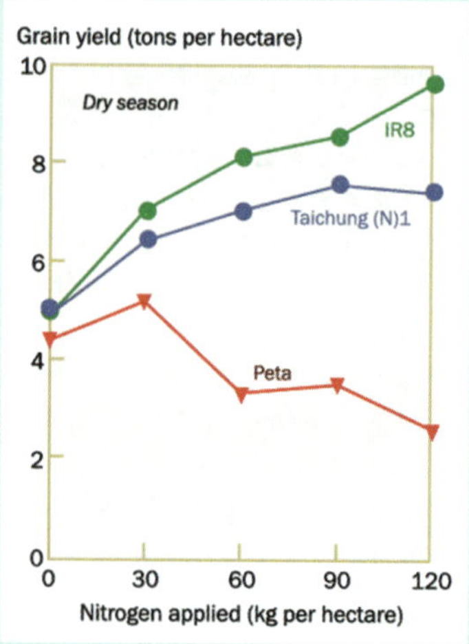

Sans conteste, la variété IR8 et celles qui en furent ensuite dérivées ont constitué en parallèle de ce qui s'est passé sur le blé une véritable « révolution verte rizicole » plus régionale. Elles contribuèrent à leur tour massivement à la lutte contre la faim.

6.6. L'impact des biotechnologies vertes entre 1970 et 2010

Après les progrès obtenus entre les années 1940 et 1960 en termes d'amélioration génétique des plantes cultivées par les « hybrideurs » de la première moitié du xxe siècle, après les découvertes de l'ADN et de l'ARN ainsi que du fonctionnement des gènes et des protéines, les méthodes de culture de tissus et de manipulation génétique des espèces végétales, globalement désignées par le terme de « biotechnologies vertes », se sont développées dans le monde à partir des années 1970, non sans déclencher de multiples controverses.

Apports des biotechnologies à la sélection classique

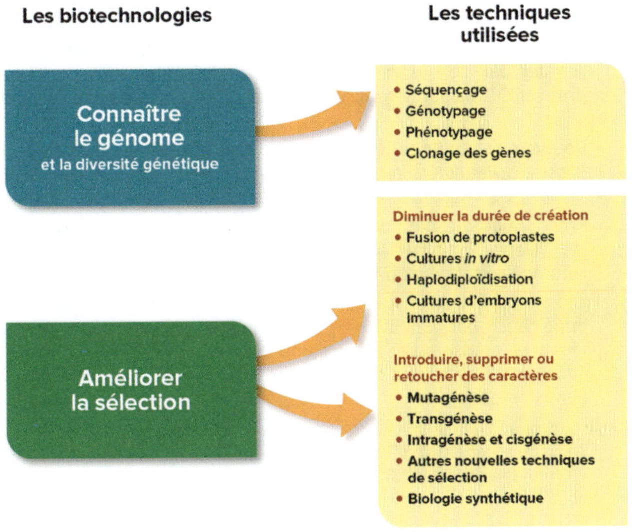

Source : Semae 2023

Dates-clefs des biotechnologies végétales et des grandes controverses liées

Dates	Biotechnologies végétales et controverses majeures liées
1972	Un gène d'eucaryote est cloné et répliqué dans la bactérie *Escherichia coli* : premier génome séquencé, celui du bactériophage MS2 (petit virus de bactérie)
1975	Conférence d'Asilomar aux États-Unis
1977	Identification du plasmide *Ti* de la bactérie du sol *Agrobacterium tumefaciens* qui servira quelques années plus tard à créer les plantes transgéniques

Dates	Biotechnologies végétales et controverses majeures liées
1980	Mise au point des RFLP *(Restriction Fragment Length Polymorphism)*
1983	Première plante transgénique, un tabac au stade expérimental ; découverte des nucléases à doigts de zinc, première technologie d'édition de gènes
1985	Première plante transgénique résistante à un insecte
1987	Commercialisation de la première machine de séquençage automatique par Applied Biosystems ; première plante transgénique tolérante à un herbicide total ; premières cultures de plantes transgéniques aux États-Unis
1988	Première céréale transgénique, un maïs résistant à la kanamycine ; premières cultures de plantes transgéniques au Canada
1990	Émergence de la PCR *(Polymerase Chain Reaction)*, suivie de la mise au point d'une nouvelle génération de marqueurs : RAPD *(Random Amplified Polymorphic DNA)*, AFLP *(Amplified Fragment Length Polymorphism)*, SNP *(Single Nucleotide Polymorphism)*, microsatellites, etc. ; débuts de la sélection assistée par marqueurs ; développement du séquençage capillaire ; premier OGM commercialisé en Chine, un tabac tolérant à un virus
1993	Premiers essais de cultures transgéniques en France ; découverte des CRISPR *(Clustered Regularly Interspaced Short Palindromic Repeats)* chez les bactéries
1994	Première autorisation de commercialisation d'un OGM donnée par l'Union européenne, un tabac résistant à un herbicide, le bromoxynil et première commercialisation d'un OGM aux États-Unis, une tomate à maturation lente
1996	Importation par l'Union européenne du soja génétiquement modifié Roundup Ready de Monsanto et autorisation de son usage en alimentation humaine et animale ; 1,7 million d'hectares de plantes transgéniques cultivées dans le monde
1998	Sauvetage par OGM de la papaye d'Hawaï face à un virus, depuis étendue au monde entier ; début de la controverse autour du projet Terminator de Monsanto
1999-2001	Controverse autour des populations de papillons monarques et de l'usage de cultures OGM tolérantes au glyphosate aux États-Unis, Canada et Mexique
2000	44,2 millions d'hectares de plantes transgéniques cultivées dans le monde ; séquençage du génome d'*Arabidopsis thaliana*, Brassicacée modèle
2001	Première contamination de populations de maïs mexicaines par des maïs GM US ; publication de la méthode de sélection génomique
2002	Séquençage du riz asiatique ; première contestation des cotons *Bt* en Inde
2006	102 millions d'hectares de plantes transgéniques cultivées dans le monde
2007-2019	Affaires « Séralini » en France contre un maïs de Monsanto génétiquement tolérant au Roundup : conclusions de cet universitaire fortement contestées, puis travaux invalidés pour leurs limites expérimentales et leurs faiblesses statistiques

Dates	Biotechnologies végétales et controverses majeures liées
2008	Séquençage du melon
2009	Séquençages complets des génomes du maïs et du sorgho
2010	148 millions d'hectares de plantes transgéniques cultivées dans le monde et séquençage sommaire de l'énorme génome du blé tendre

Trois secteurs des biotechnologies ont particulièrement fait évoluer la création variétale depuis les années 1970 : l'haplodiploïdisation couplée au marquage moléculaire, la transgénèse et la génomique.

L'**haplodiploïdisation** est une méthode de sélection qui permet d'obtenir une homozygotie complète au sein d'une descendance hétérozygote en une seule étape, autrement dit d'obtenir des lignées pures, fixées pour tous leurs caractères, en une seule génération au lieu de sept à huit générations en sélection généalogique ou dérivée. Selon les espèces, différentes techniques *in vivo* ou *in vitro* (croisements interspécifiques, cultures d'anthères, cultures de pollen ou de microspores isolées, cultures d'ovaires ou d'ovules, etc.) sont utilisées pour obtenir dans un premier temps des plantes haploïdes (n chromosome) à partir des organes mâles ou femelles, puis le stock chromosomique des plantes est doublé (2n), généralement par un choc chimique, afin de leur permettre de se reproduire à leur tour.
Il y a séparation des deux phases de la sélection : d'abord la fixation des caractères, puis la multiplication de chaque lignée ainsi obtenue. L'homogénéité des lignées facilite la sélection et permet l'observation claire à la fois des effets des gènes dominants et des gènes récessifs. De plus cette méthode permet de réduire un cycle de sélection de 3-4 ans par rapport à la sélection généalogique, ce qui est considérable.

Le **marquage moléculaire** des plantes cultivées est une activité dont j'ai été, avec mon ami l'agronome Pierre Lacaze, un des pionniers en France lorsque nous dirigions la société Agrogène, basée à Évry (Seine-et-Marne). Via une palette de technologies utilisant des fragments d'ADN comme repères sur les chromosomes, cet outil permet d'identifier et de localiser dans le génome d'une plante, sans modifier ce dernier, des caractères d'intérêt recherchés par le sélectionneur à un stade très précoce, et cela avec une faible marge d'erreur – par exemple, à partir de l'ADN prélevé sur un demi-grain (il pourra ainsi simultanément semer l'autre demi-grain porteur de l'embryon), une portion de cotylédon ou de jeune feuille.

Cela permet de réaliser un tri des descendances en disjonction d'un croisement dirigé, et d'éliminer très précocement celles qui ne sont pas porteuses du ou des caractères recherchés en sélection, pour ne semer que celles qui portent le ou les dits traits recherchés. Le nombre des parcelles de pépinière et d'expérimentation en est ainsi réduit à la seule part utile, la sélection plus pointue accélérée.

Le gain de temps peut être très important si l'on travaille avec des haploïdes doublés marqués. Cet outil déjà très utile pour des plantes herbacées l'est plus encore pour des arbres fruitiers ou forestiers dont le caractère pérenne nécessite plusieurs années par cycle de culture.

Cette sélection assistée par marqueurs, souvent appelée SAM, associée à de la mutagénèse aléatoire (par exemple par traitement avec un agent chimique ou un rayonnement gamma), permet de localiser et d'identifier les mutations apparues – cette technologie qui associe la mutagénèse et la SAM est appelée le tilling *(Targeting Induced Local Lesions in Genomes)*.
Le marquage moléculaire est aussi très utile au niveau de la propriété intellectuelle d'une variété donnée, car il permet d'établir une sorte de « carte d'identité » par marqueurs associés à sa génétique sous forme d'une empreinte qui lui est spécifique.

Surfaces de grandes cultures génétiquement modifiées, par productions dans le monde et, toutes productions confondues, par principaux pays producteurs

Cultures	Surfaces en millions ha	Pays	Surfaces en millions ha
Soja	100,9	États-Unis	74,4
Maïs	69,3	Brésil	66,9
Coton	24,1	Argentine	23,1
Canola	10,2	Inde	12,1
Luzerne	1,2	Canada	11,5
Betterave sucrière	0,5	Paraguay	4,3
Canne à sucre	0,06	Afrique du Sud	3 ,3
Riz	0,05	Chine	2,8
Blé tendre	0,04	Pakistan	2,3
		Bolivie	1,5
		Autres	4,1
Total	206,3	Total	206,3

Source : ISAAA 2023

Dans les années 1980 est apparue la **transgénèse** des végétaux, c'est-à-dire l'introduction par diverses méthodes de biologie moléculaire (canon à particule, agrobactéries, électroporation, micro-injection, etc.[66]) d'un ou plusieurs gènes d'intérêt pour l'humain dans le génome d'une plante. L'objectif est d'obtenir la transformation héréditaire de cette plante par l'intégration et l'expression du gène étranger et de lui conférer des propriétés qui seraient difficilement transmissibles par les seuls croisements de plante à plante.
Plusieurs étapes sont nécessaires pour une opération de transgénèse :

- En premier lieu, le repérage du gène d'intérêt à intégrer dans la plante, puis son clonage ; à titre d'exemple, la résistance à la noctuelle ipsilon *(Agrotis ipsilon)* et à la noctuelle des moissons *(Agrotis segetum)* de l'aubergine est portée par le gène *Bt* chez l'aubergine transgénique *Bt*.
- La construction du transgène, séquence nucléotidique incluant un promoteur et des séquences régulatrices qui permettront sa transcription dans un organe de la plante, le gène d'intérêt et un terminateur, ainsi que, le plus souvent, l'insertion du transgène dans un vecteur - généralement un plasmide bactérien incluant des marqueurs de sélection.
- La transformation de la plante-cible.
- La sélection des plantes transformées à l'aide des marqueurs précités, puis l'élimination de ces derniers.

En théorie, initialement, les domaines d'application de cette technologie qui génère des plantes génétiquement modifiées, ou OGM, paraissaient très vastes dans quatre domaines :

- l'agronomie, l'horticulture et la sylviculture : tolérance aux herbicides, résistance aux maladies, virus, insectes et autres ravageurs, tolérance à des stress biotiques (froid, chaleur, sécheresse, sel, submersion, etc.), meilleure valorisation de l'eau et des intrants, etc.
- l'alimentation : amélioration des qualités nutritionnelles (profil en acides gras des huiles, amidons et protéines plus digestibles, etc.), enrichissement en minéraux, vitamines et antioxydants, allongement de la durée de vie des légumes et fruits, ingrédients agroalimentaires, etc.
- la santé : production de vaccins, d'enzymes ou de protéines humaines, produits sanguins, etc.
- l'industrie : huiles industrielles, colorants, conservateurs, pâtes à papier, production de nouvelles molécules, etc.

66. Je ne développerai pas ce sujet complexe dans cet ouvrage de vulgarisation ni non plus les mécanismes par lesquels une plante génétiquement modifiée acquiert une résistance à un herbicide ou à un insecte.

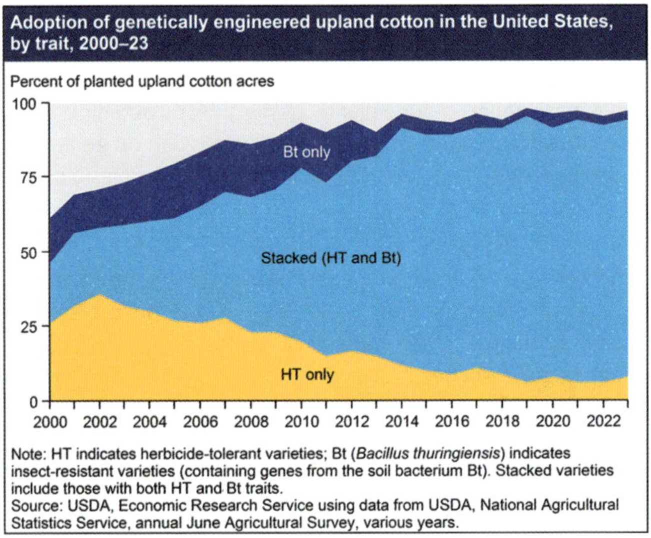

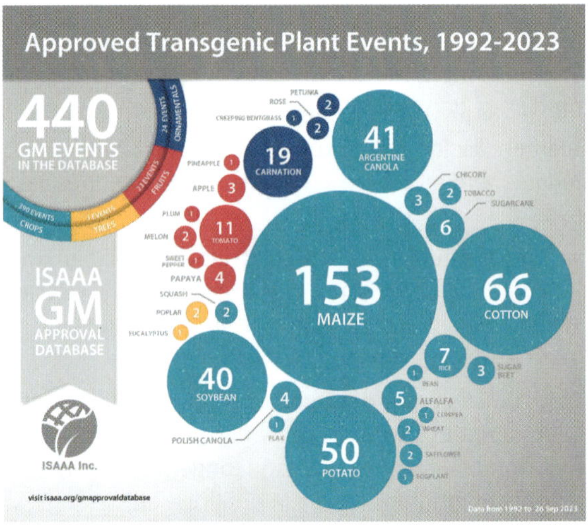

Avec une quarantaine d'années de recul, force est de constater deux faits :

- À de très rares exceptions près, seules des plantes tolérantes à des herbicides et des plantes résistantes aux insectes ont été massivement développées. Les premières sont tolérantes à un herbicide à large spectre (glyphosate, glufosinate, imidazoline). Les secondes produisent généralement dans leurs tissus une toxine dite *Bt*, provenant naturellement d'une bactérie *(Bacillus thuringiensis)* dont le gène de synthèse a été introduit dans le génome de la plante.
- Les agricultures des deux Amériques, de l'Inde et de la Chine ont essentiellement bénéficié de ces avancées technologiques et possèdent une très large majorité des brevets contrôlant ce secteur, ce qui, du fait de l'interna-

tionalisation des lois appliquées aux brevets, a pour conséquence un coût très élevé et une durée longue de ces recherches ; à titre d'exemple, selon la plateforme *CropLife*, pour la période 2017-2022, la sortie d'une nouvelle variété transgénique nécessite un budget d'environ 115 millions de dollars et 16,4 années de travaux divers, implications juridiques incluses.

À l'inverse, dès le début des années 1990, l'Union européenne a mis en place une réglementation très restrictive pour les disséminations à titre expérimental et les mises sur le marché d'OGM sur son territoire. Paradoxalement, l'Union européenne a simultanément adopté une politique d'importations d'OGM produits par d'autres pays – ainsi, par exemple, du maïs et du soja génétiquement modifiés sont régulièrement importés par la France des États-Unis ou du Brésil pour alimenter ses élevages.

Et pourtant, à ma connaissance, aucune plante transgénique de par le monde ne s'est avérée toxique pour l'humain : après plus de quarante ans de culture, le principe dit de précaution a bon dos, et son application en Europe nuit, par manque de courage politique, à la rentabilité de nos exploitations et à l'équilibre de notre balance commerciale.

Évolution de la qualité du séquençage des génomes végétaux

From: Representation and participation across 20 years of plant genome sequencing

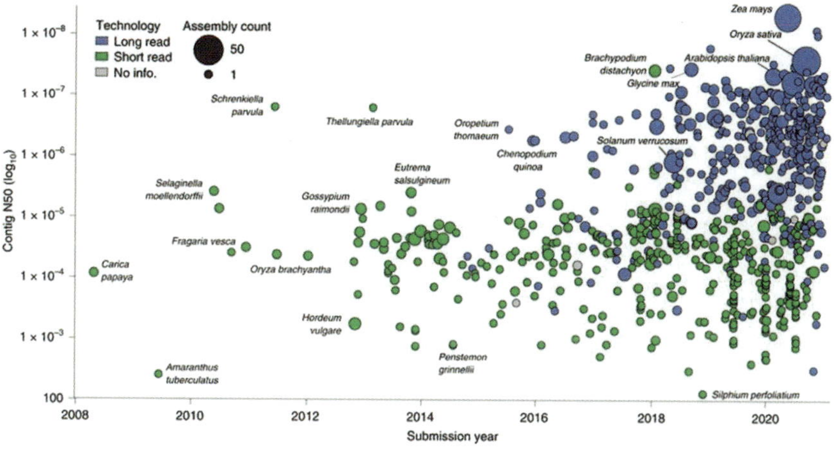

Assembly contiguity by submission date for 798 land plant species with publicly available genome assemblies. Points are coloured by the type of sequencing technology used and scaled by the number of assemblies available for that species. There is an improvement in contiguity associated with the advent of long-read sequencing technology, and a noticeable increase in the number of genome assemblies generated annually. All assemblies generated before 2008 have since been updated and are therefore not included.

La **génomique** consiste en l'étude de tous les gènes d'un végétal à l'échelon d'un organisme, d'un organe, d'une cellule, et de la façon dont ils interagissent entre eux et avec leur environnement. Elle comprend la génomique structurale, qui correspond au séquençage du génome complet, et la génomique fonctionnelle, qui précise la fonction et l'expression des gènes séquencés en caractérisant le transcriptome, soit l'ensemble des ARN issus de la transcription du génome, et le protéome, c'est-à-dire les protéines exprimées par tout ou partie d'une plante à un moment donné et dans des conditions précises.

Si avec l'haplodiploïdisation, le marquage moléculaire et la transgénèse, l'amélioration variétale a beaucoup gagné en temps par cycle de sélection et en précision, la génomique fournit désormais aux chercheurs des informations approfondies sur les gènes, les variations alléliques et leurs fonctionnements, mais aussi sur les séquences régulatrices des génomes, leurs éléments transposables, etc. Elle aide à explorer la diversité génétique, à reconstruire la phylogénie des espèces en relation avec l'évolution de leurs écosystèmes et conduit à la création de nouvelles variétés plus performantes et résilientes que celles des générations antérieures, ce qui est particulièrement intéressant pour maintenir la sécurité alimentaire face au changement climatique.

Le développement de la génomique, très médiatisé dès les années 2000, a été accéléré par les progrès des techniques de séquençage couplés à ceux de la bio-informatique. Cette sorte de génétique à « haut débit » nécessite un travail pluridisciplinaire et génère des millions et des millions de données *(big data)* à stocker, comparer et interpréter. En travaillant sur des populations de référence génotypées de façon dense et évaluées pour les caractères que l'on souhaite améliorer, notamment les caractères quantitatifs difficiles à sélectionner (par exemple, des conditions limitantes d'accès à l'eau ou aux engrais), et après avoir calibré des équations de prédiction, les agronomes qui réalisent la sélection génomique ont la possibilité d'intégrer ces nouveaux traits dans les programmes de création variétale sans attendre d'avoir identifié avec précision les gènes impliqués. Ce nouveau type de sélection qui est en cours de développement doit permettre la mise au point de cultivars adaptés aux nouvelles attentes des consommateurs en termes de qualité des produits agricoles et de respect accru de l'environnement, tout en étant plus résilients aux stress spécifiques du changement climatique.

CHAPITRE 7

La mutation industrielle récente des usages des plantes cultivées

7.1. L'exploitation industrielle des végétaux fossiles

Parmi les combustibles fossiles riches en carbone exploités par l'humain, on trouve essentiellement le charbon, le pétrole, le gaz naturel ainsi que divers autres, mais de manière marginale (sables et schistes bitumineux, gaz et huiles de schiste, gaz de couche, hydrates de méthane, etc.), issus de la transformation naturelle très lente de matière organique, largement végétale, enfouie dans le sol depuis des millions d'années.
Les plus anciens pourraient remonter à 650 millions d'années. Toutefois, selon les géologues, les principaux gisements actuels proviennent surtout de deux périodes géologiques :
-350 à -200 millions d'années, ce qui correspond au Carbonifère (-359 à -299 millions d'années), au Permien (-299 à -252 millions d'années) et au Trias (-252 à -201 millions d'années).
La flore du Carbonifère, favorisée par le taux de CO_2 dans l'atmosphère (au moins deux fois le niveau d'avant la révolution industrielle), était largement tropicale. Formée essentiellement de grands lycophytes arbustifs, de calamites, arbres apparentés aux prêles actuelles, et de fougères arborescentes, elle comprenait en moindre proportion des fougères à graines aujourd'hui disparues, les ptéridospermales, et les premiers conifères archaïques, dits cordaitales.
La flore du Permien, également assez tropicale, comprenait surtout des Lycophytes et des fougères, dont des fougères à graines, et les premiers conifères modernes. Elle a été détruite à 75 % vers -251,4 millions d'années lors de la plus grande extinction d'espèces connue, dont les origines encore mal cernées paraissent liées à une dégradation très marquée de l'environnement par de multiples événements. Au Trias inférieur, les lycophytes sont restés dominants, puis ont été remplacés par des espèces plus évoluées telles les cycadales, les glossoptéridales, les ginkgophytes et enfin les spermatophytes ou plantes à graines qui ont dominé la fin de cette période.

-150 à -20 millions d'années, soit essentiellement le Crétacé (-145 à -66 millions d'années) et le Paléogène (-66 à -23 millions d'années).
La flore du Crétacé, qui bénéficie d'un taux de CO_2 atmosphérique six fois supérieur à ce qu'il était avant la révolution industrielle, comprend des conifères, des bennettitales, un ordre voisin aux troncs épais et aux feuilles pennées qui, apparu au Trias, s'éteint vers -60 millions d'années, les premiers arbres à feuilles tels les figuiers, les magnolias et les platanacées. Les angiospermes, dont les arbres à fleurs, se développent surtout à la fin du Crétacé, souvent en coévolution avec des insectes, avant l'extinction Crétacé-Paléogène, probablement due à la chute d'un gros astéroïde dans la péninsule du Yucatan au Mexique actuel.
Au Paléogène, les forêts denses s'étendent à des latitudes plus extrêmes qu'au Jurassique, et l'essentiel de la flore moderne apparaît.

Carte des gisements européens de charbon

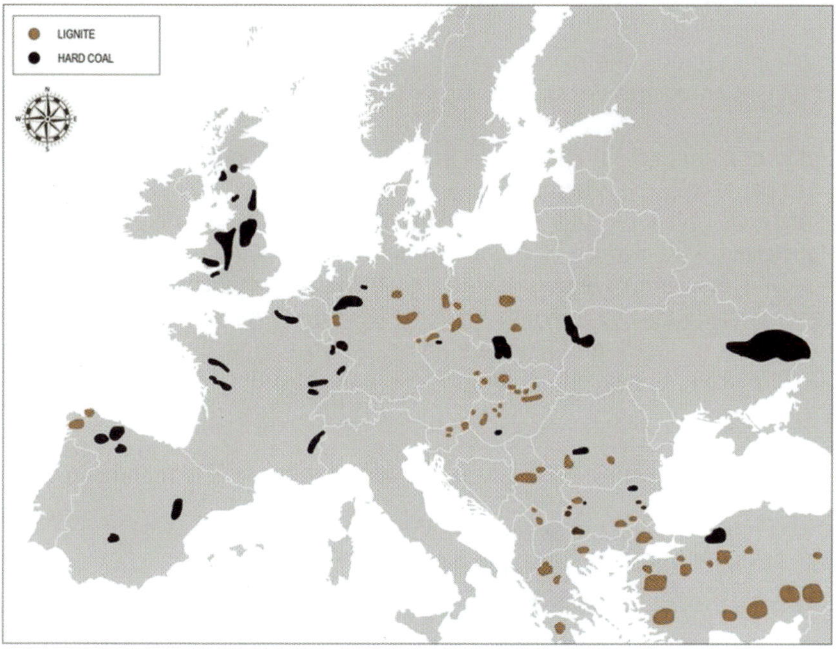

Source : J. Menendez *et al.*, 2022

Dans les régions tropicales humides et à végétation dense de ces époques, de nombreux débris végétaux ont rejoint le sol et ont souvent été enfouis sous une couche d'eau et divers sédiments. Sous terre, ce mélange de sédiments et de végétaux a été progressivement transformé en roche sous l'effet de l'augmentation de la température, croissante avec la profondeur, de la faible teneur en dioxygène de l'eau qui a empêché une décomposition complète et facilité la fossilisation, et de la transformation des molécules organiques par des bactéries ce qui a libéré les gaz contenus dans les tissus végétaux et augmenté leur teneur en carbone. Au terme de plusieurs millions d'années, ces dépôts ont ainsi formé des strates de charbon.

Pour ce qui est du pétrole et du gaz, leur formation a été un peu différente. Durant les périodes précitées, une toute petite partie des déchets végétaux et animaux terrestres s'est déposée au fond de l'océan où cette matière organique s'est mélangée au plancton marin mort et à des minéraux pour former des couches sédimentaires. Au terme de millions d'années sous le poids des différentes couches une partie s'est transformée en roche et s'est enfoncée dans la croûte terrestre. Plus elle est descendue sous terre, plus la température et la pression augmentaient, ce qui a fait disparaître l'azote et l'oxygène. Il en est résulté une boue noirâtre visqueuse appelée kérogène ; en profondeur, le kérogène s'est ensuite allégé et a eu tendance à remonter. Il a pu alors se transformer en bitume et sourdre à la surface du sol comme on peut l'observer en Grande Limagne, près de Clermont-Ferrand, au puy de la Poix. Dans certains cas, il s'est trouvé piégé dans une roche étanche qui a formé réservoir et s'y est décanté lentement en poches de gaz, de pétrole et d'eau.

Certaines populations humaines ont utilisé ponctuellement ces combustibles fossiles : par exemple, le site paléolithique du sud de la France, Les Canalettes, dans l'Aveyron, a révélé des utilisations de lignite, un charbon de maigre qualité, au Moustérien, il y a environ 70 000 ans ; voici plus de 8 000 ans, en Mésopotamie, le bitume était employé pour calfater les bateaux et étanchéifier des citernes d'eau, tandis que les Sumériens interrogeaient des émanations de gaz naturel pour tenter de prédire l'avenir ; en Chine, les archéologues nous apprennent que le pétrole, appelé « huile de roche », était foré dès le IVe siècle avec des tiges de bambou.

Combustibles fossiles et renouvelables consommés dans le monde en 2020

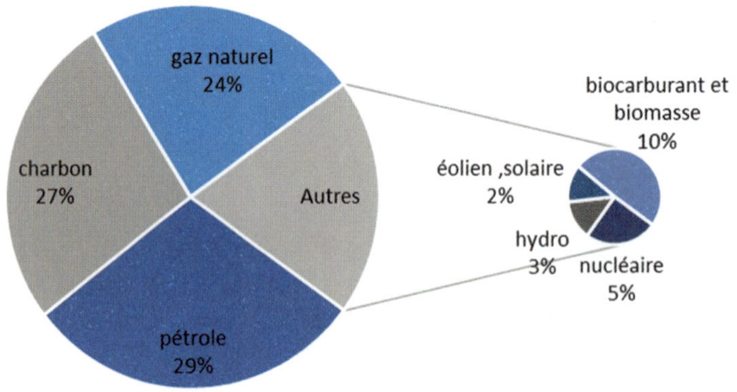

Source : Agence internationale de l'énergie

Ce n'est toutefois qu'à partir du XVIIIe siècle, début de la révolution industrielle, que le charbon a commencé à être exploité à grande échelle au Royaume-Uni comme combustible et source d'énergie à la suite de l'invention de la machine à vapeur, car seul le charbon fournit assez d'énergie pour faire fonctionner ce moteur. Ensuite, au XIXe et au XXe siècle, les besoins en charbon se sont accrus d'abord en Europe, puis dans le monde, accompagnés d'une exploitation systématique de bassins houillers de plus en plus profonds.

Transition du charbon aux produits hydrocarbonés dans les pays de l'OCDE dans les sources d'énergie primaire entre 1900 et 2000

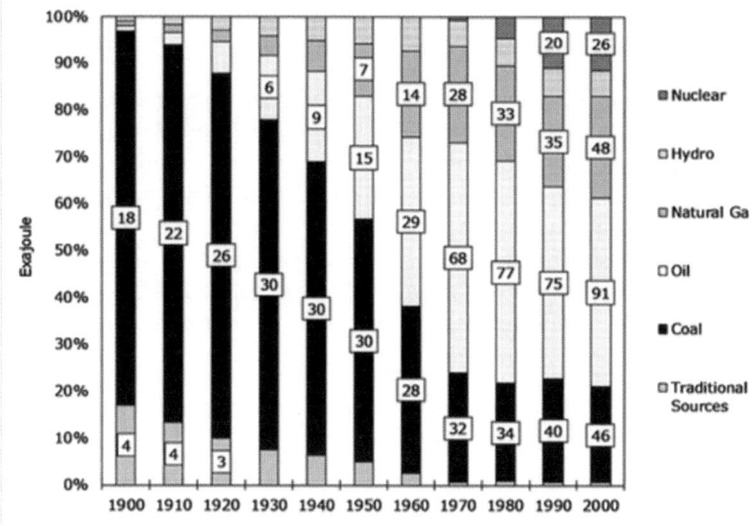

Source : Melsted & Pallua, 2018

L'industrie du pétrole a débuté dans le nord-est des États-Unis en 1855 et fournissait au départ du pétrole lampant destiné à l'éclairage, par distillation. Elle s'est ensuite étendue à des régions du monde éloignées les unes des autres - Alberta, Californie, Transylvanie, Pologne, Azerbaïdjan, mer Noire, Perse, Indonésie, Mexique, Venezuela, Pérou –, puis a pris, dans la première moitié du XXe siècle, une dimension mondiale avec le développement du secteur de l'automobile et la chimie des hydrocarbures qui en fit peu à peu une alternative au charbon. L'utilisation à grande échelle du gaz naturel, dont le transport n'est pas aisé, est encore plus récente puisqu'elle ne s'est généralisée qu'au cours de la seconde moitié du XXe siècle et a accompagné, pour grande partie, cette transition énergétique.

En 2020, l'ensemble des combustibles fossiles représentaient 80 % des énergies primaires consommées dans le monde en dépit du développement des énergies renouvelables, et leur usage a plus que doublé entre 1970 et 2019. Ces dépôts, essentiellement d'origine végétale, ont permis l'industrialisation de la planète et, rendant les moyens de transport de plus en plus rapides et efficaces, a abouti au XXe siècle à une mondialisation totale des échanges sur notre planète. Nous payons aujourd'hui le prix de cette évolution en prenant conscience que l'exploitation et la combustion des énergies fossiles aboutit à l'émission de gaz à effet de serre et à d'autres perturbations de notre environnement.

E7.1. Concept d'Anthropocène et prise de conscience collective de perturbations environnementales liées aux activités humaines

L'Anthropocène, qui signifie « l'ère de l'humain », est un terme créé au début des années 1980 par le biologiste Eugene Filmore Stoermer (1934-2012) et popularisé à partir de 2002 par le météorologue Paul Crutzen, Prix Nobel de chimie 1995. Il désigne initialement une nouvelle ère géologique faisant suite à l'Holocène[67], qui aurait débuté selon Crutzen dans la dernière partie du XVIIIe siècle et résulterait des actions de l'Homme dégradant l'environnement planétaire : changement climatique, érosion des sols, acidification des eaux marines, perte de biodiversité, surexploitation des ressources naturelles et en particulier des énergies fossiles.

Impacts humains sur la biosphère depuis la disparition de la mégafaune, Ellis, 2015

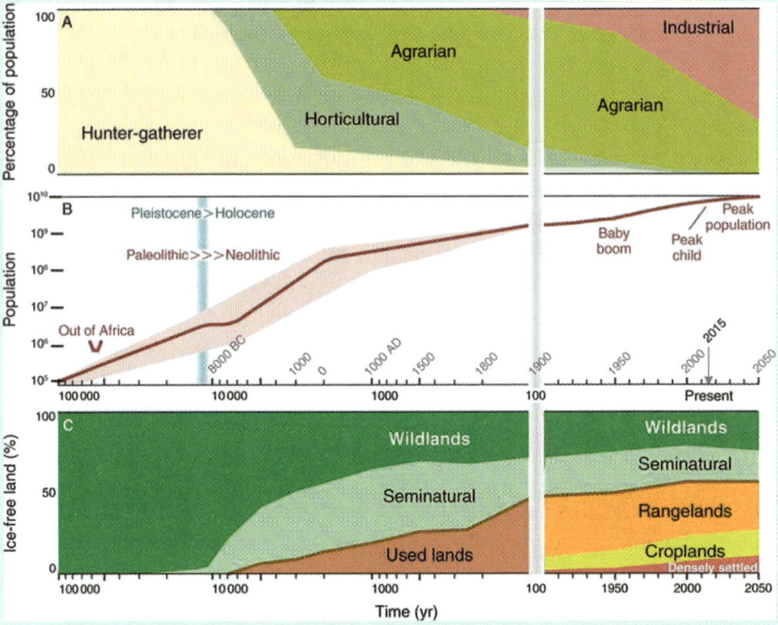

67. Époque du quaternaire intermédiaire entre le Pléistocène et les temps modernes qui a débuté il y a environ 10 000 ans avec la fin de la dernière glaciation. En archéologie, l'Holocène correspond aux périodes Mésolithique, Néolithique et historique.

Cette définition originelle de l'Anthropocène est sujette à débats dans les sciences sociales, politiques, et dans certains médias. Dans l'échelle des temps géologiques jusqu'ici reconnus, l'ère la plus courte, le Cénozoïque (couvrant les anciennes ères tertiaire et quaternaire), atteint 66 millions d'années cumulées, ce qui ne positionne pas l'Anthropocène dans les mêmes échelles de temps. Du coup, l'Anthropocène ne peut donc pas, selon moi, être reconnu comme une ère géologique.

Défini comme la résultante d'actions humaines, l'Anthropocène – communément à peine trois siècles sur 300 000 ans d'humanité si l'on en croit Dominique Grimaud-Hervé, professeure au département de Préhistoire du Muséum national d'histoire naturelle, ou au plus 10 à 15 000 ans sur les mêmes 300 000 ans d'humanité selon les récentes analyses des environnementalistes Erle Ellis et Lucas Stephens, de l'archéologue Dorian Fuller, voire de quelques autres dont je me sens proche, qui font remonter cette période à l'extinction de la mégafaune et aux domestications des premières plantes et des premiers animaux – reste une période courte sur l'échelle de l'âge de la planète. Elle a donc sa place non en géologie mais bien dans l'histoire de notre espèce dont la démographie s'est accrue de façon exponentielle depuis 1900 du fait des progrès simultanés réalisés en agriculture et en santé.

L'Anthropocène, toujours à mon sens, est avant tout une prise de conscience collective par une part de l'Humanité, en majeure partie la plus aisée, des modifications environnementales récentes et brutales qui ont surgi depuis peu à l'échelle de la planète et nous affectent tous à des degrés divers.

Nous sommes en train d'apprendre à en connaître les grands mécanismes, mais sommes encore loin d'en connaître tous les rouages. Il est trop tôt pour mettre en place des actions correctrices : il nous faut encore accumuler des observations en vue de concevoir les prémices de ce qu'il est envisageable de faire. Néanmoins, il est très important de commencer à faire évoluer les mentalités et à proposer des esquisses de solutions, car, si l'on ne fait rien, les civilisations humaines actuelles pourraient s'effondrer[68]. Ainsi que l'a dit le pape François, « le défi urgent de sauvegarder notre maison commune inclut la préoccupation d'unir toute la famille humaine dans la recherche d'un développement durable et intégral ». Le défi que pose la modification des comportements de l'humanité dans sa diversité est bel et bien le nœud gordien qu'il nous faudra trancher pour trouver une solution acceptable à notre problème.

68. Dans ce scénario, l'homme ne disparaîtrait pas forcément mais il régresserait dans un monde féodal ou tribal. La plupart des terres agricoles ou dégradées par l'homme reviendrait en quelques siècles à l'état de nature.

7.2. La réduction progressive du nombre d'espèces végétales cultivées

Contrairement à ce qui a parfois été affirmé, les chasseurs-cueilleurs du Paléolithique se nourrissaient plus régulièrement de végétaux que de viande et de poisson. Néanmoins, à de rares exceptions près, il est délicat de déterminer combien d'espèces de plantes ils consommaient ou utilisaient à d'autres fins (habitat, habillement, décoration, rituels religieux, etc.). Le site israélien de Gesher Benot Ya'agqov, situé dans le nord de la vallée du Jourdain, a permis aux archéologues d'identifier 55 espèces sauvages collectées et utilisées par la population qui l'habitait il y a 750 000 ans. Dans la mesure où les groupes humains de cette époque vivaient déjà dans des milieux extrêmement différents et sur plusieurs continents, les spécialistes de cette longue période estiment que sur les 30 000 plantes sauvages comestibles de la planète, au moins 7 000 pourraient avoir été utilisées sous une forme ou sous une autre – algues, mousses, racines et tubercules, tiges, feuilles, fruits...
Lors de la révolution néolithique qui a suivi et s'est propagée à travers une douzaine de foyers d'agriculture et d'élevage, nos ancêtres directs ont domestiqué à des degrés divers de l'ordre de 2 500 plantes qu'auparavant ils ramassaient en cheminant. Parmi elles, seulement 250 à 355 selon les auteurs auraient été complètement domestiquées, c'est-à-dire de façon telle qu'elles ne peuvent continuer de se reproduire et de se perpétuer qu'en présence de soins apportés par l'humain. Les bases de la nutrition humaine se sont dès lors totalement modifiées : celle-ci a reposé sur la consommation majoritaire de grains de céréales[69] et de pseudo-céréales cultivées, couplée à celle, moindre, d'autres productions végétales – plantes amylacées, oléo-protéagineux, etc. –, et de produits animaux (viande, produits laitiers, poissons, etc.). Simultanément, des plantes à fibres ont aussi été cultivées, améliorant la protection tant des corps que des habitations.
Pour ce qui est de la pharmacopée et des rituels, religieux ou non, qui sont associés depuis la nuit des temps à tel ou tel végétal, très peu de plantes majeures – chanvre (*Cannabis sativa*), coca *(Erythroxylum coca)*, pavot *(Papaver somniferum)*, etc., ont réellement été domestiquées avant le XXe siècle, car les différents groupes humains ont souvent continué à recourir à des espèces sauvages locales.

Dans les débuts du secteur agraire, le nombre de plantes cultivées était donc assez restreint ; elles étaient majoritairement tournées vers la nutrition. Ensuite, depuis l'Antiquité, même si des échanges ont eu lieu entre les bassins agricoles au fur et à mesure des migrations et des conquêtes, le nombre de cultures par bassin de production s'est enrichi de quelques espèces importées de régions de plus

69. Le fait que les épis de certaines graminées, fragiles à maturité pour libérer leurs graines, aient développé par mutations des épis rigides à maturité – dont l'axe central ou rachis restait rigide et n'égrenait plus – a été fondamental dans la place devenue centrale des céréales au Néolithique dans l'alimentation humaine.

en plus éloignées jusqu'au début du xxe siècle, sans jamais dépasser les 200. Ainsi en Europe de l'Ouest, nos premiers champs ont produit de telles espèces, qui furent très importantes jusqu'au xxe siècle, d'abord amidonnier (*Triticum turgidum* subsp. *dicoccon*), petit épeautre *(Triticum monococcum)* et orge *(Hordeum vulgare)* du Proche-Orient, puis blé tendre *(Triticum aestivum)*, blé dur (*Triticum turgidum* subsp. *durum*) et blé poulard (*Triticum turgidum* subsp. *turgidum*), ensuite millet commun *(Panicum miliaceum)* et millet des oiseaux *(Setaria italica)* issus de Chine, ainsi que le sarrasin *(Fagopyrum esculentum)*, une pseudo-céréale provenant de Chine du Sud, puis seigle *(Secale cereale)* et avoine (*Avena* spp.) diffusés depuis l'Europe centrale, enfin du maïs *(Zea mays)* natif d'Amérique, ainsi qu'un peu de riz asiatique *(Oryza sativa)* indochinois et de sorgho africain *(Sorghum bicolor)*. À leurs côtés, depuis l'échange colombien, lin *(Linum angustifolium)*, cameline *(Camelina sativa)*, chanvre *(Cannabis sativa)*, navette (*Brassica rapa* subsp. *oleifera*), puis colza *(Brassica napus)* eurasiatiques, tout comme pois *(Pisum sativum)* et fèves *(Vicia faba)*, voisinent avec pomme de terre *(Solanum tuberosum)*, riz amérindien *(Zizania aquatica, Z. latifolia)* et cultures industrielles sur lesquelles je reviendrai dans des chapitres ultérieurs. Il en a été de même dans nos jardins où nos choux *(Brassica oleracea)* et bettes natives *(Beta vulgaris)* cohabitent désormais avec des plantes américaines comme la tomate *(Lycopersicon esculentum)*, le piment *(Capsicum annuum)*, une indienne, l'aubergine *(Solanum melongena)*, des asiatiques telles que le chou chinois (*Brassica rapa* subsp. *pekinensis* ou *chinensis*), le radis daïkon (*Raphanus sativus* var. *longipinnatus*) ou le mizuna (*Brassica rapa* subsp. *nipposinica*). Paradoxalement, le jardin, à la fois enclos et lieu de brassage, nous permet de rêver de voyages passés et à venir.

Cultures les plus plantées dans le monde en 2019

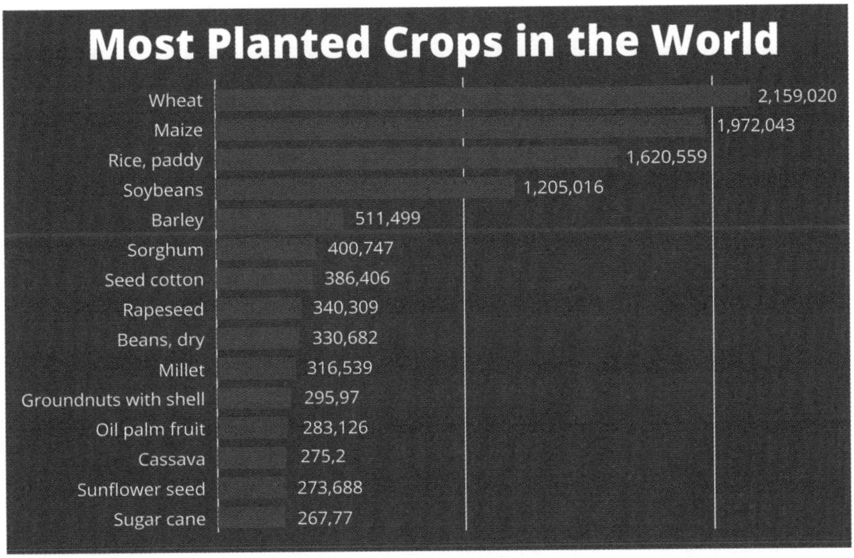

Source : Infographic.tv

Aujourd'hui, 9 % des terres émergées de la planète, soit 13 millions de km^2, sont occupées par les productions végétales. Depuis le milieu du XXe siècle, le nombre d'espèces cultivées à grande échelle sur Terre s'est encore raréfié avec l'industrialisation des productions végétales. Selon les auteurs, 7 à 30 espèces nourrissent l'humanité aujourd'hui : parmi elles, trois céréales – blé, riz, maïs – et deux oléo-protéagineux – soja, palme – souvent produits en monocultures, ainsi que pomme de terre, patate douce et canne à sucre occupent des places dominantes. On sait depuis la Grande Famine d'Irlande (1845-1982), due au mildiou, *Phytophtora infestans*, qui a ravagé ses cultures de pommes de terre, combien ces situations de monoculture sont dangereuses et à quel point elles renforcent les zoonoses. Les évolutions en cours vers une agriculture plus durable devraient y remédier et élargir, au moins un peu, les base génétiques de nos systèmes agricoles.

Toutefois, il ne faut pas se leurrer. Cette limitation du nombre de grandes cultures, en premier lieu alimentaires, autour de la planète fait que la majorité des efforts de création variétale se sont concentrés depuis les années 1950 sur ces rares espèces et qu'elles sont ainsi devenues les plus performantes. Même si l'édition génomique ouvre de nouvelles perspectives d'amélioration génétique pour toutes les plantes, le souhait d'élargir le nombre des cultures significatives n'est pas encore généralisé.

E7.2. Budgets R&D

En 2010, même s'il n'est jamais facile d'obtenir de tels chiffres du secteur privé et même du secteur public, j'ai tenté, avec l'aide de collègues du CIMMYT et de l'IRRI, d'estimer les budgets mondiaux de recherche et de sélection, biotechnologies incluses, des trois grandes céréales – maïs, blé et riz. Les chiffres auxquels j'ai abouti, publiés en 2016 dans le troisième et dernier volume du *World Wheat Book*, étaient les suivants : 650 millions de dollars pour le maïs, 380 millions de dollars pour le blé et autour de 150 millions de dollars pour le riz. À la même époque, 98 % de la production de riz, environ 68 % de celle du blé et seulement 20 % de celle du maïs étaient dédiés à la consommation humaine tandis que seulement les rebus du riz, 21 % du blé et 55 % du maïs allaient à l'alimentation animale ; 1 % du blé et 20 % du maïs étaient transformés en biocarburants. Les autres usages (semences, amidon, huiles, etc.) étaient respectivement de 2 % du riz, 10 % du blé et 5 % du maïs.

Au premier abord, vu l'importance capitale de la nutrition humaine, ces chiffres pouvaient paraître paradoxaux. Ils s'expliquaient principalement par deux aspects : les sources de financement et le type de variétés délivrées aux agriculteurs.

- En riz, les financements publics étaient largement dominants. Plus de 80 des variétés étaient des lignées pures et le solde, des hybrides

développés principalement en Chine sur fonds étatiques. Aucun OGM n'était encore commercialisé.
- En blé, les financements privés étaient majoritaires en Europe, minoritaires dans les Amériques, en Australie et en Afrique du Sud. Les hybrides n'atteignaient pas 1 % du flux variétal, et aucun OGM n'était commercialisé.
- En maïs, les financements étaient principalement privés, et la concurrence féroce. Autour de 90 % des variétés étaient hybrides et le reste, des variétés anciennes (dites fréquemment aussi populations de pays sous l'influence des courants écologistes). 32 % des hybrides mondiaux étaient déjà OGM et protégés par des brevets.

Or, en 2015, un rapport de Bayer et une étude chinoise évaluaient le coût de mise en marché d'un OGM entre 115 et 136 millions de dollars pour une durée de mise au point et d'enregistrement de l'ordre de 16,5 années, dont 5 à 7 pour l'approbation commerciale. Le retour sur investissement de tels budgets nécessite un marché mondial ou au moins continental, ce qui explique *a posteriori* que finalement seules 32 plantes ont bénéficié de la commercialisation d'OGM en 2024 selon l'ISAAA.

Quel que soit le secteur d'activité, l'innovation a un prix. Sans perspective de revenus, les entreprises ne peuvent pas se permettre d'investir. Ce principe s'applique à la création variétale comme à tout autre secteur de l'économie.

Liste des plantes transgéniques en 2024

Agrostis stolonifère *(Agrostis stolonifera)*
Ananas *(Ananas comosus)*
Aubergine *(Solanum melongena)*
Betterave sucrière *(Beta vulgaris)*
Blé tendre *(Triticum aestivum)*
Canne à sucre (*Saccharum* sp.)
Canola argentin *(Brassica napus)*
Chicorée *(Cichorium intybus)*
Coton *(Gossypium hirsutum)*
Eucalyptus (*Eucalyptus* sp.)
Haricot *(Phaseolus vulgaris)*
Lin *(Linum usitatissimum)*
Luzerne *(Medicago sativa)*
Maïs *(Zea mays)*
Melon *(Cucumis melo)*
Navette *(Brassica rapa)*
Niébé *(Vigna unguiculata)*
Œillet *(Dianthus caryophyllus)*
Papaye *(Carica papaya)*
Pétunia *(Petunia hybrida)*
Peuplier (*Populus* sp.)
Piment-poivron *(Capsicum annuum)*
Pomme de terre *(Solanum tuberosum)*
Pommier *(Malus x domestica)*
Prunier *(Prunus domestica)*
Riz asiatique *(Oryza sativa)*
Rose *(Rosa hybrida)*
Soja *(Glycine max)*
Tabac *(Nicotiana tabacum)*
Tomate *(Lycopersicon esculentum)*

Source : ISAAA

7.3. Le développement récent d'espèces fourragères et oléo-protéagineuses

À partir du moment où l'humain développa des élevages de bovins, d'ovi-caprins et d'autres mammifères pour la production de viande et de lait, il s'intéressa forcément à la production fourragère, même si celle-ci provenait au départ très largement de prairies fourragères naturelles, de sous-bois et de pâtures. Ce n'est qu'assez récemment que certaines de ces espèces végétales ont été domestiquées et sélectionnées, en premier lieu en Europe, puis ce fut le tour des oléo-protéagineux destinés à des formes intensives d'élevage. Ces évolutions ont contribué à l'augmentation mondiale de la consommation humaine de viande et de produits laitiers, et indirectement à l'accélération des émissions de gaz à effet de serre.

Au début des agricultures, il y a eu généralement transition de la forêt aux premières cultures puis aux prairies permanentes. En Europe, le pâturage en forêt perdurait en Normandie au XVIe siècle, dans l'est de la France et en Belgique au XVIIIe sous le nom de « herderies ». Il persiste sous mélèzes, par exemple dans les Alpes près du col du Lautaret à 1 800 m d'altitude, ou au Bhoutan jusque vers 3 500 m. Partout dans le monde, les jachères établies en assolements obligatoires avec les cultures ont longtemps été pâturées ou le sont encore, et nombre d'entre elles ont évolué en prairies permanentes. À de rares exceptions près (culture de luzerne par les Perses dans l'Antiquité, production de ray-grass d'Italie en Lombardie dès les XIIe-XIVe siècles), la révolution fourragère a débuté avec la culture du ray-grass anglais en Angleterre à la fin du XVIIe siècle, puis s'est étendue en Europe au cours des XVIIIe et XIXe siècles avec pour principal objectif de remplacer les terres en jachère par une culture fourragère (avant tout graminées et légumineuses) ou une plante sarclée (pomme de terre, betterave, navet, etc.). Un grand nombre d'espèces fourragères, notamment des graminées et des légumineuses, y ont été observées, et certaines – ray-grass anglais et italien *(Lolium perenne, L. multiflorum)*, dactyle *(Dactylis glomerata)*, fléole *(Phleum pratense)*, fétuque des prés et élevée (*Festuca* spp.), ajonc *(Ulex europaeus)*, lotier corniculé *(Lotus corniculatus)*, luzerne *(Medicago sativa)*, genet à balais *(Cytisus scoparius)*, sainfoin *(Onobrychis viciifolia)*, trèfles blanc et violet (*Trifolium* spp.), etc. – furent sélectionnées par des précurseurs comme la dynastie Vilmorin afin de créer des prairies temporaires. Les empires coloniaux européens ont aussi déployé ces nouvelles variétés dans d'autres régions du monde tout en diffusant hors de leurs centres d'origine des espèces indigènes (maïs *[Zea mays]*, millet perlé *[Pennisetum glaucum]*, niébé *[Vigna unguiculata]*, etc.), notamment dans la zone intertropicale.

Il est remarquable que plusieurs autres plantes fourragères actuelles – avoine (*Avena* spp.), betterave *(Beta vulgaris)*, carotte *(Daucus carota)*, chou

(Brassica oleracea), lupin (*Lupinus* spp.), maïs *(Zea mays)*, millets (*Panicum* spp., *Setaria* spp., autres), navet (*Brassica rapa* subsp. *rapa*), orge *(Hordeum vulgare)*, panais *(Pastinaca sativa)*, rutabaga (*Brassica napus* subsp. *rapifera*), seigle *(Secale cereale)*, vesce (*Vicia* spp.), etc. – ont été autrefois des plantes alimentaires humaines ; il arrive qu'elles le soient encore, selon les régions. Ce fut le cas lorsque la productivité agricole avait atteint un certain niveau, ce qui a permis de mieux nourrir le bétail domestique et en premier lieu les animaux de trait. D'autres fourrages proviennent de plantes messicoles : agrostis stolonifère *(Agrostis stolonifera)*, bromes (*Bromus* spp.), dactyle *(Dactylis glomerata)*, minette *(Medicago lupulina)*, nard *(Nardus stricta)*, ray-grass anglais *(Lolium perenne)*, trèfle souterrain *(Trifolium subterraneum)*, etc.

Part des prairies dans la surface agricole de France et évolution des surfaces en prairies depuis 1950 en France et dans les principales régions herbagères

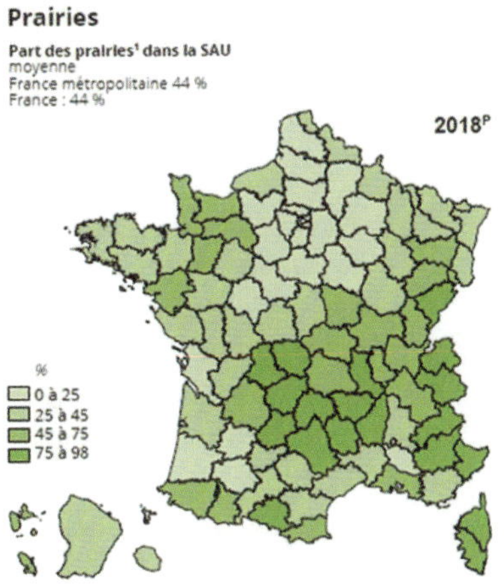

1. Prairies artificielles, temporaires et superficies toujours en herbe.
Source : Agreste - Statistique agricole annuelle

	1950	1980	2000	2010	2018P
	millier d'hectares				
France métropolitaine	17 915	16 434	13 213	12 900	12 617
dont					
Auvergne-Rhône-Alpes	2 666	2 623	2 247	2 214	2 213
Nouvelle-Aquitaine	2 419	2 429	1 955	1 925	1 913
Occitanie	2 367	2 065	1 874	1 888	1 905
Bourgogne-Franche-Comté	1 777	1 668	1 415	1 405	1 381
Pays de la Loire	1 485	1 499	1 134	1 088	1 018
Grand Est	1 715	1 399	1 035	968	913
Normandie	1 637	1 480	1 075	968	898
Bretagne	825	981	704	684	673
Centre-Val de Loire	900	671	494	501	502
Hauts-de-France	860	597	395	373	362

Source : Agreste, 2018

Au niveau des oléo-protéagineux, le développement est encore plus récent puisqu'il a accompagné depuis la Seconde Guerre mondiale, l'accroissement de la consommation de corps gras par personne et par an, et la diversification des usages de ces plantes au niveau de l'alimentation animale via les tourteaux, et des usages industriels novateurs issus de la chimie et de biotechnologies.

Évolution de la consommation mondiale d'huiles végétales sur la période 1976-2016

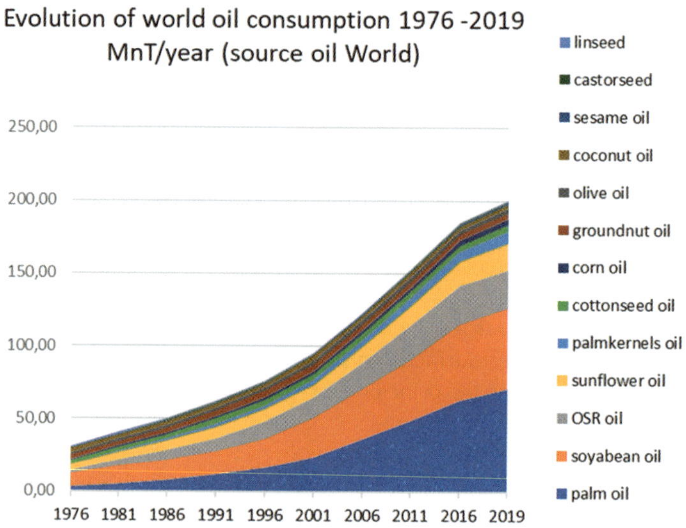

Source : Pilorgé, 2020

Cette évolution a consacré deux plantes leaders, le soja *(Glycine max)* et le palmier à huile *(Elaeis guineensis)*, accompagnées d'oléo-protéagineux plus régionaux – coton (*Gossypium* spp.), colza *(Brassica napus)*, tournesol *(Helianthus annuus)*, etc. L'extraction de leurs huiles s'est accompagnée d'une production massive de tourteaux riches en protéines qui ont permis d'intensifier considérablement l'alimentation animale, notamment dans les pays développés.

Consommation de viande par personne et par an entre 1950 et 2011

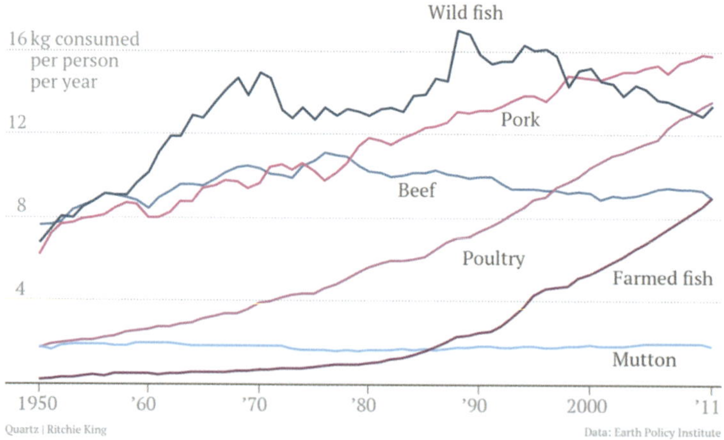

Source : Guilford et King, 2013

Par suite, la consommation de viande dans le monde a été multipliée par plus de 7 entre 1950 et 2010, et cette tendance se poursuit de nos jours. En Europe, nous consommons aujourd'hui deux fois plus de viande que nos grands-parents et trois fois plus que nos arrière-grands-parents. Cette évolution qui a conduit à un développement massif des populations humaines de plus en plus urbanisées a eu des conséquences sur la santé de celles-ci (problèmes cardio-vasculaires, diabète de type 2, obésité, etc.) et aussi sur celle de la planète, car 10 % des gaz à effet de serre émis proviennent désormais des ruminants. Inciter à l'adoption d'un régime moins carné et plus végétal pourrait être une solution à adopter.

E7.3. George Washington Carver, l'homme qui a permis de faire du soja la 4e culture mondiale actuelle après blé, maïs, riz

Si le soja *(Glycine max)*, espèce annuelle de la famille des Légumineuses, est originaire de Chine et y a été domestiqué au Néolithique à des fins d'alimentation avant tout humaine, lorsque les Européens l'ont découvert à la fin du XVIe siècle, ils en ont fait au XIXe essentiellement une espèce fourragère.

En France où le soja avait été diffusé depuis 1740, la distribution de graines par la Société d'acclimatation en 1855 conduisit à des mémoires pour décrire les usages du soja en Extrême-Orient et aux premiers essais sérieux. La plupart des Européens trouvant alors aux produits du soja (lait, tofu, etc.) un goût trop marqué de pois cru, l'Europe rata à cette époque l'introduction à grande échelle de produits issus du soja dans son régime alimentaire et choisit de classer cette plante parmi les espèces fourragères dédiées à l'alimentation animale suivant les recommandations d'Edmund von Blaskovics de l'Académie royale hongroise d'Altenburg ; ce dernier publia en effet en 1880 à Vienne une brochure intitulée, *Le Soja : de sa culture, de son emploi et de sa valeur comme fourrage*. La même année, le semencier Vilmorin & Andrieux, qui s'intéressait au soja de bouche comme plante potagère, introduisit dans son catalogue une variété cultivée en Autriche-Hongrie, ce qui permit sa culture en France, mais lui préféra ensuite le pois et le haricot et en fit à son tour un fourrage.

... / ...

Tableau d'introductions tardives du soja hors de Chine par les Occidentaux

Continents	Pays	Dates
Asie de l'Ouest	Turquie	1931
Afrique	Egypte	1857
Europe	Allemagne	1794, K. Mönch
	Angleterre	Vers 1790
	Autriche	1873, F.J. Haberlandt
	France	1740, puis 1779, jardin royal, Paris
	Hollande	1737
	Italie	1760, Turin
	Suède	1737, Linné
Amérique du Nord	USA	1765, Géorgie, S. Bowen & J. Flint ; He. Yonge
	Canada	Vers 1855
Amérique latine	Argentine	1882
	Brésil	1882
	Mexique	1877
Australie-Pacifique	Australie	1879
	Nouvelle-Zélande	1910

Source : Bonjean et Jamet, 2022

Aux États-Unis, où le soja avait été introduit en 1765 en Géorgie, ce n'est que vers 1870 que le soja se développa d'abord dans le centre du pays comme fourrage, puis en Caroline du Nord où le climat lui était favorable. Vers 1900, le département américain de l'Agriculture fit la promotion de l'espèce dans tout le pays en tant que fourragère. En 1904, le chimiste américain George Washington Carver (1864-1943), né esclave dans le Missouri et devenu professeur d'université, développa des travaux pour remédier à l'état d'épuisement de sols dégradés par la culture intensive du coton dans le sud des États-Unis. Travaillant sur une série de légumineuses, il découvrit la capacité du soja à enrichir les sols en azote et la richesse de ses graines en protéines et en huiles, puis encouragea les producteurs de coton à adopter cette nouvelle culture ainsi que d'autres espèces (arachide, patate douce, etc.) dans leurs rotations. Ainsi fit-il potentiellement du soja l'oléo-protéagineux que nous connaissons – mutation d'usages à triple vocation : alimentation humaine (essentiellement l'huile), aliment du bétail (le tourteau riche en protéines) et diversification industrielle (produits d'entretien, lubrifiants, énergie, encres, etc.).

Dans la première moitié du xxe siècle, l'amélioration des méthodes de trituration-raffinage et les progrès réalisés en chimie organique permirent de transformer ce potentiel en filière industrielle locale. La Seconde Guerre mondiale offrit également au soja de nouveaux débouchés purement industriels. Ainsi, dès 1945, une sole de soja se développa en Amérique du Nord dans les zones plus septentrionales. Dans cette expansion, le soja jusque-là cultivé principalement en rotation avec le coton, les céréales à paille et la pomme de terre, fut accompagné de plus en plus par le maïs devenu hybride, auquel il apportait de l'azote, établissant un nouveau système de culture qui accéléra la production intensive de volaille, puis de porcs et de gros bétail aux États-Unis. Le même phénomène se produisit dans le monde.

Production mondiale, surfaces cultivées et rendement moyen du soja dans le monde depuis 1950

Années	1950	1960	1970	1980	1990	2000	2010	2018	*2050 (proj.)*
Production (millions tonnes)	17	27	42	62	104	176	254	335	*514*
Sufaces récoltées (millions hectares)	14	24	28	40	54	75	102	121	*141*
Rendement (tonnes/hectare)	1.18	1.14	1.49	1.57	1.92	2.33	2.49	2.76	*3.66*

Source : Bonjean et Jamet, 2022

7.4. La sélection de plantes riches en sucres

De tout temps, les humains ont eu une propension à apprécier la saveur sucrée, même si la consommation de sucre par habitant a beaucoup varié d'un pays à l'autre selon l'histoire, les classes sociales, les traditions et les coutumes locales.

Tout autour du globe, sans doute avant le Paléolithique, nos ancêtres se sont contentés des miels comme ressource en sucre. Leur longue cohabitation avec les ours explique peut-être leur usage durable de cet aliment-médicament ainsi que la production d'hydromel et l'attrait des autres produits des essaims d'abeilles (cire, propolis, pollen, venin, etc.) avant même qu'ils ne soient semi-domestiqués en ruches.

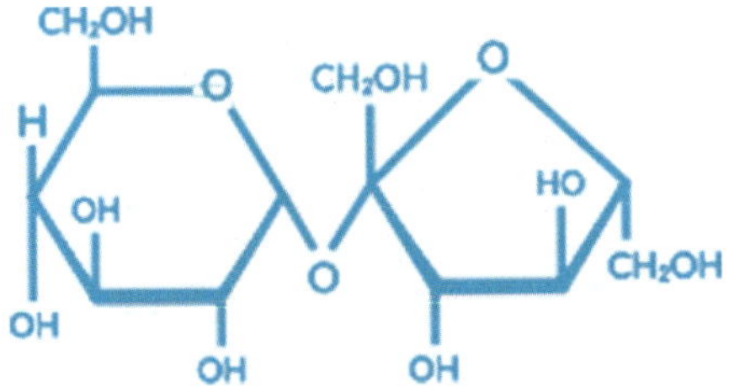

L'histoire du sucre végétal est beaucoup plus récente. Elle comprend deux cultures – canne à sucre et betterave sucrière pour un même sucre, le **saccharose** (sucrose en anglais), un disaccharide formé d'une molécule de glucose et d'une molécule de fructose.

Elle débute entre 10 000 et 6000 av. J.-C. avec les premières cultures d'une graminée géante vivace tropicale, la **canne à sucre** *(Saccharum officinarum)*, « roseau donnant du miel sans le concours des abeilles », en Papouasie-Nouvelle-Guinée, puis en Chine, Indochine et péninsule indienne, territoire de domestication de l'espèce vers 5000 av. J.-C., où l'on apprit à extraire du sucre des tiges de canne pressées et à en fabriquer de l'alcool. La production de cette plante cultivée pour son jus sucré par les Perses vers 500 av. J.-C. fut suivie vers 300 av. J.-C. de la fabrication du sucre par les Grecs et les Romains à la suite d'un séjour en Inde d'une dizaine d'années du diplomate et géographe grec Mégasthène (v. 340-282 av. J.-C.). L'expansion des cultures de canne à sucre, attestées entre les IVe et VIIe siècles dans le golfe Persique s'étendit durant les VIIe et VIIIe siècles en Afrique du Nord et dans le sud de l'Espagne lors de l'expansion de l'Islam, car les Arabes maîtrisaient l'irrigation. Le commerce de ce produit de luxe, vu alors comme une épice et un médicament, se développa ensuite en Europe de l'Ouest et du Sud, puis vers 1400, il diffusa à partir de Venise en Europe du Nord via Bruges et Anvers. En 1493, Christophe Colomb (1451-1506) introduisit la plante à Saint-Domingue durant son second voyage, et environ 1 500 plantations et raffineries furent établies à Madère. Plus d'un siècle plus tard, des sucreries et rhumeries furent installées à Saint-Domingue, en Guadeloupe et Martinique ouvrant le commerce triangulaire des esclaves africains dans les Amériques. Et, dès 1880, les agronomes ont commencé à créer des hybrides entre *Saccharum officinarum*, dite la « canne noble », et les autres espèces apparentées (*S. sinense, S. barberi,* également sucrées, et *S. robustum, S. spontaneum* et *S. edule*, non sucrées). Toutes les variétés modernes pourvoyeuses de saccharose, de rhum, mais aussi, au travers de leur biomasse, d'énergie (combustible, biocarburant), et aussi de molécules pour la chimie fine, dérivent par sélection de ces hybrides interspécifiques de la fin du XIXe siècle.

Gravure fin XIXe siècle de récolte de canne à sucre

Source : Compagnie des Antilles

Production mondiale de canne à sucre et de betterave à sucre

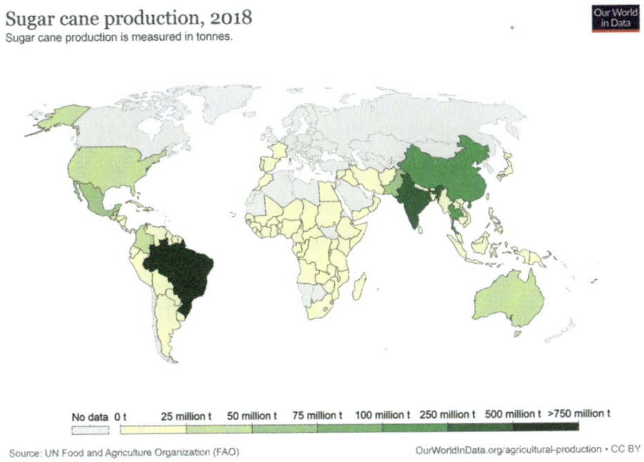

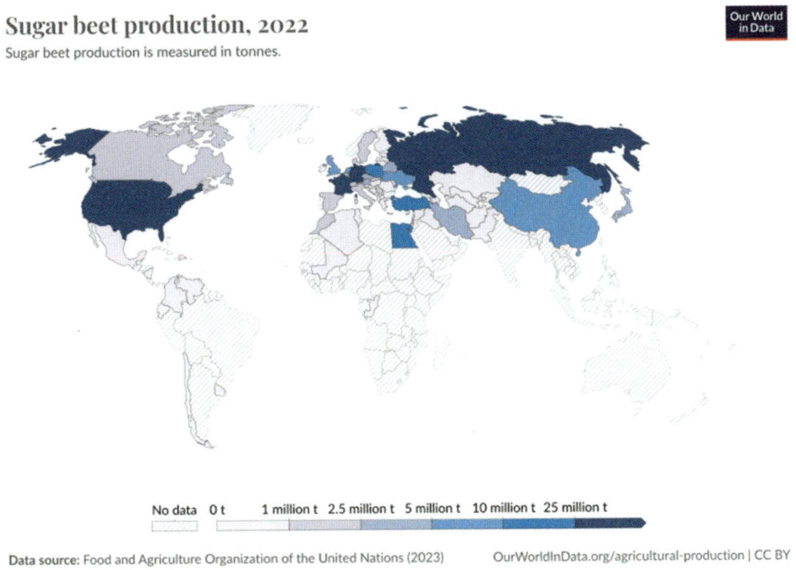

Source : FAO

En 1802, après les travaux précurseurs du chimiste et pharmacien prussien Andreas Sigismund Marggraf (1709-1782) qui découvrit en 1745 que la racine d'une chénopodiacée bisannuelle, la betterave fourragère, contenait du sucre, une première fabrique de sucre de **betterave** (*Beta vulgaris*) fut établie en Silésie. À la suite du blocus continental réalisé par la flotte anglaise, Napoléon Ier (1769-1821) poussa à la sélection de la betterave sucrière en Europe continentale à partir de 1806, et l'homme d'affaires Benjamin Delessert (1773-1847) commença à extraire du sucre de betterave en grandes quantités dès 1812, en utilisant la méthode du chimiste français Jean-Baptiste Quéruel (1779-1845) – la betterave sucrière de Silésie donnait alors 3 kilogrammes de sucre par tonne de betterave.

En 1822, les travaux de sélection permirent de fabriquer 30 kilogrammes de sucre par tonne de betterave, puis le Belge Théophile Adant réussit à cristalliser industriellement ce sucre en 1880. En 1900, le sucre de betterave, commercialisé par les puissances européennes coloniales, représentait 53 % de la production mondiale de sucre. En 1990, avec les progrès de la génétique, une tonne de betterave sucrière fournissait 130-150 kilogrammes de sucre.

Au cours des derniers siècles, d'autres plantes sucrières ont été repérées ainsi que des plantes édulcorantes. Parmi les premières, il existe des **maïs** *(Zea mays)*, certains **sorghos** (*Sorghum* spp.), des **courges** *(Cucurbita pepo)*, l'**érable du Canada** *(Acer saccharum)*, l'**agave du Mexique** (*Agave* spp.), le **cocotier** *(Cocos nucifera)*, divers palmiers tels le **palmier-dattier** *(Phoenix dactylifera)* ou le **palmier rônier** (*Borassus* spp.). Chez les plantes productrices d'édulcorants qui procurent une sensation sucrée sans contenir de saccharose, deux espèces sont intéressantes à citer : la **stévia** *(Stevia rebaudiana)*, originaire du Paraguay, qui est 300 fois plus sucrante que le saccharose, et le **katemfe** *(Thaumatococcus daniellii)*, quant à lui plusieurs milliers de fois plus sucrant que le saccharose.

Au XXIe siècle, hors édulcorants, le sucre provient à 80 % de la canne à sucre (1,8 milliard de tonnes de cannes coupées) et à 20 % de la betterave (270 millions de tonnes de racines). Toutefois, on extrait plus de sucre de ces dernières (140 à 150 kg par tonne en moyenne) que des premières (115 à 120 kg par tonne).

On produisait 15 millions de tonnes de sucre en 1910, 115 en 1995 et 190 en 2022. Cette augmentation semble paradoxale vu les critiques formulées par les nutritionnistes dès le début du XVIIe siècle à l'égard de ce « poison », accusé de ruiner la santé des peuples. En outre, ce discours a été repris par le docteur Paul Carton (1875-1947) au début du XXe et accentué en Europe depuis 1970. En effet, on lui impute caries, diabète, surpoids, obésité, maladies cardiaques, etc. En fait, la croissance de la consommation de sucre provient d'usages désormais non alimentaires : alcool[70] et produits industriels dérivés (produits d'entretien, solvant en chimie ou dans la production de gel hydroalcoolique, industrie pharmaceutique, parfums, cosmétiques, etc.), et aussi production de biocarburants, parfois à très grande échelle à partir de la canne à sucre comme au Brésil.

En valeur, le marché mondial du sucre est estimé en 2024 à 66 milliards de dollars, et celui des édulcorants de sucre à 19 milliards.

70. L'éthanol, ou alcool éthylique, est produit soit par synthèse, soit par fermentation et distillation de substrats agricoles (betterave ou canne, céréales ou produits de la vigne). Pour la filière sucre, la production se fait par fermentation du sucre contenu dans les jus extraits de canne ou de betterave, dans les sirops issus de la cristallisation ou dans la mélasse.

Volumes relatifs des marchés du sucre et des édulcorants

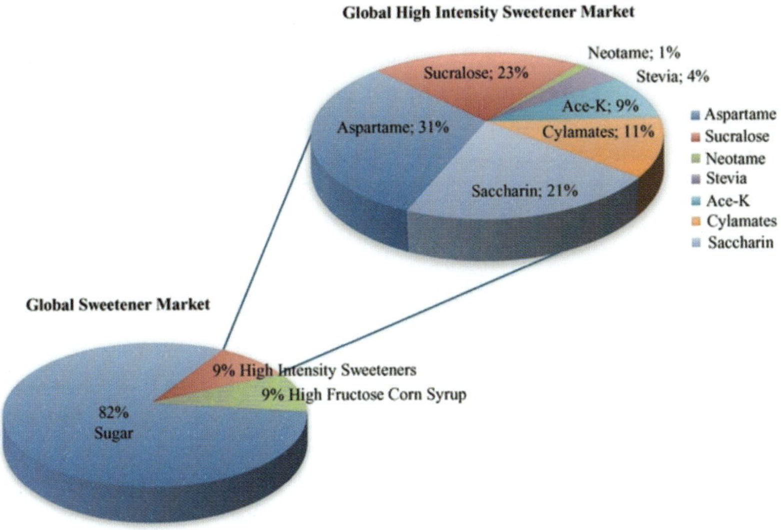

Source : Family Health Chiropractic

E7.4. Dates-clefs du développement de la betterave sucrière

La betterave sucrière (*Beta vulgaris* subsp. *vulgaris* var. *saccharifera*) a été sélectionnée à partir de l'espèce sauvage *Beta vulgaris* subsp. *maritima* native d'Europe, d'Afrique du Nord, d'Asie de l'Ouest et du Centre.

Fin du XVIe s. : Olivier de Serres (1539-1619) signale la présence de sucre dans la racine de betterave rouge.
1747 : Le chimiste allemand Andreas Sigismund Marggraf (1709-1782) extrait ce sucre (saccharose) pour la première fois sous forme cristallisée.
1802 : Établissement de la première sucrerie de betterave à Kunern en Silésie (Pologne de l'Ouest).
1806 : Coup d'envoi de l'industrie de la betterave sucrière française par Napoléon Ier (1769-1821) suite au blocus continental anglais qui rendait le sucre de canne hors de prix
1811 : Première extraction industrielle du sucre par le chimiste français Jean-Baptiste Quéruel (1779-1845)
1812 : Création de la betterave à teneur en sucre de 7 % par Franz Karl Achard (1754-1821) qui a débuté sa sélection en 1784
Années 1830 : Introduction de l'espèce en Amérique du Nord.

1850 : Industrie du sucre de betterave bien établie en Europe et introduction de l'espèce en Russie tsariste, dont Ukraine.
1856 : Début de la sélection familiale moderne de la betterave sucrière et mise au point de la méthode de sélection généalogique par Louis de Vilmorin (1816-1860). Le rendement de la betterave sucrière monte autour de 10 tonnes de racines par hectare.
1870 : Première grande sucrerie américaine établie à Alvarado en Californie.
1906 : Introduction de l'espèce en Chine.
1942 : Auto-fertilité (locus *Sf*) découvert par F. V. Owen.
1945 : Découverte par F. V. Owen de la stérilité mâle cytoplasmique et développement d'une technique de sélection d'hybrides 100 % purs.
1948-1950 : découverte de plants monogermes dans la variété américaine Michigan-Hybrid 18 par le généticien russe V. F. Savitsky (1902-1965), qui met fin à la corvée du démariage des plants issus des graines polygermes antérieures (gène récessif unique).
Années 1950 : Introduction de l'espèce en Inde.
Années 1970 : Développement de techniques de culture *in vitro* de la betterave.
Années 1990 : Développement de diverses techniques de marquage moléculaire.
2005 : Lancement de la première betterave OGM (tolérance au glyphosate).
2014 : Séquençage du génome de la betterave cultivée (2n=2x=18, estimé entre 714 et 758 Mb et sélection génomique.
Années 2020 : Le rendement de la betterave sucrière atteint ou dépasse 80 tonnes par hectare. La teneur en sucre atteint 18 à 20 % en moyenne.

Parmi les plantes de grande culture, la betterave sucrière est l'une de celles qui ont depuis deux siècles le plus progressé en termes de productivité et de qualité.

7.5. L'apparition de filières industrielles énergétiques

Historiquement, ce sont les cultures à vocation énergétique significative qui ont été les plus récemment développées par l'humain. Elles répondent initialement aux hausses de prix des carburants survenues dans les années 1970 et à la crainte de l'épuisement de l'extraction d'énergies fossiles. Ces cultures ont été facilitées par les progrès combinés de la chimie et de la génétique des plantes. Elles posent une question éthique lorsqu'elles dérivent de plantes alimentaires : peut-on transformer des denrées nutritionnelles en biocarburants commercialisables pour faire tourner des moteurs alors qu'une partie sigificative de l'humanité reste sous-alimentée ? L'emploi de biomasse non alimentaire et la recherche, initiée au XXIe siècle, d'une transition des ressources fossiles vers les renouvelables rebattent la donne de ce dossier complexe, dont l'atténuation des émissions de gaz à effet de serre constitue un point clef.

Principaux pays producteurs de biocarburants (en équivalent milliers de barils de pétrole par jour)

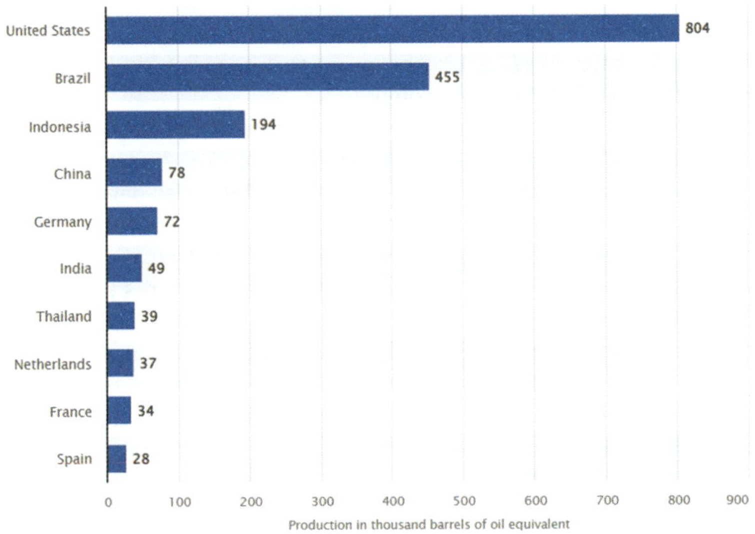

Source : Statista 2024

Il existe quatre manières de convertir des plantes en énergie : la combustion directe, la conversion thermique, la conversion biologique et la conversion chimique.
La combustion directe est très ancienne. C'est le feu qui transforme une biomasse, le plus généralement du bois, en chaleur et énergie, soit à l'échelle domestique, soit dans des usines.
Pour ce qui est de la conversion thermique, on utilise des températures élevées ; la biomasse est convertie en transporteur d'énergie (comme des gaz de synthèse), en pétrole ou en méthanol qui possèdent des propriétés énergétiques plus élevées et des caractéristiques de combustion plus élevées. Deux principaux procédés sont employés, la pyrolyse et la gazéification. Le premier intervient en l'absence d'oxygène, entre 400 et 800 °C, et transforme la fraction lignocellulosique du végétal en gaz, qui, en se condensant, forme une huile qui peut remplacer le fioul ou servir de matière première pour produire de l'essence ou du diesel ; il produit aussi du charbon de bois à partir de la lignine. Le second nécessite des températures de l'ordre de 800 °C et une oxydation partielle de la biomasse. Il produit un gaz à valeur calorifique moyenne, qui convient pour une distribution par canalisation limitée,

ainsi qu'un gaz de synthèse utilisable pour fabriquer du méthanol, de l'ammoniac et du diesel ; il produit aussi du charbon de bois.

La conversion biologique passe par la digestion anaérobique ou par la fermentation. La digestion anaérobique revient à décomposer différentes matières organiques – végétaux et aussi déchets alimentaires, déchets animaux, etc. – par des bactéries en l'absence d'oxygène. Il en résulte un biogaz composé de 60 % de méthane et 40 % de gaz carbonique, pouvant être brûlé et produire de l'électricité, ainsi qu'un résidu utilisable comme conditionneur de sol. La fermentation par des levures *(Saccharomyces cerevisiae)* suivie de distillation permet de convertir les sucres de plantes industrielles en bioéthanol ou autres alcools. Ce procédé est aussi applicable à l'amidon, donc aux céréales et à d'autres plantes, après une hydrolyse qui le réduit en sucres simples. Le bioéthanol est ensuite mélangé à de l'essence en des proportions variant selon les moteurs.

La principale voie de conversion chimique consiste en la transestérification d'huiles végétales qui produit du biodiesel et du glycérol.

Plus de 80 plantes ont été étudiées jusqu'à aujourd'hui à des degrés divers pour leur potentiel énergétique. Ce sont principalement des céréales : maïs *(Zea mays)* à grande échelle aux États-Unis, blé tendre *(Triticum aestivum)* surtout en Europe, sorgho et sorgho sucré (*Sorghum* spp.) ; des plantes sucrières : canne à sucre *(Saccharum officinarum)* à très grande échelle au Brésil, betterave *(Beta vulgaris)* en Europe ; des oléo-protéagineux : cameline *(Camelina sativa)*, colza *(Brassica napus)*, jatropha *(Jatropha curcas)*, soja *(Glycine max)*, tournesol *(Helianthus annuus)*, etc. ; mais aussi des plantes fournisseuses de biomasse : herbe à éléphant (*Miscanthus* spp.), peuplier (*Populus* spp.), saules (*Salix* spp.), etc. ; et enfin des algues (surtout les microalgues productibles en citernes, macroalgues).

Approche de production de biocarburants à base d'algues

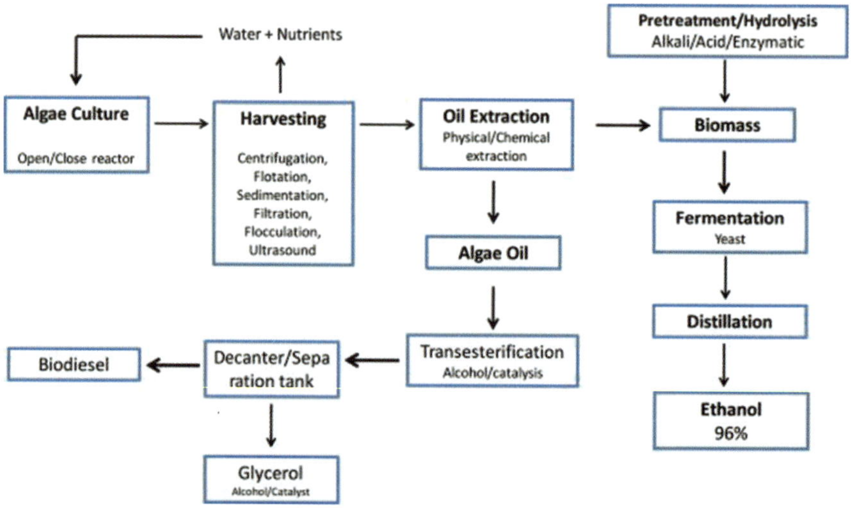

Source : Greenfield, 2023

E7.5. Biocarburants à base de microalgues : le futur ?

Pourquoi les microalgues, organismes unicellulaires présents dans l'eau douce comme dans l'eau salée, pourraient-elles demain offrir la meilleure matière première pour la production de biocarburants ?

Les microalgues contiennent en moyenne 30 à 50 % de leur poids sec en lipides, et pour certaines jusqu'à 85 %. Elles peuvent produire 30 fois plus d'huile par unité de superficie que les cultures d'oléo-protéagineux et n'interfèrent pas avec la production de cultures vivrières. Certaines transforment même ces lipides en hydrocarbures : *Botryococcus braunii* contient ainsi 30 à 40 % d'hydrocarbures.

Ces plantes minuscules peuvent dupliquer leur biomasse de manière considérable : en moyenne en 24 heures, mais en 2,2 heures seulement pour *Picochlorum renovo*. Elles sont assez aisément multipliables toute l'année en enceintes closes.

Les microalgues, qui disposent d'une photosynthèse plus efficace que celle des plantes terrestres, séquestrent le gaz carbonique émis par la combustion des énergies fossiles, à raison de 1,83 kg de CO_2 par kg de biomasse algale sèche.

Les microalgues peuvent en plus jouer un rôle dans le traitement des eaux usées en éliminant des composés toxiques de l'eau tel NH_4 ou des métaux lourds.

CHAPITRE 8

Des plantes et des hommes

8.1. Porphyre de Tyr et la défense du végétarisme

Même si l'espèce humaine est historiquement omnivore, parmi les philosophes de l'Antiquité grecque et romaine, nombreux furent ceux qui, génération après génération, adoptèrent et promurent un régime végétarien, principalement pour des raisons morales et religieuses : Pythagore, Empédocle, Anaxagore de Clazomènes, Socrate, Platon, Horace, Virgile, Ovide, Plutarque, Sénèque, Plotin et bien d'autres. Dans la Grèce antique, ce comportement n'allait toutefois pas de soi[71] : refusant de sacrifier des animaux aux dieux, les adeptes de ce régime choquaient même une grande partie de leurs contemporains et heurtaient d'autres penseurs, tels les péripatéticiens disciples d'Aristote, les stoïciens épigones de Zénon de Kition et certains épicuriens.

Parmi ces amoureux de la sagesse, le philosophe néoplatonicien d'origine phénicienne Porphyre de Tyr (234-305), disciple de Plotin et opposant au christianisme, dont l'œuvre féconde[72] ne nous est connue que par des bribes ou par son influence chez de nombreux auteurs grecs, latins ou arabes. Il nous a laissé un *Traité sur l'abstinence de la chair des animaux*[73] qui est considéré aujourd'hui comme l'un des premiers traités et des plus éloquents sur le végétarisme. Conçu comme une lettre adressée à un proche initialement végétarien qui a abandonné l'abstinence de la viande, son propos tente de convaincre celui-ci que son changement de comportement est erroné et incompatible avec une vie philosophique. Mesuré bien qu'élitiste, Porphyre concède dans le livre II de ce texte que « l'abstinence des animaux [...] n'est pas recommandée à tous les hommes : elle ne l'est qu'aux philosophes, et surtout à ceux qui font consister leur bonheur à imiter les dieux ». Son argumentation rejette l'idée que la santé humaine repose sur la consommation de viande. Il estime au contraire que l'abstinence de viande contribue à la préservation de la santé et à une élévation morale des individus, précisant que « ceux qui ne mangent que du pain d'orge, disait Diogène, n'ont dessein ni de nous voler ni de nous faire la guerre. Les tyrans et les fourbes sont tous mangeurs de viande. En diminuant les besoins, en retranchant une grande partie des aliments, nous soulagerons le travail de l'estomac ; l'esprit sera plus libre, n'ayant plus rien à craindre, ni des fumées des viandes ni des mouvements du corps ». La défense des droits des animaux dont il considère que la vie a la même valeur que celle des humains, en partie parce qu'il croit en la transmission des âmes et en la métempsycose[74], et aussi parce qu'il

71. Plus tard, le végétarisme des « parfaits » cathares fut considéré comme un signe d'hérésie.

72. Il fut surnommé de son vivant « la bibliothèque et le musée ambulants » en raison de la richesse et de la diversité de sa collection de manuscrits, qui couvrait des domaines aussi variés que la grammaire, la logique, l'astronomie, les mathématiques, la mythologie, la religion, l'histoire de la philosophie et l'histoire de la science éthique.

73. Porphyre. *Traité sur l'abstinence de la chair des animaux (livres I, II, III, IV)* traduit par Jean Lévesque de Burigny, paru en 1747 sous le titre *Traité de Porphyre touchant l'abstinence de la chair des animaux*, Paris, chez de Bure l'aîné.

74. Réincarnation successive de l'âme dans plusieurs autres corps, pas forcément humains.

pense qu'ils ont des capacités émotionnelles et cognitives égales ou proches de celles de l'homme, constitue l'assise morale de son végétarisme. Tuer des animaux lui paraît injuste et cruel, et conduire *in fine* les hommes à la guerre.

Comme tout régime alimentaire, le végétarisme présente à la fois des avantages et des inconvénients nutritionnels.
Au titre des avantages, sous réserve d'un minimum d'exercice et de la consommation de nutriments manquants sous forme de compléments alimentaires, le régime végétarien permet de réduire le taux de graisse dans le corps, de limiter la tension artérielle et le niveau de cholestérol, les risques de maladies cardiaques et de diabète de type 2. Apportant des fibres, il facilite la digestion. Toutefois, il ne guérit aucune maladie.
Pour ce qui est des inconvénients du végétarisme, l'un des plus notables est l'absence d'apport en vitamine B12 que le corps humain ne peut synthétiser et qui est vitale pour la synthèse de l'ADN et des acides gras, dans la production d'énergie à l'intérieur des cellules et pour le bon développement et fonctionnement de notre cerveau. Le lait et les œufs n'étant pas des ressources alternatives suffisantes, cette vitamine, tout comme la vitamine D, les oméga-3 et le calcium, doit être prise sous formes de compléments alimentaires.
En ce sens, les régimes semi-végétariens et flexitariens sont plus équilibrés.
Il reste qu'au niveau environnemental et éthique, le courant végétarien limite les besoins en terres consacrées au pâturage, la consommation d'antibiotiques et d'autres produits de synthèse administrés aux animaux d'élevage et évite de tuer des animaux.

E8.1. Végétarien, végétalien, végan, et autres

Le végétarisme est une pratique alimentaire qui remonte à la mythologie grecque et à son héros légendaire Orphée, fils du roi de Thrace Œagre et de la muse Calliope, qui exhortait ses contemporains à renoncer aux sacrifices sanglants et à la viande par respect pour les animaux, et même à la consommation d'œuf du fait de son symbolisme cosmogonique qui l'identifiait au principe créateur. Il exclut la consommation de viandes, de poissons et de fruits de mer, voire de certains de leurs produits dérivés. Même si le poète grec Hésiode (fin du VIIIe ou/et début du VIIe siècle av. J.-C.) est connu pour avoir distingué d'un point de vue philosophique l'humain des animaux en reprenant la tradition orphique dans son poème *Les Travaux et les Jours*, l'un des plus anciens philosophes et mathématiciens grecs, Pythagore (v. 580-v. 495 av. J.-C.) est considéré de nos jours comme le père du végétarisme, et l'on a longtemps nommé « pythagoriciens », les personnes ne consommant volontairement pas de viande. Il est à noter que parmi les disciples de son école coexistaient déjà plusieurs types de végétariens :

- des végétaliens, c'est-à-dire des végétariens stricts, rejetant les viandes, les poissons et les fruits de mer, mais aussi les produits laitiers, les œufs et d'autres produits animaux comme le miel.

- des lacto-végétariens consommant des produits laitiers mais pas d'œufs.
- des lacto-ovo-végétariens consommant des produits laitiers et des œufs.
- des pescétariens rejetant tout type de viande, mais consommant des poissons, des fruits de mer, des produits laitiers et des œufs.
- des semi-végétariens rejetant la viande rouge, consommant des produits laitiers, éventuellement de la volaille, des œufs, du poisson et des fruits de mers.

Depuis des siècles, ces pratiques se trouvent également liées à des degrés divers à des traditions asiatiques telles que l'hindouisme, certains courants bouddhistes ou le jaïnisme. En Occident, hors des cas isolés à la Renaissance comme Léonard de Vinci, il fallut attendre le début du XVIIIe siècle pour que des chrétiens contrarient leurs dogmes religieux et vantent notablement l'abstinence de viande. Ces comportements alimentaires ont trouvé de nouveaux adeptes au XIXe siècle dans les pays anglo-saxons autour de quelques leaders, tels le pasteur presbytérien et diététicien américain Sylvester Graham (1794-1851), le médecin et chirurgien américain adventiste John Harvey Kellogg (1852-1943), créateur éponyme avec son frère Will de la société inventrice des *corn flakes*, ou le médecin-diététicien suisse Maximilian Bircher-Benner (1867-1939), créateur des mueslis. Par la suite, l'Union végétarienne internationale a été créée en 1906. En 1944, le Britannique et objecteur de conscience Donald Watson (1910-2005), son épouse Dorothy et quatre amis ont amplifié la pensée végétarienne en créant la Vegan Society, base de la culture végane (ou véganisme) fondée sur le refus de l'exploitation, de la souffrance et de la cruauté envers les animaux. En conséquence, les végans ne s'alimentent pas de produits animaux (miel inclus), ne portent ni laine, ni cuir, ni soie et refusent médicaments et cosmétiques testés sur des animaux.

Plus récemment, dans les années 1990, le journaliste américain et chroniqueur culinaire Mark Bittman a inventé le terme « flexitarien » pour qualifier les personnes, souvent urbaines et sédentaires, qui réduisent fortement leur consommation de viande et de poisson sans pour autant s'affirmer végétariennes. Même si l'on peut constater une convergence de pratiques alimentaires, il s'agit là plus d'une réflexion sur l'adéquation de nos besoins nutritionnels à la réduction de nos efforts physiques et sur la sensibilisation des consommateurs aux impacts environnementaux des produits carnés que d'une pensée philosophique.

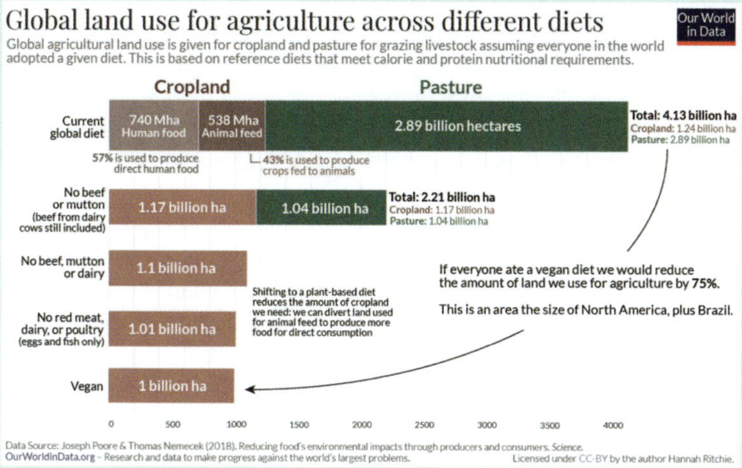

Les régimes végétariens et à prédominance végétale sont à la mode dans les sociétés industrialisées. Le changement climatique, l'urbanisation massive de la planète, la diminution de la biodiversité et la surpêche pourraient faire émerger un renforcement de ces pratiques alimentaires et les positionner à terme dans un nouvel ordre moral incluant tous les êtres vivants.

8.2. Le Grand Vol du théier par Robert Fortune

À partir de la fin du XVIIIe siècle, ayant confié à la Compagnie des Indes orientales le monopole du commerce avec la Chine, la Grande-Bretagne importe du thé chinois (ainsi que d'autres produits : porcelaine, soie, etc.) à partir du seul port de Canton, l'échangeant contre du coton indien et des paiements en monnaie d'argent. La balance commerciale était fortement déséquilibrée en faveur de l'Empire chinois, au grand dam des Britanniques qui ne tardèrent pas à réagir violemment. Dans les années 1830, ils ajoutèrent à leurs paiements de l'opium indien, une drogue tirée du pavot somnifère illégale à Londres mais utilisée dans la médecine traditionnelle chinoise. Ces apports qui débouchèrent sur le développement des usages récréatifs en Chine ne tardèrent pas à y générer des millions de toxicomanes et une opposition de l'empire Qing à ces importations qui provoquaient une fuite de ses finances hors de ses frontières. Deux guerres de l'Opium s'ensuivirent en 1839-1842 et en 1856-1860, qui affaiblirent considérablement la Chine et aboutirent à des traités

inégaux. Ainsi les Britanniques forcèrent-ils l'opium à entrer en Chine, juste pour pouvoir jouir de leur tasse de thé quotidienne !
En 1823, alors que la Grande-Bretagne importait et consommait de plus en plus de thé chinois, le mercenaire écossais Robert Bruce (1789-1824) découvrit en Inde les théiers indigènes de l'Assam et le thé fermenté qui y était produit. Son frère Charles initia la culture de ces théiers qui aboutit en 1839 à la première vente de thé d'Assam à Londres, mais les productions en forêt y étaient difficiles et insuffisantes pour couvrir les attentes britanniques.
C'est là qu'intervient le botaniste écossais Robert Fortune (1812-1880), né dans une famille pauvre du Berwickshire et connu pour son caractère intrépide et bourru. Formé à 28 ans au jardin botanique d'Édimbourg par le fameux horticulteur William McNab (1780-1848), puis entré au mérite à la Royal Horticultural Society de Chiswick à Londres, il fit ses premières armes en Chine à compter de 1842 à la suite de la signature du traité de Nankin qui mit fin à la première guerre de l'Opium, et y vécut jusqu'en 1844 – officiellement pour y récolter des plantes, ce qu'il fit en collectant notamment des pivoines à fleurs bleues, du jasmin d'hiver et des pêchers, mais aussi pour reconnaître le terrain et probablement, vu le contexte alors très instable de l'Empire chinois, y faire du renseignement pour le compte du pouvoir britannique. À son retour à Londres, Robert Fortune publia son Journal de voyage officiel sous le titre *Three Years' Wanderings in the Northern Provinces of China*.

En 1848, une seconde mission en Chine organisée, secrètement cette fois, par la Compagnie britannique des Indes orientales lui confia pour un salaire cinq fois supérieur à ce qu'il gagnait jusque-là, la mission de « trouver et rapporter des graines et des plants d'arbustes de thé destinés aux plantations de l'**Honorable East India Compagny,** des régions de Chine où sont produits les meilleurs thés[75] et de percer les secrets de la fabrication des thés chinois (thés verts, thés noirs, thés semi-fermentés, etc.) de diverses régions chinoises. L'objectif derrière cette mission était la prise du contrôle du commerce mondial du thé par les Britanniques. Pénétrer à l'intérieur de la Chine pouvait entraîner la mort pour un étranger. Dans un premier temps, Robert Fortune recruta à prix d'or des Chinois pour accomplir sa mission et collecta quelque 10 000 graines et 13 000 plants de théiers qu'il adressa secrètement par bateau de Hong Kong à Calcutta. Durant le transport, la cargaison fut mal soignée : à l'arrivée, les 10 000 semences étaient pourries, et seuls 1 000 des 13 000 plants avaient survécu, sur lesquels seulement 80 purent prendre racine. Face à cet échec retentissant, Robert Fortune décida de s'impliquer lui-même dans l'action. Se faisant appeler Shing Wah (littéralement « Fleur brillante ») et se présentant comme un officiel de haut rang provenant d'une lointaine province « derrière la grande muraille de 10 000 li », accompagné de guides, vêtu en Chinois, le crâne rasé porteur d'une longue natte de cheveux comme c'était alors l'usage, et parlant tant bien que mal le mandarin, il voyagea par jonque, en chaise à porteurs et souvent à pied durant trois ans en terrain hostile aux

75. https://www.divinithe.com/robert-fortune-botaniste-espion-et-voleur-de-the/

Occidentaux, essentiellement dans les Huangshan (Montagnes jaunes) de l'Anhui réputées pour leurs thés verts et dans les monts Wuyi du Fujian, producteurs de thés semi-fermentés et fermentés dits noirs, mais aussi au Guangdong, au Zhejiang et au Jiangsu.

Carte du voyage de collecte de thés par Robert Bruce en Chine

Source : Terre de thés[76]

Cette existence à la Indiana Jones lui permit de collecter, au risque de sa vie, de nouvelles graines et plants de théiers dont la rarissime variété Da Hong Pao réservée au culte des dieux et à l'empereur, qu'il réussit à transférer en 1851, cette fois en bon état, à Calcutta dans de petites caisses de Ward (petites serres portatives mises au point vingt ans plus tôt par le docteur Nathaniel Bagshaw Ward), laissés sans arrosage à la lumière. Il rapporta aussi les enseignements recherchés (températures, climats et sols les plus favorables à la culture du théier, taille des jardins de théiers, conservation des semences, méthodes pour sécher le thé vert, ingrédients, soins aux jeunes plants, fabrication des thés noirs, compression des thés noirs, différences entre thé vert et thé noir, instruments de manipulation du thé, commerce et transport du thé, etc.). Extrêmement pratique, il put aussi la même année compléter ces données en transférant huit Chinois spécialistes de la fabrication du thé dans les plantations anglaises d'Uttar Pradesh, sur les contreforts de l'Himalaya, en Inde.

76. -https://www.google.com/maps/d/viewer?msa=0&ll=29.353447941697283%2C118.74572799999999&spn=1.395668%2C2.705383&mid=1FnV2W3OVspNyGecbhali6AdEPxA&z=8

Production mondiale de thé par principaux pays producteurs et consommation de thé par tête et par pays en 2020

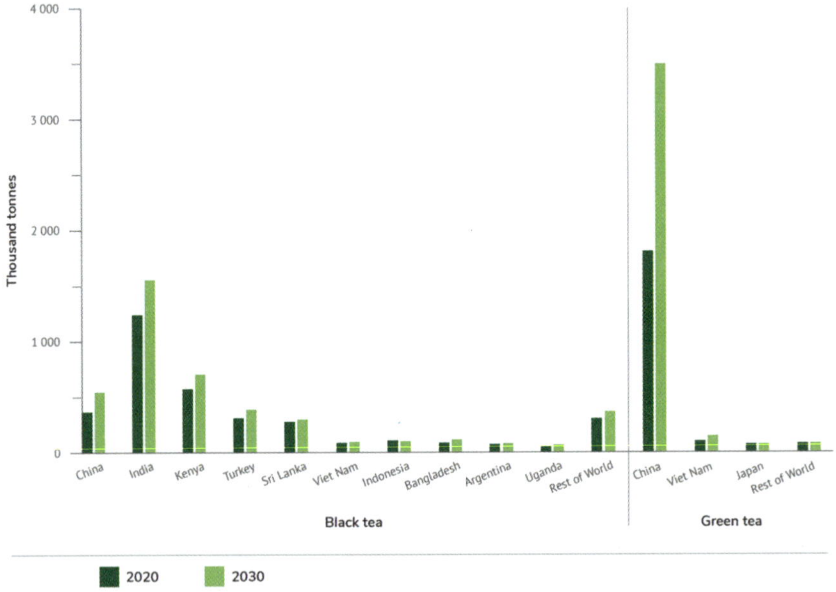

Source: FAO/EST (2022).

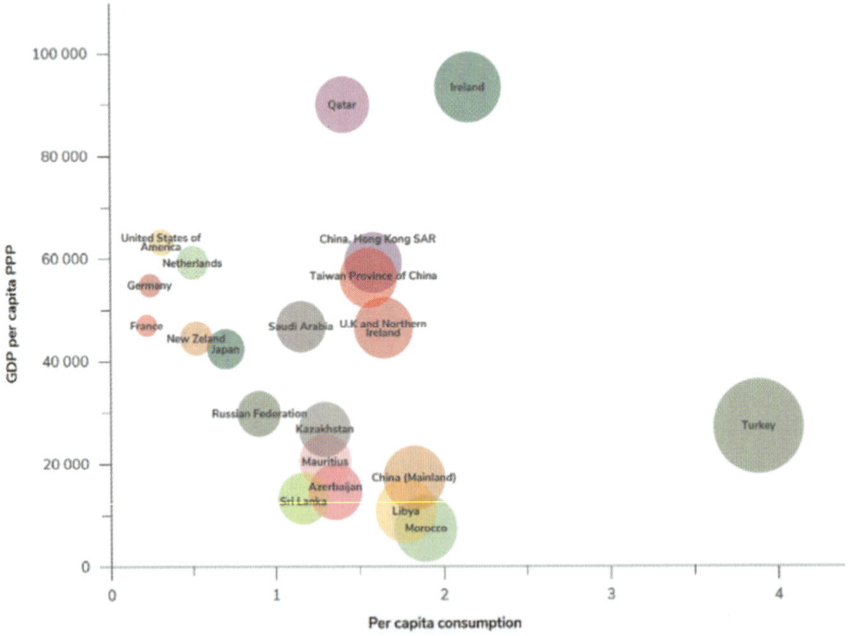

Source : FAO.

Après ce « vol historique » qu'il commenta sans vergogne comme un triomphe du génie britannique dans son second livre *A Journey to the Tea Countries of China* dès 1852, la première plantation de thé chinois en Inde vit le jour en 1856 à Darjeeling. C'est ainsi qu'est née l'industrie du thé en Inde qui devait ravir le monopole de ce breuvage à la Chine. Depuis les années 1950, la Chine est redevenue le premier producteur de thé de la planète : elle produit actuellement 35 % du thé mondial avec un peu plus de 3 millions de tonnes annuelles devant l'Inde (21 %), le Kenya (8 %), le Sri Lanka (7 %) et la Turquie (5 %).

Plus tard, Robert Fortune fit deux nouveaux voyages en Chine (1853-1856, 1858-1859) pour y recruter de nouveaux ouvriers du thé ; celui qu'il fit au Japon et à Taïwan (1860-1862) principalement pour observer les cultures du riz et l'élevage du ver à soie lui permit de collecter plus de 120 espèces de plantes qu'il rapporta en Europe ; parmi elles, de nombreuses variétés d'azalées, de pivoines arbustives et herbacées, des chrysanthèmes et aussi le kumquat. Il publia deux autres ouvrages les évoquant à côté de ses souvenirs des contrées et des mœurs des populations qu'il avait rencontrées, qui eurent un grand succès : *A Residence among the Chinese* en 1857 et *Yedo*[77] *and Peking* en 1863, avant de s'installer en Angleterre pour y vivre, avec ses droits d'auteur, une retraite confortable de colonial avant de mourir à Chelsea en 1880, adulé par la reine Victoria mais non pas anobli.

E8.2. Origines chinoises et large diffusion tardive de l'arbre à thé

Le théier *(Camellia sinensis)* est un arbre diploïde à feuilles persistantes d'Extrême-Orient de la famille des Théacées (2n = 2 x = 30, génome d'environ 3 Gb) et du genre *Camellia*, très apprécié au niveau ornemental pour ses magnifiques floraisons. Il peut croître à 10-30 m, voire plus à l'état spontané, et vivre plus de 3 000 ans ; quand il est cultivé, il est fréquemment taillé autour de 1 m de haut. Son ancêtre *Camellia taliensis* est un grand arbre des forêts tropicales à subtropicales du sud-ouest de la Chine et du nord de l'Indochine dont les botanistes ont identifié 3 sous-groupes.

... / ...

77. Ancien nom de Tokyo.

Carte des 3 groupes de *C. taliensis* au Yunnan avec en bleu clair la zone de domestication du théier

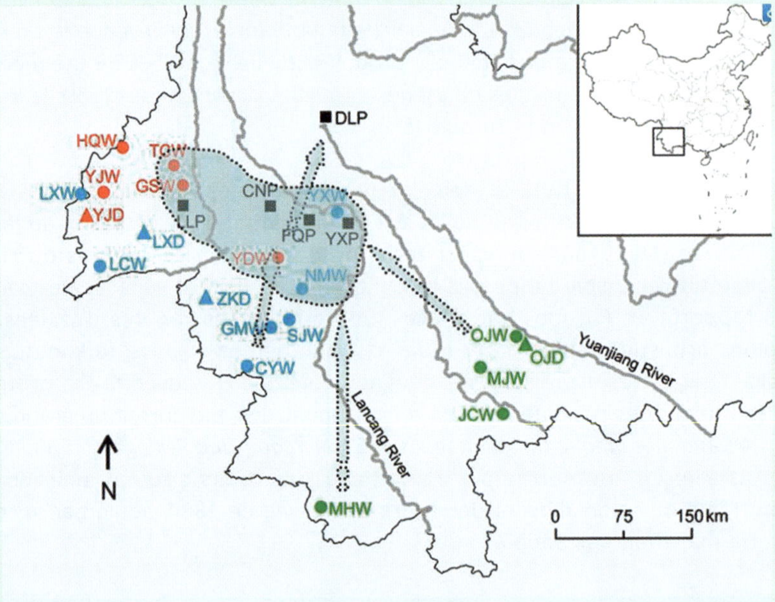

Source : Liu *et al.*, 2012.

Sa domestication a débuté il y a plus de 4 000 ans en Chine dans la province montagneuse du Yunnan, dont le nom signifie littéralement en mandarin « au sud des nuages ». Deux sous-espèces de théiers cultivés et trois types en sont issus :

– *Camellia sinensis* var. *sinensis*

C'est la sous-espèce la plus ancienne et la plus cultivée. Elle est buissonnante et à floraison abondante, mesure de 3 à 10 m, mais est généralement taillée à 1 m dans les « jardins de thé », cultures pérennes disposées en rangs parallèles comme le sont les vignes en Europe. Robuste et relativement tolérante à la sécheresse, elle n'est pas affectée par les altitudes élevées et des températures assez basses. Ses feuilles sont petites (environ 8 cm), épaisses, vert foncé.

– *Camellia sinensis* var. *assamica*

Cette sous-espèce se présente sous forme d'arbustes ou d'arbres à floraison éparse et n'est pas ou peu taillée. On en distingue deux types très voisins : *Camellia sinensis* var. *assamica* type *chinois* et *C. s.* var. *a.* type *indien* qui est le plus grand des deux et peut croître jusqu'à 20 m, rendant sa récolte périlleuse. Ces deux types apprécient les collines de moyenne

altitude et les zones de mousson à pluviométrie abondante. Ils portent de grandes feuilles (jusqu'à 20 cm), souples, vert clair.
À ces trois types de thé, il convient d'ajouter les hybrides qui peuvent se former entre eux.

Dans la mythologie chinoise, la découverte du thé et de ses qualités est attribuée à une des épouses du légendaire empereur Shennong (littéralement, le « Divin agriculteur ») au XXVIIe siècle av. J.-C. Effectuant une promenade en forêt, elle aurait préparé de l'eau bouillie sur un petit feu de bois pour désaltérer son époux. Une feuille de théier y serait fortuitement tombée aromatisant le breuvage. Petite cause, grands effets : l'empereur ne put plus s'en passer, et l'usage de cette boisson se généralisa. Un proverbe chinois affirme depuis : « Boire du thé vous fait oublier que le bruit du monde existe. »

À partir du Yunnan, selon les archéologues, la diffusion du théier et de l'usage du thé suivit les bassins des grands fleuves le traversant – Yangtze, Mékong, Irrawaddy et Brahmapoutre, tant au nord que dans le sud. De grandes quantités de thé ont été trouvées dans la tombe de Jing Di, sixième empereur de la dynastie Han (188-141 av. J.-C.), qui devait en être un grand amateur, même si ce n'est qu'au milieu du IIIe siècle que le thé se répandit comme boisson en Chine. On sait que le thé fut commercialisé par la Chine au royaume du Tibet dès ce même IIIe siècle et qu'il aurait été introduit au Japon dès 589[78]. Plus tard, un marchand arabe mentionne dans un rapport le thé de Canton en 879, et Marco Polo en parle en 1285 dans ses récits de voyage. À partir du XIVe siècle, sous la dynastie des Ming, le théier est planté dans tous les régions de Chine propices à sa culture, soit dans dix-neuf provinces d'aujourd'hui. En 1560, le thé ramené de Chine par le dominicain Gaspar da Cruz est dégusté pour la première fois en Europe à la cour du Portugal, puis en 1606 en Hollande, en Russie en 1618 et en France, sous Louis XIII, en 1636. L'Angleterre, important du thé de Hollande, découvre cette boisson exotique en 1636. La Compagnie des Indes orientales ayant obtenu entre 1669 et 1834 le monopole de l'importation du thé de Chine, les Britanniques n'ont plus lâché depuis leur *« cup of tea »* lors de leur rituel *« five o'clock*[79] ».

Le théier fut ensuite diffusé et cultivé au Brésil (1812), en Géorgie (1847), au Sri Lanka (1850), en Afrique du Sud (1877), en Iran et en Turquie (fin XIXe s.),

78. En 805, des moines japonais ont rapporté des graines de théier de Chine, mais il fallut plusieurs siècles pour que la culture du théier devînt significative dans l'archipel nippon et que l'on y codifiât la cérémonie du thé ou *« chanoyu »*.

79. Du point de vue de l'efficacité du travail, il n'est pas neutre de constater aujourd'hui que la collation du thé a lieu en fin d'après-midi alors qu'en France et dans les pays latins, la pause café a lieu vers 10 heures du matin...

au Pérou (fin XIXe s.), au Kenya (1903), au Malawi et en Tanzanie (1905), en Ouganda (1909), au Cameroun (1914), au Zimbabwe et au Mozambique (1920), au Bangladesh (1947), au Rwanda et en Argentine (1951), au Vietnam (1955), en Papouasie-Nouvelle-Guinée (1964). Il en existe même de rares producteurs aujourd'hui en France.

Le thé est aujourd'hui la première boisson du monde après l'eau, loin devant le café, le vin et les sodas. Sa consommation continue de croître d'environ 4,5 % l'an, incluant désormais la forme traditionnelle de le consommer, chaud, le thé glacé et nombre de boissons fraîches aromatisées au thé ! Son marché mondial, estimé à plus de 51 milliards de dollars en 2023, devrait selon les spécialistes atteindre 68 milliards de dollars en 2028.

8.3. Culture des macroalgues et Kathleen Drew-Baker

Si depuis la nuit des temps les populations humaines du globe se nourrissent et parfois se soignent avec des espèces de macroalgues très différentes selon les régions, il semble bien que les débuts de leur culture, c'est-à-dire leur domestication, remontent au XVIIe siècle quasi simultanément avec la culture d'algues rouges *Pyropia* spp[80].,

80. Dénommées *Porphyra* spp. auparavant.

en Chine (localement appelées *«zaicai»*), en Corée *(«gim»)* et au Japon *(«nori»*[81]*)*. Ces algues riches en protéines (32 à 44 % de la matière sèche) et à la valeur calorique exceptionnelles (560 à 810 kJ/100 g) contiennent iodine, potassium, fer, zinc, magnésium et calcium ainsi que vitamines A, B2, B3 et B9 mais aussi fibres, antioxydants, acides gras polyinsaturés, etc. Elles sont récoltées sauvages et consommées crues depuis plus de 10 000 ans en Extrême-Orient, puis cuites dans l'eau de mer depuis au moins 6000 av. J.-C. Elles présentaient un grand intérêt pour les peuples de cette région. Même si l'on n'en connaissait pas de semences, il semble que leur culture débuta de manière empirique lorsque des populations côtières jetant des bambous dans les baies peu profondes de la contrée-constatèrent que de jeunes filaments de *Pyropia* y apparaissaient chaque année aux côtés du naissain des huîtres qu'ils élevaient, apportés par les marées. Transplantées dans les estuaires riches en nutriments, ces algues rouges se développaient ensuite et y étaient plus ou moins facilement récoltées selon les années, au point qu'au Japon, où elles étaient particulièrement appréciées, on en vint à surnommer ces plantes « l'herbe de la chance » ou encore « l'algue des parieurs » : il fallait en effet avoir beaucoup de veine certaines années pour collecter du *nori*. Après la Seconde Guerre mondiale, avec la pollution générée par les nouvelles industries côtières et une série de violents typhons, la production traditionnelle japonaise de *nori* avait presque disparu en 1948.

Par le plus grand des hasards, un événement imprévu était survenu quelques années auparavant en Grande-Bretagne, qui ferait bientôt du *nori* une industrie florissante. Une chargée de cours britannique de l'université de Manchester, Kathleen Mary Drew (1901-1957), qui étudiait le cycle végétatif d'une algue comestible des côtes du Pays de Galles, *Porphyra (Pyropia) umbilicalis* localement appelée *« laver »* et toujours consommée dans la région sous forme de soupe ou de pain, venait d'être licenciée en 1928 parce qu'elle avait épousé un autre scientifique, le professeur Henry Wright-Baker : l'université de Manchester n'employait pas de femmes mariées.
Mme Drew-Baker, aidée de son mari, créa un modeste laboratoire en bord de mer afin de poursuivre ses recherches par pur intérêt scientifique ; en effet, elle n'y était pas payée. Ses travaux prirent un tour nouveau lorsqu'ils lui permirent de repérer en mer durant les mois d'été ce qui semblait être une autre espèce marine dite *Conchocelis rosea*, formée d'organismes monocellulaires, apparaissant sous l'aspect de boue rose à l'intérieur de coquillages morts, tandis que le *laver* se développait surtout durant les mois d'hiver. Comprenant qu'il ne s'agissait pas de deux espèces différentes, mais d'une seule et même algue à différents stades de son cycle de vie – une gamétophytique à n chromosomes mâles ou femelles et une sporophytique à 2 n chromosomes –, elle publia ses résultats dans l'article « Conchocelis-Phase in the Life-History of *Porphyra umbilicalis* » dans la prestigieuse revue *Nature* en 1943.

81 C'est durant l'ère Edo (1603-1868) que les Japonais débutèrent la production de feuilles séchées de *nori*, pour les consommer comme on le fait encore.

Cycle végétatif de l'algue rouge *Pyropia (Porphyra) umbilicalis*

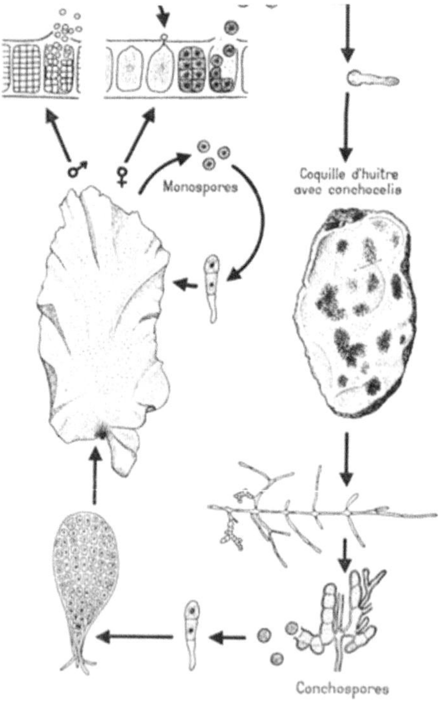

Gamétophyte (n) Sporophyte (2n)

Source : Biodeug.com

Plusieurs experts japonais du domaine des algues prirent très tôt connaissance de cet article et mesurèrent l'importance de cette découverte. Ils vérifièrent que les stades de reproduction du *laver* gallois étaient similaires à ceux de l'espèce cousine qu'était le *nori* japonais, qui passait par la fixation de spores sur les bambous. Ils comprirent aussi que le *nori* avait cessé de prospérer à cause de la pollution des fonds marins. L'un de ces chercheurs, Segawa Sokichi (1904-1960) de la station marine biologique de Shimoda et de l'université de Kyushu, inventa ensuite avec d'autres scientifiques et des pêcheurs la recette de production industrielle de spores de *nori* dans des citernes. Aujourd'hui, tous les producteurs de cette algue, du Japon à la Chine en passant par l'Asie du Sud, emploient encore cette méthode. Ainsi des feuilles standardisées[82] de *nori* peuvent-elles envelopper, entre autres usages, les rouleaux de sushis de plus en plus demandés tout autour de la planète. Les Japonais ont aussi remplacé depuis longtemps les bambous par des cordages, des filets ou des matériaux synthétiques qui facilitent les récoltes.

82. Les Japonais consomment à eux seuls 10 milliards de feuilles de *nori* par an, essentiellement *Pyropia tenera* et *P. yezoensis*. Le standard est 18 x 20 cm pour un poids de 3 g.

Si Mme Drew-Baker ne visita jamais le Japon durant sa courte existence, son travail bénévole permit de cultiver durablement le *nori* qui était en train de disparaître et ne paraissait pas industrialisable. Les Japonais reconnaissants connaissent tous son nom et l'ont honorée des titres de « Mère du *nori* » ou de « Mère de la mer », et chaque année un festival a lieu en sa mémoire le 14 avril dans la ville côtière d'Uto de l'île de Kyushu qui lui a érigé un mémorial. En Grande-Bretagne, elle fut aussi élue première présidente de la British Phycological Society en 1952.

Dr Kathleen Mary Drew Baker

E8.3. Marché mondial des algues cultivées en forte hausse et passage de la production à la sélection

Selon la FAO, le marché mondial des macroalgues est passé de 0,56 million de tonnes en 1950, à près de 5 millions de tonnes en 1980, à 36,3 millions de tonnes en 2023, dont 93 % étaient cultivées et seulement 3 % résultaient de collectes de populations sauvages. Il est largement dominé par les pays asiatiques (Chine, Indonésie, Philippines, Corées, Japon, Malaisie, etc.) qui représentent 90 % de la production, et la part de l'Union européenne est marginale avec 0,28 %. Deux marchés principaux coexistent : l'alimentation humaine avec de multiples macroalgues qui peuvent être consommées fraîches, congelées comme des légumes ou transformées ; et l'industrie des texturants (alginates, agar-agar, carraghénanes) employés massivement dans l'agro-alimentaire comme agents gélifiants, texturants en remplacement des gélatines animales, émulsifiants ou stabilisants. En outre, divers marchés de niche sont en train de s'émanciper et de prendre de plus en plus de volume : cosmétiques et santé humaine, biotechnologies, alimentation et santé animale, engrais et biostimulants des plantes terrestres, etc. En 2050, la production mondiale des macroalgues devrait dépasser les 50 millions de tonnes et toucher au moins 1 million de km^2 de côtes marines peu profondes autour des terres émergées. D'ici l'échéance de 2050, l'intensification de l'aquaculture des algues paraît impérative pour nourrir plus de 9 milliards d'humains tout en progressant sur divers objectifs de développement durable prônés par les Nations unies.

... /...

Au niveau commercial, le marché mondial des algues était estimé à 16,6 milliards de dollars en 2023 et devrait monter à 35,1 milliards de dollars d'ici 2030, avec un taux de croissance annuel de 6,7 %, tiré par une demande croissante de produits à base d'algues dans l'alimentation, les cosmétiques, la santé et l'agriculture, une demande qui devrait encore s'accroître d'ici 2050.

Les cultures restent concentrées à plus de 80 % dans quatre genres botaniques – *Laminaria* et *Undaria*, qui font partie des algues brunes, et *Pyropia* et *Gracilaria*, qui sont des algues rouges. Toutefois, bien que le nombre d'espèces cultivées ne cesse d'augmenter et comprenne désormais aussi quelques algues vertes, la biodiversité algale est immense et nous offre encore un potentiel très important d'algues à domestiquer.

Potentiel des macroalgues

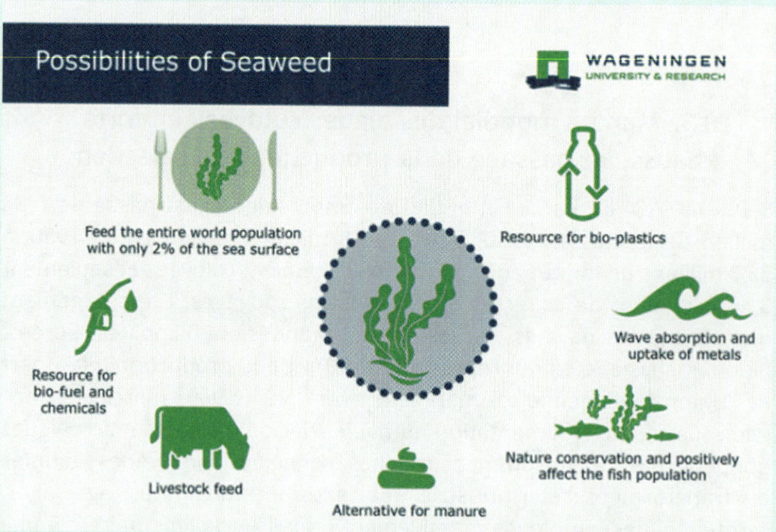

Source : Wur, Wageningen

L'autre grande tendance de ces dernières années est la recherche en vue de l'amélioration variétale des souches d'algues soit pour des objectifs conventionnels de sélection, soit face au réchauffement climatique (piégeage du carbone, désacidification des océans, durabilité de la ressource malgré le réchauffement des mers, etc.). Elle est rendue possible par les progrès du séquençage des génomes, de la biologie moléculaire et de l'édition de gènes.

8.4. Le riz hybride et le rêve du Professeur Yuan Longping

J'ai connu le professeur Yuan Longping (袁隆平, 1930-2021), agronome et sélectionneur de riz asiatique *(Oryza sativa)*[83], et travaillé avec lui et ses équipes en Chine sur cette céréale aquatique durant les années 2000 alors que j'étais moi-même le représentant général du groupe Limagrain en Chine. Il était alors directeur général du Centre national chinois de recherche et de développement du riz hybride, établi à Changsha, capitale de la province du Hunan située dans le sud du bassin moyen du Yangtze, et il aimait à répéter fréquemment « Chacun dans le monde devrait avoir assez pour se nourrir. »

Prof. Yuan Longping avec l'auteur de ce livre, Changsha, Hunan, Chine, mars 2007 ®Y. Zhao-Bonjean

C'était un homme de petite taille, mince, à la tête ronde, au front large ridé par le soleil, aux pommettes saillantes et aux yeux pétillants. Bien que déjà âgé, il était en bonne forme physique et vivait simplement avec son épouse Deng Ze. Remarquablement intelligent, il partageait sa vie, sous le régime du Parti communiste chinois, entre sa vocation de sélectionneur au service des riziculteurs du monde entier et le statut national de « Père du riz hybride » que lui avait conféré le Parti communiste chinois. En effet, pour accaparer à sa cause les dividendes de son œuvre, le régime avait fait de lui une sorte de « Stakhanov asiatique », infiniment médiatisé et respecté par ses contemporains.

Quand je le rencontrai souvent avec mon épouse Yunfang, je trouvai un homme avec qui il était facile de discuter. Il nous raconta que sa vocation de sélectionneur de riz était née durant son enfance où il avait connu la faim, et s'était confirmée au cours du « Grand Bond en avant » de Mao Zedong, qui, de 1958 à 1961, eut pour but idéologique de collectiviser et d'industrialiser l'agriculture et finit en

83. Le riz asiatique possède deux grandes sous-espèces, *O. sativa* subsp. *indica* qui pousse essentiellement dans la vallée du Yangtze dans le sud de la Chine, en Inde et dans divers pays plus ou moins tropicaux, et *O. sativa* subsp. *japonica*, plus autogame, présent dans les zones tempérées et tropicales d'altitude ; il existe aussi d'autres sous-espèces moindrement distribuées, la plus connue étant le riz basmati aromatique. À noter qu'un autre riz a été domestiqué, le riz africain, *O. glaberrima*, dont la culture est en déclin.

catastrophe (entre 20 et 55 millions de morts selon les sources). Formé à la biologie à l'université nationale centrale de Nankin, puis à l'agronomie dans ce qui est aujourd'hui l'université du Sud-Ouest, de Chongqing, il se spécialisa dès le début de sa carrière en 1952 dans la sélection de riz à grande productivité à l'hectare, dans une école d'agriculture à Anyang au Hunan. Dans cette région, il est possible de mener, une même année, sur le même sol, deux cultures successives de riz pluvial en rizières. Ses recherches l'amenèrent aussi dans l'île de Hainan en zone tropicale où la chaleur permet trois cultures de riz par an. Comme il me le dit un jour, « vivant à la campagne comme un paysan, je n'ai pas été ennuyé par les politiques durant les périodes de grande tension. Ils ne comprenaient rien à ce que je tentais de faire ». Jusque-là le riz était sélectionné en Chine sous forme de populations ou de variétés lignées pures, car l'espèce y était vue comme une plante autogame se reproduisant par autopollinisation. Cependant, comme il avait acquis des compétences en biologie occidentale au cours de ses recherches, le professeur Yuan Longping connaissait le concept d'hétérosis, c'est-à-dire de vigueur hybride ou gain de productivité survenant entre plantes issues du croisement de lignées pures, obtenues en autofécondant plusieurs fois des géniteurs. En 1964, il trouva un hybride naturel sauvage, ce qui l'amena à proposer une nouvelle théorie. Son hypothèse était qu'il fallait utiliser, pour la production de semences hybrides, une souche mâle stérile de riz naturellement mutée ; mais on ne connaissait pas encore de tels variants. Deux ans plus tard, après les avoir trouvés, il réussit à prouver que sa théorie était réalisable pour produire du riz hybride. Cependant, ses premiers hybrides expérimentaux ne présentaient pas de gain de productivité suffisant par rapport aux variétés lignées du moment. Ils ne furent donc pas lancés, et cet échec l'amena à concentrer ses recherches sur les ressources génétiques sauvages. Lorsqu'en 1970, un de ses collaborateurs trouva une stérilité mâle cytoplasmique dans une population de riz sauvage du sud de la Chine, il sut la fixer dans une lignée de riz uniquement femelle qu'il employa en la combinant avec du pollen de diverses variétés de riz, utilisées comme mâles, pour créer ses premiers hybrides. Ayant monté diverses expérimentations pour les comparer, il retint les plus productifs et lança très rapidement la production de semences hybrides. Sa meilleure variété hybride, Nan-You N°2, présentant des gains de rendement de 20 % par rapport aux variétés-lignées élites de l'époque, fut lancée en production en 1974 et bientôt adoptée par les paysans du sud de la Chine avant d'être retenue par bien d'autres. Au point qu'un diction populaire émergea, qui inonda la Chine longtemps avant TikTok : « Si tu veux devenir riche, demande à Deng Xiaoping ; si tu veux un ventre plein de riz, demande à Yuan Longping. »

Par suite, la production nationale de riz a augmenté de 20 % la décennie suivante, alimentant ainsi 70 millions de personnes supplémentaires par an en Chine. Cette réussite a changé les moyens de subsistance des Chinois et transformé ce vaste pays affecté chroniquement par des carences alimentaires en une contrée autosuffisante au niveau alimentaire environ trente ans plus tard. Bien évidemment, tout cela se passa officiellement sous la haute supervision du PCC dont les grands leaders n'ont pas manqué de visiter le professeur Yuan Longping tous les ans jusqu'à sa mort, pour se faire photographier avec lui dans ses rizières les plus productives et diffuser les images de cette icône tant au niveau national qu'international. En 1971, ce qui marqua la reconnaissance du PCC, Yuan Longping fut nommé à Changsha professeur et chercheur de l'Académie des sciences agricoles du Hunan, puis en 1984 directeur général du Centre national de recherche et développement du riz hybride, poste qu'il conserva jusqu'à sa mort. Il fut également nommé membre de la Conférence consultative politique du peuple chinois (CCPPC ; 1983-2018) et vice-président du Comité provincial de la CCPPC du Hunan (1988-2016). Ces fonctions lui permirent de participer à la création de la société semencière éponyme Longping High-Tech[84] avec laquelle j'ai coopéré avec mon équipe[85] – cette société est devenue depuis le premier semencier chinois, hors rachat de Syngenta –, et à quelques autres projets encore, plus modestes, liés au riz.

Histoire du riz hybride chinois

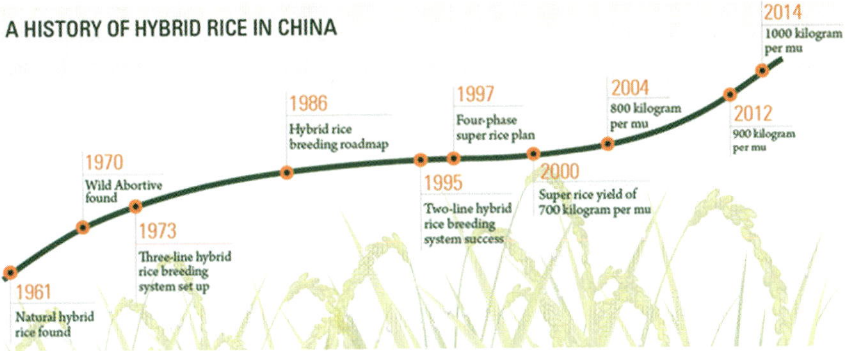

Source : Wang, 2015

Le professeur Yuan Longping sut habilement jouer de ses relations avec le PCC pour renforcer les moyens de recherche du riz hybride dans son pays et même au-delà. Il laissa au pouvoir toute latitude d'en faire un levier géopolitique de son *soft power* sans jamais y perdre son âme. En 1976, il résuma sa vision historique et prospective du riz hybride dans un article du journal *Crop Breeding, Genetics and Genomics*, intitulé « Strategic vision for hybrid rice » où il présenta les trois étapes consécutives de ses travaux – les premiers hybrides cytoplasmiques à 3 lignées, les hybrides à 2 lignées qu'il a développés ensuite en utilisant une stérilité génique

84. Contre l'utilisation de son nom, Yuan Longping reçut 5 % des actions de cette société correspondant alors à 2 millions de RMB, soit l'équivalent d'environ 240 000 euros actuels.

85. Mes collaborateurs David Zhang et Philippe Lessard y établirent respectivement les premières plateformes de marquage moléculaire à Changsha et de transformation génétique à Shanghai. En 2011, Limagrain décida de se désengager de la *joint-venture* que nous avions montée avec Longping High-Tech et utilisa sa plus-value pour acheter la société de viennoiserie Brossard.

thermo ou/et photosensible, et les OGM – et ajouta des projets prospectifs comme des riz tolérants à l'eau saumâtre, le développement de riz en métabolisme en C4 et la fixation de l'hétérosis de riz hybride F1 par l'apomixie. En 1997, le rendement moyen de ses hybrides de riz atteignait 700 kg par mu (1/15 d'hectare, soit 10 500 kg/ha), puis 800 kg/mu en 2005 (12 000 kg/ha) et 911,7 kg/mu en 2021, année de sa mort (13 675,5 kg/ha).

Au cours de sa carrière, le professeur Yuan Longping et son équipe ont aussi publié 7 monographies et plus de 70 articles scientifiques à partir de leurs travaux. Lui-même a promu l'adoption du riz hybride au niveau international en étant consultant pour la FAO en Égypte, Inde, Myanmar, Thaïlande, Italie, en réalisant le premier transfert de propriété intellectuelle végétale en 1979 de la Chine aux États-Unis, en donnant du matériel génétique en 1980 au Centre international de recherche du riz (IRRI aux Philippines) et en créant dans les années 2000 une école internationale du riz hybride à Changsha pour former des agronomes étrangers, notamment africains.

Quand il fut octogénaire, comme il avait suivi plus d'une centaine de cycles de sélection entre la Chine continentale et l'île de Hainan où il pouvait sélectionner l'hiver à contre-saison[86], ce qui est considérable pour un sélectionneur, et visité tous les types de rizières de la biosphère, il était une bibliothèque vivante du riz et aimait côtoyer les plus jeunes pour leur transmettre son savoir. Atteint de crises d'arthrite mais jamais rassasié de progrès génétique, il remplaça sa célèbre motocyclette par un paisible cheval de trait pour pouvoir continuer à évaluer les nouveaux hybrides au milieu de ses rizières sans plus avoir à marcher dans leur boue, et encourager ses équipes. Conscient que sa parole était très écoutée et un peu cabot, malicieusement, il disait qu'il avait eu un rêve : « J'ai vu des plants de riz aussi hauts que des sorghos chinois. Chaque épi de riz était de la taille d'un balai et chaque grain de riz aussi gros qu'une arachide. Je pouvais m'y cacher dans leur ombre avec un ami. » Il savait que ses propos lui survivraient et qu'ils lanceraient une sorte de nouvelle quête du Graal pour les jeunes sélectionneurs de riz hybride poursuivant ses travaux. L'heure de la reconnaissance avait sonné pour lui, même s'il considérait notoirement la gloire comme un fardeau : il reçut de nombreux prix chinois et étrangers dont le prestigieux World Food Prize en 2004. En compagnie de Carole Ly, alors conseillère agricole à l'ambassade de France à Pékin, je suis heureux d'avoir pu y ajouter, au nom de la France, le grand cordon du Mérite agricole en mars 2010.

86. Pour accélérer les cycles de sélection, les sélectionneurs chinois comme le professeur Yuan Longping jouent sur la latitude : en été, ils cultivent un cycle de riz en Chine continentale à sa latitude normale de culture et en hiver, donc à contre-saison, ils en cultivent un second dans le milieu tropical de l'île de Hainan sous une latitude bien plus basse. Ainsi, ils peuvent sélectionner via 2 cycles de riz par an et gagner du temps face à la concurrence qui ne bénéficie pas de ce dispositif.

E8.4. Évolution prévisible notable de la culture du riz liée au manque de main d'œuvre agricole d'ici 2100

Aujourd'hui, le riz utilise approximativement 10 % des terres arables de la planète et près de 90 % de ce riz est produit en Asie. Sur ces surfaces, c'est assez peu connu en Europe, 10 % du riz est cultivé en région montagneuse humide sans être inondé continuellement durant tout son cycle végétatif. Pour le reste, 30 % des riz sont cultivés dans l'eau en zone pluvieuse et 45 % sont cultivés en rizières dans des terres de basse altitude. Il existe aussi des riz dits submergés dans 2 à 6 mètres d'eau pour 11 % et même des riz flottants pour 4 %.

Principaux écotypes de riz asiatique

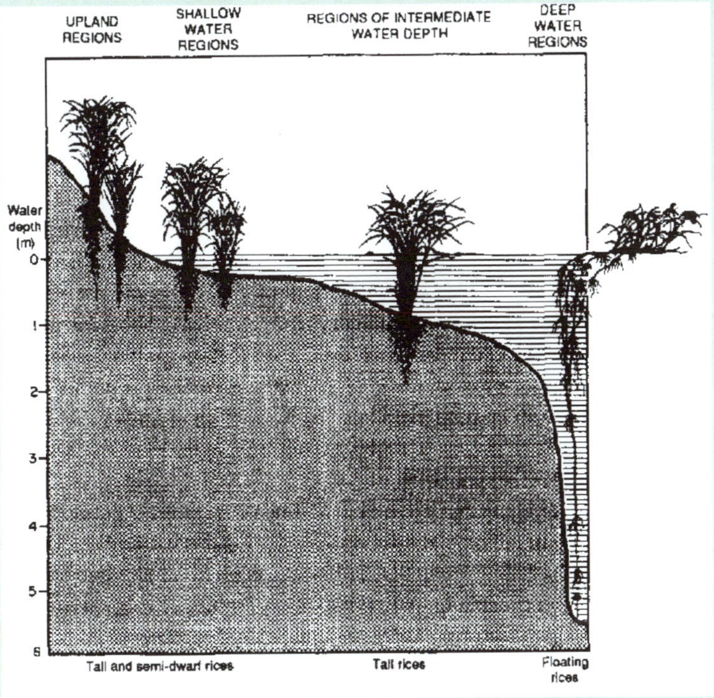

Source : IRRI

Ceci signifie qu'au moins 75 % des riz sont depuis des millénaires des riz semés en pépinière, repiqués ensuite à la main, voire mécaniquement, en rizières. Cette pratique était rendue possible parce que la main d'œuvre disponible et son coût pour repiquer les plantes au champ et les récolter n'étaient pas des facteurs limitants.

… /…

Or, du fait de l'urbanisation galopante de la planète qui entraîne un fort exode rural, l'Asie elle-même est touchée par cette tendance mondiale. Par suite, l'IRRI, Institut international de recherche sur le riz, plus grand centre de R&D sur l'espèce, établi à Los Baños, aux Philippines, vient de décider en 2024 d'arrêter de sélectionner des riz repiqués pour créer les variétés de riz de demain se développant en semis directs et qui seront peut-être semées par avion. Ceci paraît simple sur le principe mais ne l'est pas au niveau pratique, car cette évolution, outre ses implications sociétales, aura aussi des incidences sur la taille des parcelles de riz, leur localisation, les paysages et la biodiversité qui leur est associée, sans oublier le degré de parasitisme des rizières et peut-être aussi les quantités d'eau nécessaires. Face à la problématique du réchauffement climatique, comme l'on sait que les rizières émettent dans l'atmosphère du méthane, gaz à effet de serre, ces nouvelles modalités de semis ouvriront-elles des opportunités pour limiter ces émissions ? Il le faudrait. La sélection au sein de fermes verticales en enceintes contrôlées sera un outil très intéressant pour aborder ces objectifs.

8.5. La cameline, un dossier très personnel suivi sur plus de quarante ans

Au début des années 1990, après avoir travaillé un temps sur la production et la sélection du ricin *(Ricinus communis)*, j'ai écrit un petit livre sur ce sujet *Le Ricin, une culture pour la chimie fine* (Éditions Galileo). Suite à son édition, mon ami Jean-Paul Jamet, alors patron de l'Onidol (Interprofession française des plantes oléagineuses), m'avait demandé de réaliser une étude comparative sur divers petits oléagineux alors travaillés de par le monde, pour envisager la possibilité de lancer une nouvelle plante productrice d'huile en France, où l'on cultivait alors surtout colza *(Brassica napus)*, tournesol *(Helianthus annuus)*, soja *(Glycine max)* et lin oléagineux *(Linum usitatissimum)*.

Après avoir compilé une large bibliographie internationale et étudié sous divers angles (disponibilité du matériel génétique, agronomie, profil en acides gras, qualité du tourteau, usages, etc.) une bonne quinzaine d'espèces, je revins vers lui avec une seule proposition : relancer la culture de la cameline *(Camelina sativa)*, un petit oléagineux de la famille des Brassicacées, c'est-à-dire un « cousin » de petite taille du colza, qui avait été cultivé en France durant des millénaires avant d'être remplacé par ledit colza au tout début du XXe siècle. En effet, parmi toutes les plantes étudiées, elle était la seule qui n'avait pas un des trois gros défauts suivants : inadaptation aux conditions agro-climatiques européennes, impossibilité ou difficultés de mécanisation et trop faible productivité annuelle.

Planche botanique ancienne de cameline

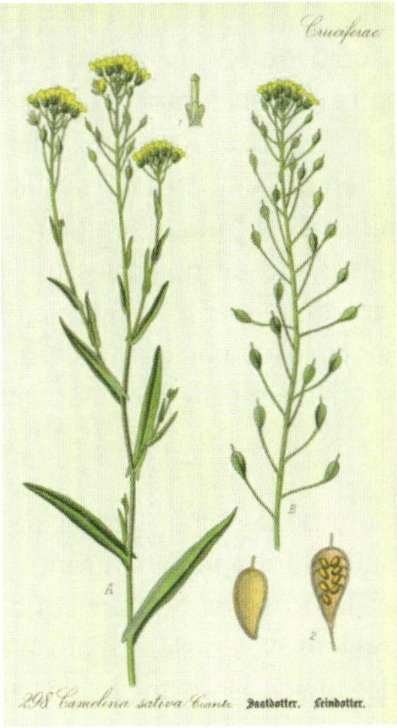

Source : Alchetron

Nous nous nous sommes accordés sur ce choix, et, avec deux amis, l'un sélectionneur de céréales à paille, Pierre Niquet, et l'autre financier, André Leroux, nous avons créé une SARL, A2P, pour observer diverses ressources génétiques de cameline que je collectais dans les banques de gènes européennes et lancer un petit programme de sélection financé par l'Onidol. Cet oléagineux aussi historiquement appelé en français caméline, lin bâtard, petit lin, sésame d'Allemagne (allemand : *Leindotter ;* anglais : *gold-of-pleasure, false flax ;* néerlandais : *huttentut ;* espagnol : *camelina, sesamo bastardo* ; italien *: dorella coltivata)* existe surtout en types de printemps à cycle court (environ 100 jours) et en types d'hiver moins nombreux. C'est une espèce rustique hexaploïde (2n = 6x = 40, avec 3 génomes NNH et n = 6+7+7) à large adaptation, dont le génome de référence de 350 Mb, assez petit[87], a été publié en 2016. Elle présente une racine jaunâtre pivotante, profonde. Elle développe une tige droite dressée de 0,30 à 0,90, voire 1,30 m, avec des ramifications apicales limitées chez les types de printemps, tandis qu'il existe plusieurs tiges issues d'une rosette et des ramifications plus denses chez les types d'hiver. Les feuilles sont oblongues, entières, plus ou moins dentées chez les types d'hiver. L'inflorescence est une longue grappe assez lâche. Les fleurs à pédicelles allongés de 10 à 18 millimètres sont petites, à sépales dressés, et pétales, jaunâtres à jaunes, plus longs que larges. Selon les types et les dates de semis, la floraison a lieu entre mai et juillet avec une pollinisation largement autogame. Les fruits sont des silicules ovoïdes (5-12 mm de long pour 5-6 mm de diamètre), à deux valves avec un style persistant et dur. Chacun, très résistant à l'égrenage, contient une vingtaine de graines jaunâtres à rougeâtres en forme de mini-grain de café dont le poids, pour 1 000 graines, varie de 0,7 g pour les types archaïques à 2,0 g ou légèrement plus pour les variétés modernes.

La cameline cultivée a pour ancêtre sauvage *Camelina microcarpa* native des zones tempérées d'Eurasie et d'Afrique du Nord. Selon le grand botaniste Nikolaï I. Vavilov

87. Avec 350 mégabases, le génome de la cameline est moins grand que ceux du riz (430 Mb), du maïs (2 500 Mb), de l'homme (3 200 Mb) et du blé tendre (16 000 Mb).

(1887-1943), elle semble avoir été une adventice mimétique des cultures néolithiques de lin ou de céréales à paille avant d'être domestiquée à une date très ancienne, imprécise. Son centre de domestication se situerait dans le Caucase, peut-être en Arménie. De là, elle aurait été diffusée vers l'ouest en Europe et à l'est jusqu'en Sibérie, Chine, Corée et Japon.

Les archéologues indiquent que la cameline était cultivée en Europe 4 000 ans av. J.-C. et que sa culture était très importante jusqu'à la Renaissance. Outre son intérêt pour l'alimentation humaine, son huile était appréciée pour remplir les lampes à huile, car elle avait l'avantage de peu fumer en brûlant. Ensuite sa culture est restée significative jusque vers 1815 avant de chuter avec l'apparition de l'éclairage au gaz. À la fin du XIXe siècle, il n'en subsistait plus que quelques milliers d'hectares en Europe, dédiés à des usages pharmaceutiques et à l'oisellerie. Peu après 1900, environ 5 000 hectares étaient encore recensés par le ministère de l'Agriculture dans le nord de la France, et ce dernier considéra cette culture comme disparue dans l'Hexagone dans les années 1950.

Nos observations ont relancé cette production à toute petite échelle en Seine-et-Marne peu après 1990. La cameline s'y est avérée peu gourmande en intrants : en effet, sa culture demandait moins d'eau, d'engrais et de produits sanitaires que les autres oléagineux alors cultivés, et la récolte était souvent plus résiliente aux aléas saisonniers. Nos travaux ont aussi vite mis en évidence que, malgré une faible variabilité génétique et des croisements délicats à réaliser, il était possible d'améliorer cette espèce résistant spontanément à diverses maladies et insectes en travaillant sur une petite palette de traits – la tolérance à la verse et au froid, la précocité, la grosseur des graines, le poids de 1 000 grains, la teneur en huile notamment.

Caractéristiques principales des variétés Céline et Epona

Variétés	Types	Rendement en graines (t/ha)	Huile (% de matière sèche)	Glucosinolates (micromoles/g)
Céline	Printemps	19,7 à 34,1	43,1 à 44,4	20,8 à 23,3
Epona	Hiver	27,0 à 39,2	43,8 à 44,5	13,3 à 15,0

Source : Bonjean et Niquet, 1999

En 2000, nous avions sélectionné trois variétés de printemps (Céline, Joëlle et Luc) et une d'hiver, Epona, principalement produites par le GIE Sprint, affilié au groupe Limagrain. Mon recrutement par ce semencier et mon départ consécutif pour la Chine où j'ai travaillé de 2001 à 2014 sonnèrent le glas de ces travaux. Par suite, nous avons fermé notre SARL et avons été contraints de céder notre programme de sélection à Limagrain qui s'empressa de le revendre au groupe pharmaceutique Pierre Fabre, lequel produisit avec l'huile de cameline des shampoings et des cosmétiques.

E8.5. Double usage alimentaire-santé et industriel de l'huile de cameline

La trituration des graines de cameline est aisée. Son huile à la belle couleur dorée (d'où l'appellation anglaise de la plante « *gold-of-pleasure* ») présente la particularité de contenir plus de 70 % d'acides gras mono et poly-insaturé, ce qui en autorise simultanément des débouchés nutrition-santé et industriels.

Composition moyenne en acides gras de l'huile de cameline

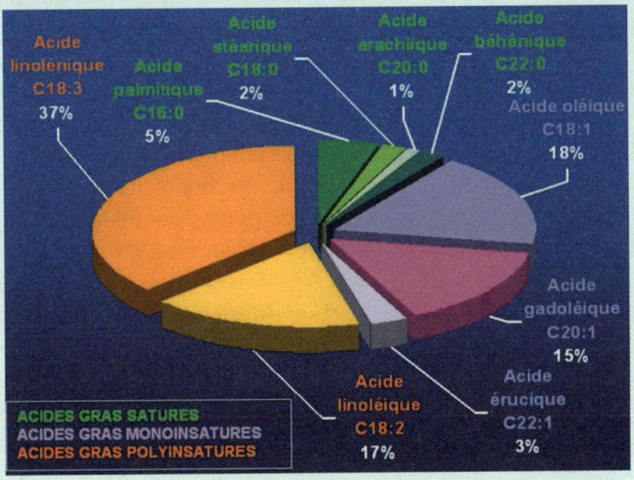

Source : ITERG

Profils comparés de types d'acides gras des huiles de cameline, de noix et de colza

Huiles	Oméga-3 (alpha-linolénique)	Oméga-6 (dont linoléique)	Oméga-9 (dont oléique)	Rapport oméga6/ oméga3[1]	Acides gras saturés
Cameline	30-35%	20-30%	30%	0,6 à 0,8	5-10%
Noix	12-15%	53-55%	15-23%	3,6 à 4,4	8%
Colza	8-10%	19-20%	61-63%	2 à 2,3	7-8%

Source : Onidol

…/…

En sus de son goût caractéristique agréable, l'huile de caméline offre des caractéristiques nutritionnelles séduisantes : elle contient une combinaison équilibrée d'acides gras essentiels ayant chacun leurs vertus : oméga-3 (30 %), oméga-6 (20 %) et oméga-9 (35 %) avec le meilleur rapport connu oméga-6/oméga-3 de toutes les huiles métropolitaines pour la santé. L'huile de cameline est également une source intéressante d'antioxydants, tels les tocophérols (vitamine E) qui jouent un rôle crucial dans la protection des cellules contre les dommages oxydatifs. Son ingestion régulière paraît avoir des effets anti-inflammatoires et apparaît bénéfique pour les personnes sujettes à des inflammations chroniques ou ayant un système immunitaire affaibli. En application externe, l'huile apaise l'eczéma, le psoriasis et d'autres affections dermatologiques. Une fois désodorisée, elle est fréquemment employée en cosmétique.
De plus, malgré la présence modérée de glucosinolates (facteurs antinutritionnels soufrés que la sélection devrait éliminer dans les années à venir) dans les tourteaux de cameline, ceux-ci sont appréciés à dose modérée par les élevages de lapins, de poulets, de poules pondeuses, de brebis et de vaches laitières, en raison des apports en oméga-3.

Au niveau industriel, avec sa proportion d'acides gras insaturés et saturés, la composition de l'huile de cameline est idéale pour la production de biocarburants peu polluants, car elle offre une grande stabilité oxydative et réduit les risques liés à la formation excessive d'imbrûlés lors du processus de combustion.
En Europe, depuis les années 1990, plusieurs projets pilotes de production de biocarburants à partir d'huile de cameline ont vu le jour, essentiellement en Allemagne, Autriche et Suède, sans jusqu'ici déboucher au niveau industriel. La filière oléagineuse française – qui a longtemps privilégié la production de biocarburant de colza – commence depuis peu à s'intéresser à ce dossier complémentaire à travers le groupe Avril.
Toutefois, c'est surtout en Amérique du Nord et au Japon que des projets d'envergure ont émergé depuis les années 2000, pour l'aviation civile (Boeing, United Airlines, Japan Airlines, etc.) et militaire (US Air Force, etc.). En plus, l'huile de cameline est également une base pour divers autres débouchés rémunérateurs de chimie fine : adhésifs et revêtements, biopolymères et bio-composites, résines alkydes, agrochimie, etc.

N'ayant pas oublié cette petite espèce, depuis ma retraite de Limagrain en 2017, je n'ai pas cessé de me renseigner sur les progrès apparus ici et là sur le globe dans sa sélection et sa valorisation.
Depuis les années 2000 où l'amélioration de la cameline concernait un tout petit nombre d'individus, essentiellement européens, disposant de peu de moyens,

la sélection de cet oléagineux a été totalement refondée et modernisée. Les progrès survenus depuis vingt-cinq ans au niveau des approches moléculaires et génomiques du végétal ont beaucoup bénéficié aux connaissances sur la cameline et ses apparentées du genre *Camelina* à partir du moment où la production d'agrocarburants peu polluants est devenu un objectif majeur militaire et civil, notamment aux États-Unis et en Écosse. Aujourd'hui, la production d'haploïdes doublés par culture de microspores est maîtrisée par plusieurs laboratoires à travers le monde, ainsi que diverses méthodes de mutagénèse et de tilling, créatrices de biodiversité. La sélection assistée par marqueurs est possible via plusieurs technologies. Les génomes de plusieurs cultivars ont été séquencés. L'espèce s'étant avérée assez facile à transformer génétiquement par *Agrobacterium tumefaciens*, plusieurs camelines transgéniques existent en Amérique du Nord, Europe, Iran, Chine, etc., pour rendre plus efficiente la transestérification de son huile ou pour aboutir à d'autres profils en acides gras que ceux qui existent naturellement. Certaines sont en début de commercialisation aux États-Unis. Des camelines éditées par le système CRISPR-Cas 9 sont également en train de voir le jour dans le but de produire des biocarburants à faible impact de carbone.

Ce renforcement des outils disponibles en sélection est également favorable à la création d'huiles alimentaires de cameline plus nutritionnelles, par exemple sans acide érucique, et de compléments alimentaires, proches des huiles de poisson, ainsi qu'à celle de tourteaux à zéro teneur en glucosinolates.

Au niveau agronomique, l'espèce, qui a peu ou pas d'impact environnemental, correspond de plus en plus aux attentes de notre époque, liées au changement climatique : large adaptation agro-climatique, besoins limités en eau, etc. Cela d'autant plus qu'elle offre le choix entre plusieurs stratégies de cultures aux agriculteurs :

- culture principale dans les sols de faible qualité où il n'existe pas l'alternative de cultiver d'autres espèces de base, hors les céréales à paille ;
- culture dérobée, avec des cycles d'hiver ou d'été, entre deux cultures principales ; par exemple en France pour une cameline de printemps entre une culture de pois d'hiver et un semis de blé tendre d'hiver, ou dans les grandes plaines nord-américaines pour une cameline d'hiver entre une culture de maïs et une autre de soja.
- culture en mélange dans un même champ avec une autre espèce, par exemple une lentille à laquelle la cameline sert de tuteur, dans un système de double culture ;
- culture d'engrais vert à forte biomasse, voire comme fourrage riche en acides aminés.

Merci aux innovations technologiques évoquées. Parce que ses diverses qualités agronomiques, nutritionnelles et environnementales correspondent aux attentes de notre époque, la cameline, quasi disparue du monde agricole au milieu du XXe siècle, pourrait, par une boucle de l'Histoire comme on en a connu d'autres, redevenir dans quelques années une culture couramment pratiquée dans l'hémisphère Nord sous réserve de politiques étatiques durablement favorables à la production de cette petite graine.

CHAPITRE 9

Importance fondamentale de la biodiversité

9.1. Les trois composantes de la biodiversité

Le concept de biodiversité est récent : il est apparu dans les années 1980 et a été intégré lors du sommet de la Terre de Rio de Janeiro en 1992, lequel reconnaît pour la première fois à quel point il est important pour l'humanité actuelle et à venir, de conserver la biodiversité.

Oui, mais alors qu'est-ce que la biodiversité ?
Selon l'Office français de la biodiversité, « la biodiversité désigne l'ensemble des êtres vivants ainsi que les écosystèmes dans lesquels ils vivent. Ce terme comprend également les interactions des espèces entre elles et avec leurs milieux. [...] La biodiversité répond directement aux besoins primaires de l'Homme en apportant oxygène, nourriture et eau potable. Elle contribue également au développement des activités humaines en fournissant matières premières et énergies ».

La biodiversité dont nous faisons partie s'organise généralement en trois niveaux qui définissent à la fois le nombre et la fréquence des éléments composant la biosphère, qui évoluent au fil du temps :

- les individus,
- les espèces,
- et les écosystèmes.

Emboîtement des échelles de biodiversité

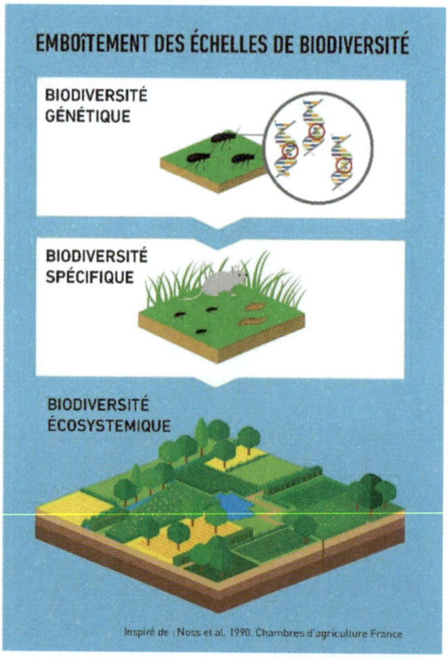

Source : Chambre d'agriculture d'Occitanie

La biodiversité des individus s'entend au niveau génétique. Elle n'est pas figée dans le marbre mais dynamique. Dans les conditions naturelles comme dans les conditions agricoles, selon l'environnement, les individus évoluent par mutations, flux de gènes d'un individu à l'autre, polyploïdie, etc.

La notion d'espèce arrêtée par Carl von Linné (1707-1778) est en train d'évoluer avec les progrès de nos connaissances sur la spéciation, revue, à la faveur des progrès du séquençage, vers le genre ou la famille, entités taxinomiques supérieures, qui définissent de manière plus précise dans le temps et dans l'espace la cohabitation des patrimoines génétiques d'individus apparentés. Un parallèle peut être fait à ce niveau au sein de l'espèce *Homo sapiens* dont nous savons aujourd'hui qu'elle partage des gènes avec les Néanderthaliens et les Dénisoviens, aujourd'hui disparus. Certaines espèces disparaissent aussi par dérive génétique, extinction ou, à l'inverse, deviennent envahissantes.

Le terme écosystème créé au XXe siècle correspond, selon la définition du Centre national de ressources textuelles et lexicales (CNRTL), à un « ensemble formé par une communauté d'êtres vivants, animaux et végétaux, et par le milieu dans lequel ils vivent. Les composants d'un écosystème sont en interaction constante ». Ainsi deux forêts composées de 1 000 mêmes espèces d'arbres, l'une avec chaque espèce occupant le territoire de manière équilibrée, l'autre avec une espèce répartie sur 90 % du territoire, forment-elles deux écosystèmes différents. Ce sont les quantités relatives d'arbres qui désignent la diversité et leurs interactions avec les autres éléments du vivant du territoire désigné. Et les écosystèmes structurent les territoires comme les paysages tandis que les activités humaines les fragmentent et les perturbent.

Ce qui est vrai en termes de biodiversité pour les espèces sauvages vaut aussi pour les espèces agricoles. Les agriculteurs qui ont besoin de cette biodiversité nous font bénéficier de ses « services » : en premier lieu, la production de ressources alimentaires ou autres qui profitent de la vie des sols, de la pollinisation et de la régulation de bioagresseurs. Ils entretiennent aussi une partie des paysages qui nous entourent.

E9.1. La région Auvergne-Rhône-Alpes et sa biodiversité végétale

La région Auvergne-Rhône-Alpes se distingue en Europe par sa riche biodiversité végétale due à sa grande diversité géologique (tectonique, volcanisme, hydrothermie), à ses trois grands bassins fluviaux (Allier, Loire, Rhône) et à son exceptionnelle variété de climats. Elle abrite à elle seule 35 % des espèces inventoriées en France métropolitaine, et 17 % du territoire constituent des ZNIEFF (Zones naturelles d'intérêt écologique, floristique et faunistique) de type II – grands espaces naturels riches et peu modifiés par l'humain, offrant des potentialités biologiques importantes.

... /...

Carte des secteurs homogènes pour les ZNIEFF de la région

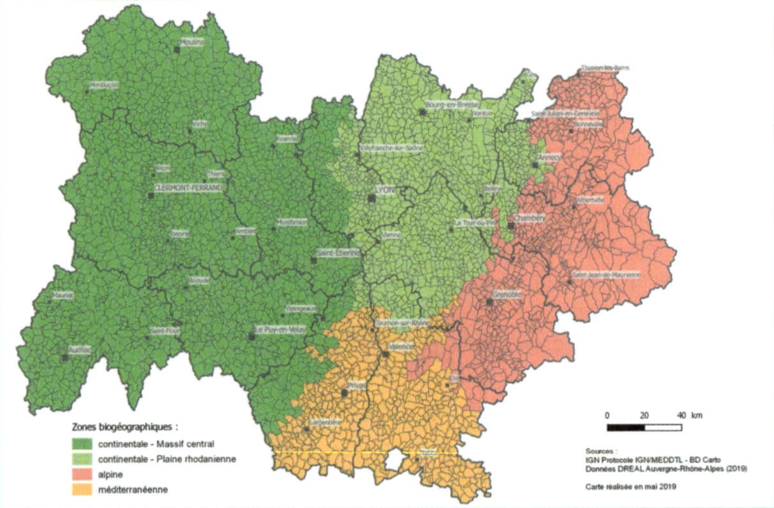

Source : région AuRA

La région a recensé 30 000 espèces dont 7 800 espèces de plantes sauvages, certaines étant rares et endémiques tels le polygale grêle *(Polygala exilis)* et la mousse-plume *(Rhynchostegiella teneriffae)*. Elle est également riche en plantes messicoles dont certaines très rares comme *Asperula arvensis*, *Lolium temulentum*, *Tulipa didieri*, etc.

Services rendus par la flore messicole

Services rendus	Apports des messicoles
Rôle vis-à-vis de l'entomofaune pollinisatrice	Plusieurs messicoles ont des qualités nectarifères (*Cyanus, Consolida, Delphinium, Viola*) et pollinifères (*Papaver, Glaucium, Hypecoum*) reconnues.
Rôle vis-à-vis du reste de l'entomofaune auxiliaire	Attractions des auxiliaires de cultures : prédateurs (ex : coccinelles, syrphes, chrysope), parasitoïdes.
Intérêt pour l'avifaune	Ressources alimentaires pour les oiseaux de plaine.
Valorisation alimentaire	Ressource herbagère intéressante dans un contexte de polyculture-élevage à travers le pâturage sur chaumes.
Valorisation médicinale	Propriétés médicinales de certaines messicoles (*Cyanus, Papaver, Centaurea benedicta*).

Source : AuRA

9.2. La double fragmentation des écosystèmes végétaux par l'espèce humaine et le changement climatique

La fragmentation des écosystèmes correspond initialement aux activités humaines : cultures sur brûlis, expansion agricole, artificialisation des sols, sédentarisation, mise en place de routes et d'autres infrastructures, sites industriels, pollutions, surexploitation des espèces sauvages, importation d'espèces envahissantes ou de maladies et prédateurs, etc. Elle est très ancienne, s'est accélérée à partir du Néolithique et emballée depuis la révolution industrielle.

Étendue des forêts intertropicales en Amérique latine vers 1500 et aujourd'hui (le bleu pâle indique l'étendue originale de forêts)

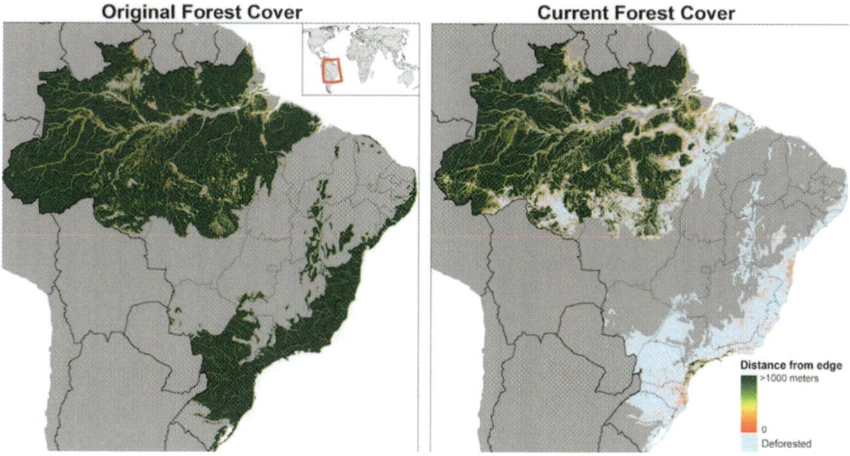

Source : Agence Science Presse du Québec

L'Amérique latine en est un exemple particulièrement illustratif. Lors de l'arrivée des conquistadors européens, ce sous-continent comptait deux immenses forêts : celle d'Amazonie et la forêt atlantique que les Portugais appelaient la *mata atlântica* qui s'étirait sur plus de 5 000 kilomètres, de la côte atlantique du sud du Brésil au nord-est de ce pays, en passant par le nord de l'Argentine et l'est du Paraguay à des altitudes variant entre le niveau de la mer et 2 700 m, avec des pluies allant de 700 mm à plus de 4 000 mm par an et des températures de 0 °C à 40 °C. Compacte lors de la venue des colons européens vers 1500, elle a perdu selon les dernières études entre 88 et 95 % de sa surface initiale. Elle subsiste de nos jours sous forme d'îlots forestiers épars dont plus de 85 % font moins de 50 hectares. Pourtant, elle reste un des points chauds de la biodiversité dans le monde : on y a relevé 20 000 espèces de plantes, 936 d'oiseaux, 516 d'amphibiens et 312 de mammifères, dont 40 % seraient des espèces endémiques, que l'on ne trouve nulle part ailleurs. Désormais très urbanisée avec près de 130 millions d'habitants, industrialisée et fortement agricole, cette forêt quasi disparue abrite 60 % des espèces menacées du Brésil.

La forêt amazonienne, un peu mieux préservée, est dans un état de fragmentation avancé. Plus grande forêt équatoriale du monde, couvrant initialement tout le bassin de l'Amazone et des zones périphériques, elle s'étend sur neuf pays, le Brésil principalement. Menacée par la déforestation à des fins agricoles mais aussi idéologiques, l'orpaillage et le réchauffement climatique, elle reste le plus grand centre de biodiversité de la biosphère - 50 à 70 % de la biodiversité mondiale selon le WWF - et renferme de l'ordre de 390 milliards d'arbres - au moins 16 000 espèces et 13 % des arbres de la Terre. Elle comprend aussi les zones d'origine de nombreuses plantes agricoles et de leurs apparentées, comme le montre la carte jointe. Il est indispensable de protéger ces territoires pour continuer, entre autres, à améliorer génétiquement ces espèces.

Centres d'origine de nombreuses plantes agricoles et champignons hallucinogènes d'Amérique latine

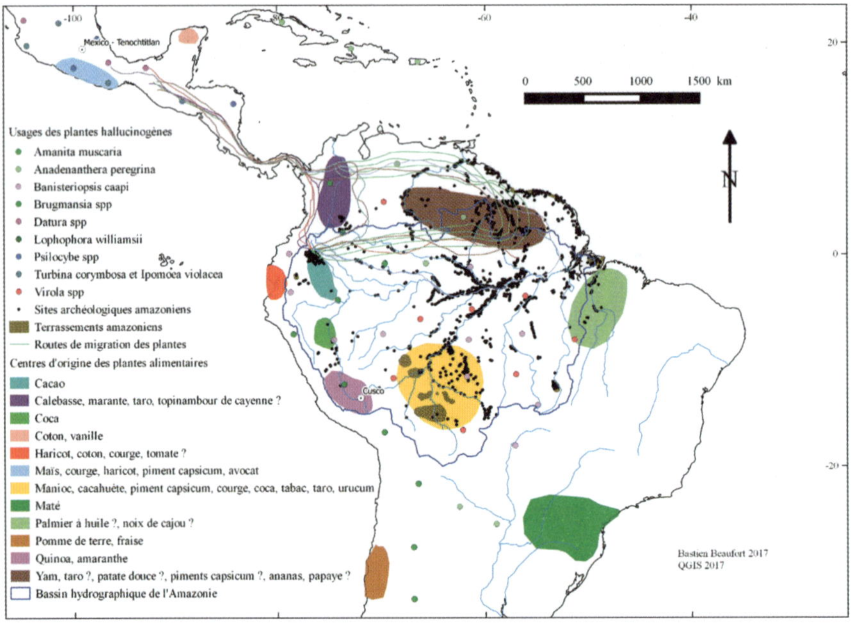

Source : Beaufort, 2017

L'autre grand facteur de fragmentation et, à terme, de disparition d'espèces et d'écosystèmes est le changement climatique, car il aggrave la perte de biodiversité et *vice versa*. D'après le GIEC, « le changement climatique a causé des dommages considérables, et de plus en plus de pertes irréversibles, dans les écosystèmes terrestres, d'eau douce, côtiers et océaniques », et, selon le WWF, au moins 20 % des espèces sauvages seront menacées d'extinction au cours du XXIe siècle en raison du seul changement climatique. La disparition est souvent critique dans les régions à haute diversité. Cependant tout n'est pas si simple. Selon les espèces, les facteurs abiotiques comme la température correspondront de plus en plus ou de moins en moins à leurs préférences physiologiques : au niveau des plantes sauvages, une étude conduite en France entre 2009 et 2017 montre, selon l'AFP, qu'il y a eu sur cette période un « réarrangement au sein des communautés végétales. Les espèces qui préfèrent des températures élevées s'installent [dans de nouveaux territoires] ou augmentent en abondance ». Et, pour ce qui est des cultures, manguiers *(Mangifera indica)* et avocatiers *(Persea americana)* qui sont déjà cultivés dans le sud de l'Espagne pourraient l'être bientôt dans le sud de la Métropole, alors que les plantations de noisetiers *(Corylus avellana)* pourraient n'y survivre au mieux qu'en montagne. Une modification des pratiques agricoles pourrait par ailleurs être un outil pour lutter contre le changement climatique : par exemple le recours à l'agroforesterie, c'est-à-dire la plantation d'arbres dans les champs et les prés permet déjà en Chine d'associer cultures productives de blé tendre *(Triticum aestivum)* et peupliers (*Populus* spp.) tout en multipliant d'un facteur pouvant aller jusqu'à 10 la séquestration du carbone.

E9.2. Les services rendus par les écosystèmes urbains français

Dans notre pays où 81 % de la population totale est urbaine, les écosystèmes de nos milieux urbanisés recoupent des situations variées : ils couvrent un dixième de l'Hexagone tandis que le taux d'urbanisation de la Réunion, la Guadeloupe et la Martinique en est voisin avec 11 %, alors que celui de la Guyane ne dépasse pas 0,1 %.

Ces écosystèmes largement anthropisés prennent des formes très variées : alignements d'arbres, parcs et squares, ronds-points, bâtiments et toitures végétalisées, jardins d'ornement, potagers ouvriers, ruchers urbains, milieux humides et d'épuration des eaux, bois, cultures périurbaines.

La demande des citadins d'un cadre de vie plus agréable et plus sain s'intensifiant, des mesures d'évaluation et de protection de la biodiversité urbaine sont de plus en plus fréquemment prises et peuvent parfois réserver de bonnes surprises. Malgré la fragmentation des milieux, les émissions de polluants, l'imperméabilisation des sols et même des sous-sols, on trouve par exemple à Paris 1 382 espèces végétales sur les 1 800 recensées en Île-de-France, parmi lesquelles une forte proportion d'espèces pionnières et quelques espèces exotiques envahissantes.

... /...

Si les terres agricoles périurbaines jouent encore un rôle dans les circuits de proximité d'approvisionnement alimentaire (plantes maraîchères, fruits, etc.), les écosystèmes intégrés aux cités ont aujourd'hui des fonctions plus sociétales qu'économiques : lien social, animation de la vie des quartiers, sensibilisation à la biodiversité, enseignement, amélioration de la qualité de l'air, régulation du cycle de l'eau, réduction des îlots de chaleur, etc. Dans certaines villes, telle Montréal, des corridors verts sont mêmes aménagés en promenades à pied ou à vélo pour relier ces écosystèmes entre eux et réduire les émissions de gaz à effet de serre.

9.3. La valeur et le coût de la biodiversité

La biodiversité est indispensable à la vie humaine. Elle joue un rôle fondamental dans la sécurité alimentaire mondiale en permettant, à partir des ressources génétiques, la sélection de plantes plus productives mais aussi plus résistantes aux maladies, aux ravageurs ; elle possède un potentiel d'adaptation aux changements induits par le bouleversement climatique.

Dans certains cas, on a pu *a posteriori* donner une valeur économique à l'usage d'une ressources génétique particulière : ainsi une tomate sauvage collectée en 1962 au Pérou par le botaniste et environnementaliste Hugh H. Iltis (1925-2016) de l'université du Wisconsin, qui est à l'origine d'une variété de tomate industrielle riche en sucres, a été estimée, au début des années 1980, avoir généré 40 millions de dollars de l'époque par an pour l'industrie du concentré de tomate.

Pourtant, il n'est généralement pas évident de donner une valeur à la biodiversité naturelle *a priori*, notamment à ses éléments. En 1993, dans leur livre *L'Enjeu des ressources génétiques végétales*, auquel j'ai coopéré, Matthieu Glachant et François Lévêque, alors membres du Centre d'études des ressources naturelles de l'École des mines de Paris, ont proposé de manière à la fois innovante et prophétique d'évaluer la valeur économique des ressources phytogénétiques selon la formule :

« Valeur totale

= valeur d'usage + valeur écologique + valeur d'option + valeur d'existence »

où

- la valeur d'usage par l'humain est appréciée par la taille et la valeur des filières concernées (alimentation, santé, industrie, etc.),
- la valeur écologique correspond à leur poids dans le fonctionnement d'écosystèmes et à la réalisation des grands équilibres écologiques nécessaires à

la vie de l'humain sur Terre ; cette valeur peut être aujourd'hui approchée par exemple par les index de crédit carbone dans la lutte contre les émissions anthropiques de gaz à effet de serre,

- la valeur d'option inclut les possibilités de substitution de plante à plante et de préservation de végétaux aujourd'hui inutiles mais qui pourraient servir demain face au changement climatique ou autre ; par exemple, en mesurant le possible remplacement de la culture du maïs par celle du sorgho dans un avenir à température plus élevée et en manque d'eau d'irrigation,
- la valeur d'existence est le prix qu'un consommateur est prêt à payer pour sauvegarder une ressource phytogénétique en suivant ses exigences morales et en faisant abstraction d'usages actuels ou futurs ; par exemple, en préservant l'aire de distribution d'une Apocynacée sauvage, endémique du Bhoutan qui pourrait demain être à la source d'un médicament efficace contre certains cancers.

Il est évidemment plus aisé d'estimer le coût de sauvegarde de la biodiversité *in situ* ou *ex situ* puisqu'il suffit de lister et d'additionner les frais impliqués dans ces actions. Par rapport à l'érosion de la diversité génétique qui existe et s'accélère, les sommes consacrées à sa préservation restent toutefois limitées. En ce premier quart du XXIe siècle, face à la démographie massive de la lignée humaine et au changement climatique, il apparaît nécessaire de renforcer ces moyens.

E9.3. Les lignées F2 et F7 de maïs, des ressources génétiques de grande valeur

Dans les années 1950, les cultures de maïs en France étaient conduites avec des variétés-populations, dites de pays, dérivant d'introductions américaines du XVe siècle et principalement localisées dans le Sud-Ouest. On en comptait de l'ordre de 300 000 hectares dans l'Hexagone, et leur rendement en grain était faible, évoluant selon les années entre 1,0 et 1,5 t/ha. En 1970, les surfaces de maïs, devenu entre-temps hybride, dépassent 1 500 000 hectares dont 1 400 000 hectares de maïs grain au rendement moyen de 5,2 t/ha et 100 000 hectares de maïs ensilage implanté surtout au nord de la Loire. En 1985, la surface cultivée de maïs grain atteint 1 800 000 hectares pour une moyenne de 9,57 t/ha et celle de maïs ensilage s'élève à 1 300 000 hectares.

Ce succès fulgurant du maïs en métropole tire avantage de la génétique précoce, tolérante au froid, de deux lignées de maïs corné F2 et F7, mises au point par les équipes de l'INRA à partir d'une population de pays issue du sud du Massif central.

... /...

Après-guerre, les chercheurs de l'INRA, soucieux de la mise en place d'une filière de semences françaises de maïs hybride capable de concurrencer les hybrides américains importés dans le cadre du plan Marshall, se sont lancés sous la houlette de l'agronome et généticien André Cauderon (1922-2009), dans la collecte et l'étude de populations françaises de maïs aux caractères adaptés à l'Europe de l'Ouest, pour les croiser dans un premier temps avec la génétique américaine. En 1946, connaissant ce projet, le chercheur de l'INRA Roger de Larambergue, sélectionneur d'avoine, recueille lors de ses vacances, auprès du jardinier de son domaine familial, des semences d'une population locale de maïs qu'il baptise apparemment « Lacaune » en référence aux monts de Lacaune. Ces semences proviennent d'un ami du jardinier de ses parents, un agriculteur, Henri Bruno. Ce dernier avait remarqué en 1940 deux épis arrivés à maturité dans une parcelle qu'il avait semée en graminées fourragères sur sa ferme de La Capte, établie près du lac des Saints-Peyres sur la commune d'Anglès, dans une région froide du Tarn située à 720 m d'altitude ; il les avait recueillis et ressemés en panmixie tous les ans sur une autre parcelle pour sauver ce fourrage vert précoce qu'il jugeait intéressant pour ses animaux. Il avait ainsi fait de la sélection massale sans forcément en connaître le nom et distribuait gratuitement des graines de ce cultivar à son voisinage. La température moyenne de ce site entre mai et septembre est d'environ 14,5 °C, tandis que la pluviométrie y oscille de 1 500 à 1 900 mm. À son retour de congés, Roger de Larambergue transmet à son tour ces graines à son collègue et ami du Laboratoire de génétique et d'amélioration des plantes de l'INRA de Versailles, André Cauderon. Les années suivantes, ce dernier et son équipe sélectionnent dans Lacaune les deux lignées françaises F2 et F7 qu'ils croisent avec des lignées d'universités américaines. Les premiers hybrides franco-américains cornés-dentés tolérants à des printemps froids et résistants à la verse sortiront de ce programme public : INRA 200 (1957) et INRA 258 (1958).

Quelques années plus tard, en 1970, la coopérative auvergnate Limagrain inscrit l'hybride trois-voies LG11 (croisement de l'hybride simple F7xF2 et de la lignée américaine W401) au catalogue français. Or cet hybride paraît alors improductible à ses collègues de l'époque, INRA inclus, tant le décalage de floraison est important entre les deux géniteurs. Mais Limagrain, par une innovation (en appliquant des films plastiques sur les lignes de semis de l'un des parents), rattrape ce décalage et lance cet hybride qui sera bientôt N° 1 en France et en Europe, atteignant jusqu'à 35 % de parts de marché ! Pourquoi ? Parce que ses agronomes ont découvert entre-temps qu'il pouvait être semé à 100 000 plants par hectare (la concurrence restant à la tradition de 60 000 plants par hectare) tout en boostant son rendement. La grande précocité de ce produit et sa résistance à la verse à haute densité font le reste. Bientôt, il sera vendu en Europe du Nord (Allemagne, Danemark, etc.) et dans les zones montagneuses de Suisse et d'Autriche, ainsi que dans d'autres régions éloignées de la planète.

Et, en 1980, alors que beaucoup de semenciers considèrent les lignées F2 et F7 comme obsolètes, c'est au tour du semencier américain Pioneer de créer le nouvel hybride leader français du moment, Déa, bientôt européen, en combinant sa lignée dentée PH207 avec F2 ! On vendait encore des doses de semences de cet hybride dans les années 2000.

A posteriori, même sans disposer de chiffres précis, nous avons ici un exemple de la portée économique phénoménale et du retour sur investissement de ressources phytogénétiques élites comme F2 ou F7. Si l'on additionne le coût minime du travail fondateur de l'agriculteur Henri Bruno, celui du voyage Versailles-Anglés aller et retour de Roger de Larambergue, et les travaux de sélection limités d'André Cauderon qui ont suivi, la création et la maintenance de ces deux lignées phares de maïs du XXe siècle, le total correspond à une somme fort modeste – sans doute moins d'un million de francs des années 1950, alors que les ventes d'INRA 200, d'INRA 258, de LG11 et Déa ont rapporté quelques centaines de millions sur plus de 40 ans.

Et, si aujourd'hui F2 et F7 ne sont plus utilisés en lignées parentales directes, leur prodigieuse génétique est intégrée dans celle de nombreux parents d'hybrides actuels.

9.4. L'importance de la préservation de la biodiversité

La biodiversité, c'est la vie, toutes les formes de vie qui coexistent, interagissent et perdurent aujourd'hui sur Terre après cinq crises majeures d'extinction des espèces et plus de vingt-cinq crises mineures. Elle est essentielle pour la santé et le bien-être de l'humain et de tous les êtres vivants, leur sécurité et leur sureté alimentaire. Elle fournit à l'humanité d'autres éléments nécessaires tant au niveau individuel que collectif. Sauvegarder la biodiversité revient à protéger notre environnement, éviter l'effondrement de la civilisation humaine et transmettre une possibilité de vie.

Bienfaits généraux de la biodiversité

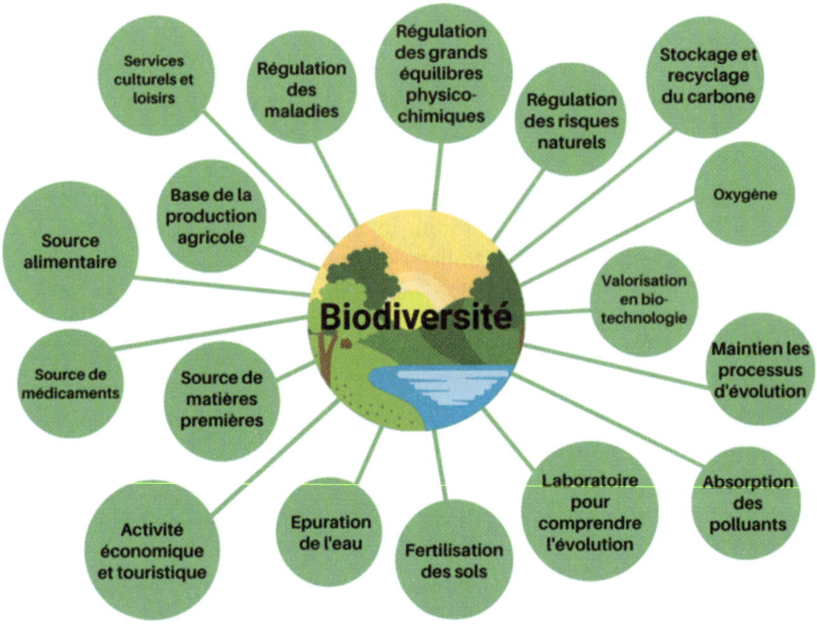

Source : Connexion Nature

Les écosystèmes nous fournissent l'air que nous respirons, l'eau que nous buvons. Les plantes qui fabriquent seules leur propre énergie, via la photosynthèse, sont à la base de toutes les chaînes alimentaires. La biodiversité sauvage et agricole nous nourrit, et l'humain omnivore ne se développe que si sa nutrition inclut diverses espèces.

Tout autour de nous, la biodiversité est essentielle. Bactéries, protozoaires, tartigrades, champignons, acariens, centipèdes, vers de terre et d'autres espèces comme les acariens, araignées, cloportes, collemboles, diploures, insectes, nématode,oks concentrent plus de 25 % de la biodiversité de la biosphère et sont à la base de la fertilité des sols qu'ils remuent sans cesse en décomposant la matière organique tout en limitant l'érosion. Champignons et espèces microbiennes établissent des mycorhizes avec les systèmes racinaires de nombreuses plantes, arbres inclus. Insectes, chauve-souris se nourrissent de nectars et pollinisent bien des fleurs. Fourmis, mulots et autres animaux contribuent à la dissémination des graines. Sans cette biodiversité, la domestication de plantes et d'animaux n'aurait pas permis l'émergence des agricultures et la sédentarisation de la lignée humaine. Et, sans la biodiversité domestique, notre espèce ne disposerait pas de productions agricoles résilientes et de nutriments aussi variés.

Nature et santé sont profondément liées, et tant la perte de biodiversité que les interconnexions entre nos sociétés actuelles font émerger des pandémies.

Outre ses aspects nutritionnels, la biodiversité reste pour l'homme une source inépuisable de médications souvent repérées depuis des millénaires dans les diverses pharmacopées du monde. À la suite du déploiement de la chimie, l'aspirine issue du saule blanc *(Salix alba)*, les ginsénosides du ginseng *(Panax ginseng)*, la vincristine et la vinblastine de la pervenche de Madagascar *(Catharanthus roseus)* sont des remèdes très connus aujourd'hui et largement employés en pharmacie, immunothérapie et oncologie. « Scrute la nature, c'est là qu'est ton futur », écrivait déjà Léonard de Vinci (1452-1519). Au niveau industriel, beaucoup d'inventions dérivent aussi de l'imitation du fonctionnement d'êtres vivants issus de la nature : les bandes Velcro de nos vêtements résultent de l'observation des fruits dotés de crochets de la grande bardane *(Arctium lappa)*, la désalinisation de l'eau sans utilisation de polluants provient de celle des racines du palétuvier rouge *(Rhizophora mangle)*, l'amélioration des performances des hélices, du fruit ailé des érables (*Acer* spp.), etc.

Le maintien de la biodiversité nous apporte aussi des solutions durables à la protection de l'environnement et au bien-être humain : séquestration du carbone par les algues et les arbres, protection contre les inondations ou l'érosion, régulation du climat, préservation et restauration des nappes souterraines, réintroduction d'espèces disparues, etc.

E9.4. L'agroforesterie créatrice d'une biodiversité réduite mais utile

J'ai côtoyé l'agroforesterie au début de l'été 2002 pour la première fois de mon existence dans les vastes plaines du Shandong. Il s'agissait d'immenses étendues de blé tendre d'hiver *(Triticum aestivum)* situées sous les frondaisons de peupliers (*Populus* spp.), en zone irriguée.

Cette pratique, mise en œuvre en Chine dès la dynastie Han (206 av. J.-C.-220 apr. J.-C.), est très bien décrite au VIe siècle dans le livre *Qi Min Yao Shu* (Arts importants pour contribuer au bien du peuple) : la culture du chanvre *(Cannabis sativa)* y est recommandée sous des sophoras *(Sophora japonica)* pour que le premier développe une forte biomasse ; en corollaire, la forme de ces arbres associés était améliorée en vue de leur future plantation en bord de route.

Depuis les années 1950, cette méthode ancienne a été rénovée, puis promue par le Parti communiste chinois à partir d'un noyau de provinces – Anhui, Jiangsu, Henan, Hubei, Shandong, Shanxi, Zhejiang –, et elle a été étendue ensuite à une grande part du territoire national.

... /...

Carte des 5 projets d'agroforesterie implantés en Chine, Chang *et al.*, 2018

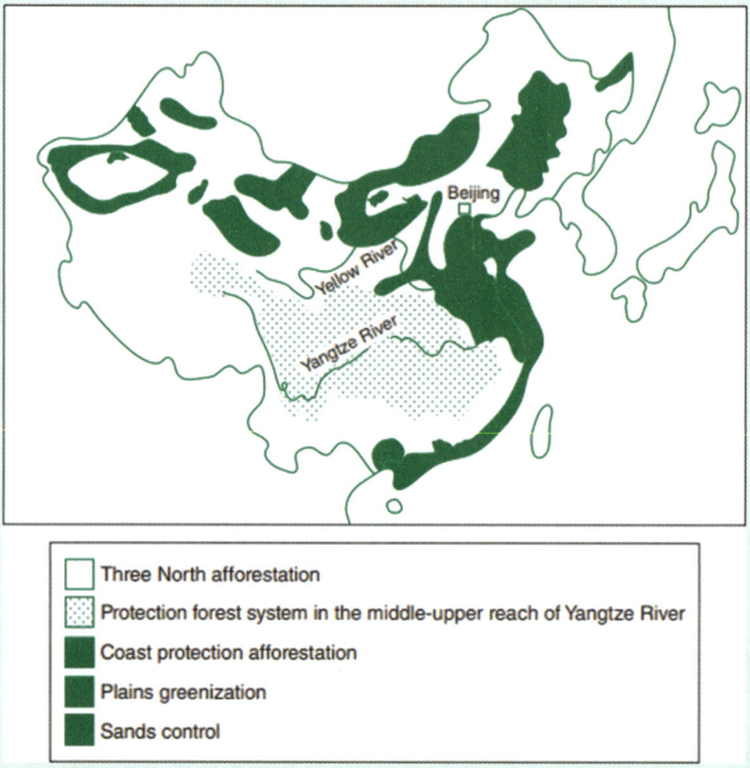

Elle combine selon les sites plusieurs cultures – blé *(Triticum aestivum)*, colza *(Brassica napus)*, légumes, millet des oiseaux *(Setaria italica)*, soja *(Glycine max)*, sésame (*Sesamum* spp.), etc. –, et différentes espèces d'arbres à vocation fruitière ou industrielle – arbre à suif *(Sapium sebiferum)*, dattier chinois *(Ziziphus jujuba)*, ginkgo *(Ginkgo biloba)*, mûrier à papier *(Broussonetia papyrifera)*, paulownia (*Paulownia* spp.), pêcher *(Prunus persica)*, poirier (*Pyrus* spp.), pommier (*Malus* spp.), etc.

Par rapport aux cultures classiques, l'agroforesterie conduit à un système à forte densité de main d'œuvre qui convient bien aux caractéristiques spécifiques de la Chine. Mais les scientifiques ont mis en évidence un enrichissement de la biodiversité locale – accroissement de la vie locale (nombre accru d'oiseaux et d'insectes, notamment ceux qui limite l'attaque des ravageurs, bactéries, champignons, mycorhization, etc.) – et divers avantages environnementaux (réduction des effets du changement climatique, meilleure fertilité des sols, conservation des sols et amélioration de leur structure, érosion limitée, réduction des îlots de chaleur, limitation de l'évapotranspiration, effet brise-vent des arbres, rétention de l'eau dans le sol, limitation du ruissellement, recharge des nappes phréatiques, etc.). Par rapport aux monocultures, il résulte de ce système plus diversifié une augmentation moyenne du rendement des cultures et un impact durable sur l'environnement via la séquestration du carbone provenant des arbres, ainsi qu'une amélioration du revenu par hectare pour les paysans.

Les études menées au cours de la seconde moitié du XXe siècle ont mis en évidence que sur Terre la répartition de la biodiversité était loin d'être homogène et qu'il existait 36 régions du globe où elle était particulièrement riche. Ces « points chauds » sont désormais cartographiés et doivent être particulièrement protégés.

Carte des points chauds de biodiversité

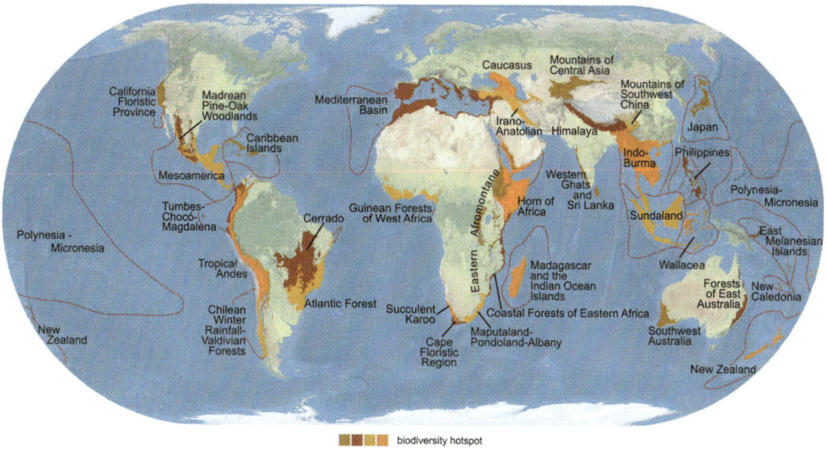

Conservation International (conservation.org) defines 35 biodiversity hotspots — extraordinary places that harbor vast numbers of plant and animal species found nowhere else. All are heavily threatened by habitat loss and degradation, making their conservation crucial to protecting nature for the benefit of all life on Earth.

Source : Zenodo.org

La manière la plus simple de préserver la biodiversité consiste à laisser évoluer *in situ* des écosystèmes sur de grands espaces, les moins fragmentés possibles par les activités humaines, et si possible choisis dans les « points chauds » précités.

Une autre manière de la protéger consiste en des pratique *ex situ*, c'est-à-dire pour des plantes terrestres par exemple en collectant des plants que l'on conserve dans des jardins botaniques, des collections *in vitro* ou sous formes de graines dans des banques de gènes. La préservation d'herbiers est également un moyen de mesurer l'évolution de la biodiversité sur le long terme.

9.5. Deux expériences étatiques de protection des forêts, le Bhoutan et le Costa-Rica

Depuis la seconde partie du XXe siècle, deux petits États d'origines totalement différentes et extrêmement éloignés l'un de l'autre, situés chacun dans un « point chaud » de biodiversité de la planète, ont adopté comme choix stratégique identitaire la protection de cette biodiversité. Cette convergence de destins concerne le royaume himalayen du Bhoutan et la république du Costa Rica.

E9.5. Éléments de comparaison Bhoutan *vs* Costa Rica en 2022

	Bhoutan	Costa Rica
Surface totale	38 294 km^2	51 100 km^2
Surface des forêts	73 % de la surface totale	53 % de la surface totale
Surface parcs et réserves	51,4 % de la surface totale	25 % de la surface totale
Surface agricole	13 % de la surface totale	10 % de la surface totale
PIB	2,6 milliards de dollars	68,4 milliards de dollars
PIB/habitant	3 478 dollars	13 374 dollars
Endettement de l'État	125 % du PIB	64 % du PIB
Population rurale	57 %	18 %
Taux de pauvreté	12 %	22%
Part de l'agriculture dans le PIB	19,1 %	6,5 %
Espérance de vie	67,3 ans	77,7 ans

Source : Bonjean & Dequidt, 2024

Coincé entre deux pays géants, la Chine au nord et l'Inde au sud, le royaume du Bhoutan, quatorze fois plus petit que la France pour 820 000 habitants, est encore assez méconnu, car il est resté fermé au monde jusqu'en 1974 et n'est devenu une monarchie parlementaire qu'en 2008. De tradition bouddhiste, cet État montagnard situé entre des sommets de plus de 7 000 m au nord et la plaine du Brahmapoutre au sud, a inscrit dans sa constitution de 2008 que sa couverture forestière nationale ne devait jamais tomber en dessous de 60 % de son territoire. Elle couvre actuellement 73 % de celui-ci, et 51,4 % du pays ont été sanctuarisés en parcs et réserves naturelles protégeant, entre autres, plus de 5 600 espèces de plantes, plus de 770 oiseaux et 165 mammifères dont de nombreuses espèces endémiques. Le Bhoutan veille également à sa biodiversité agricole et maintient une banque nationale de ressources phytogénétiques incluant notamment des cultures vivrières traditionnelles, des plantes médicinales et des fruitiers.

Le Costa Rica, presque onze fois plus petit que la France pour 5,2 millions d'habitants, se situe en Amérique centrale tropicale ; le pays est confronté à un volcanisme actif. Colonisé par l'Espagne du XVIe au XIXe siècle et placé sous l'influence géopolitique des États-Unis depuis 1945, il a brutalement déforesté ses terres pour être un exportateur majeur de café, banane, canne à sucre, cacao et ananas jusque dans le milieu des années 1980. À cette date, à l'occasion d'une élection, le Costa Rica a changé de politique et déclaré « la paix à la nature ». Désormais son territoire a été reforesté à 53 %, et pour 25 % est formé de parcs nationaux et de réserves qui regroupent 6 % de la biodiversité mondiale au sein de ses 0,03 % de terres émergées de la planète.

Ces succès de protection de la biodiversité, corrélés aux immenses surfaces forestières de ces deux États, n'ont été possibles que parce que chacun d'eux s'est appuyé sur une forte indépendance énergétique nationale, essentiellement liée à l'hydroélectricité, et aussi à une gestion assez bien maîtrisée de l'écotourisme. Même si ces politiques environnementalistes ne sont pas parfaites, elles ne sont pas source de décroissance, sont performantes et, selon les mots du philosophe Edgar Morin, « montrent qu'en dépit du changement climatique, il est possible de réconcilier la nature avec notre espèce et que, pour atteindre cet objectif, il convient de sortir de la pensée unique de la pure prédation et de la maximalisation perpétuelle du profit immédiat ». Ces expériences du Bhoutan et du Costa Rica prouvent qu'à l'avenir la préservation de la biodiversité mondiale pourrait passer par la cohabitation d'États préservant des habitats naturels de biodiversité au bénéfice de l'humanité avec d'autres États, plus développés, les finançant pour accéder à leur potentiel génétique de manière partagée, aussi juste et équitable que possible.

CHAPITRE 10

Menaces et enjeux mondiaux liés au végétal

10.1. Lutter contre la déforestation mondiale

En première lecture des observations conduites actuellement partout sur la planète, trois constats sévères ne cessent d'être répétés dans les discours les plus médiatisés et aboutissent à un quasi-consensus :

- La forêt régresse de plus en plus sur les terres émergées et, avec elle, la biodiversité qu'elle contient (écosystèmes, plantes, champignons, vertébrés, invertébrés, micro-organismes).
- L'agriculture moderne, industrielle, est le principal facteur récent de déforestation.
- L'humain est à la base de la déforestation mondiale post-dernière glaciation, laquelle s'est renforcée depuis le Néolithique et plus encore depuis la révolution industrielle.

Pour ma part, même si mes activités m'ont surtout conduit à observer et travailler dans des zones agricoles, j'ai eu la chance de pouvoir survoler et visiter à la marge un petit nombre de forêts primaires[88], communément appelées forêts vierges ou forêts naturelles, c'est-à-dire des forêts natives d'espèces indigènes sans trace ou presque d'activités humaines (poches résiduelles tropicales du Vietnam et du Yunnan en Chine, parties de la forêt amazonienne, notamment au Brésil, au Paraguay et au Pérou, taïgas du Canada ou de la Russie, forêt patagone froide en Argentine, forêts tropicales et équatoriales d'Afrique centrale). Toutes étaient caractérisées par de grands, voire très grands arbres, plusieurs fois centenaires, recouvrant des sous-bois plus ou moins denses, beaucoup plus difficiles à pénétrer que les forêts secondaires, autrement dit des forêts repoussées de manière spontanée après des coupes humaines ou plantées. Toutes étaient riches en biodiversité, même si elles étaient en voie de fragmentation plus ou moins intense pour des raisons diverses.

En ce qui concerne la régression des forêts primaires qui n'a fait que s'accentuer depuis le Néolithique, elle se poursuit de manière indéniable et rapide, même si elle a pu paraître ralentir dans certaines régions du monde ces dernières années. Selon les recherches du *World Resources Institute*, depuis 1800, 30 % de ces forêts ont disparu, 20 % ont été sévèrement dégradées, 15 % sont fragmentées, et 15 % seraient encore intactes.

---

88. La définition d'une forêt primaire en 2020 n'est pas évidente. Selon Jean-Luc Dupouey, directeur de recherche à l'INRA, « les scientifiques définissent souvent une forêt primaire comme la "première" forêt qui se développe sur un sol nu. La forêt secondaire est celle qui repousse après destruction de la forêt primaire par une perturbation importante. L'une des divergences principales est de savoir si l'on inclut les perturbations naturelles (incendies, tempêtes) comme provoquant le passage à une forêt secondaire, ou si l'on restreint les forêts secondaires à celles issues des actions de l'homme ».

En rouge forêts primaires détruites avant 2005, en vert forêts primaires subsistantes en 2005

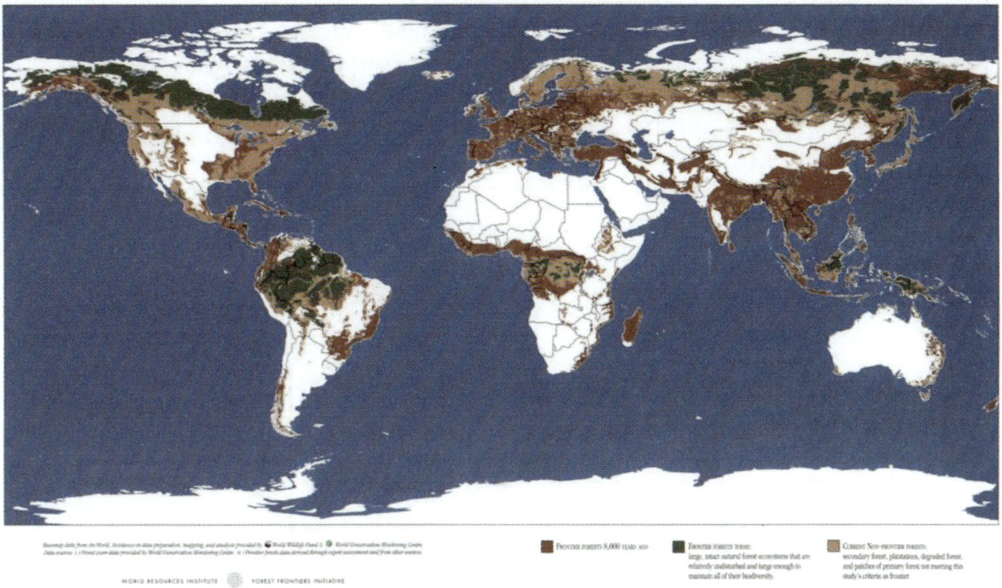

Source : World Resources Institute

Ainsi, aujourd'hui environ 31 % des terres émergées de la planère, soit un peu plus de 4 milliards d'hectares, restent couvertes de forêt dont

- 9 % de forêts primaires encore très peu affectées par les activités humaines,
- 20 % de forêts secondaires exploitées pour le bois ou d'autres usages,
- 2 % de forêts plantées (palmiers à huile, hévéas, théiers, caféiers, etc.).

Dix pays ayant créé des forêts conservatoires de biodiversité en 2015

Rang	Pays	Réserve de forêt primaire afin de préserver la biodiversité (milliers d'ha)	% de forêt nationale concernée
1	USA	64 743	21
2	Brésil	46 969	10
3	Mexique	28 049	42
4	Russie	26 511	3
5	Australie	26 397	21
6	R.D. du Congo	26 314	17
7	Venezuela	24 313	52
8	Canada	23 924	7
9	Indonésie	21 233	23
10	Pérou	19 674	27
	Total	308 147	

Source : http://www.fao.org/3/a-i4793e.pdf

Et, tandis que les forêts amazoniennes, africaines et asiatiques diminuent, dans certains pays riches la surface de forêt augmente : ainsi, en France, contrairement aux idées reçues, l'aire forestière a retrouvé son niveau du Moyen Âge, soit 17 millions d'hectares alors qu'elle était tombée aux environs de 9 millions d'hectares en 1830. Selon les données de la FAO, la surface forestière européenne a également augmenté dans son ensemble de 0,3 % annuellement entre 1990 et 2015, représentant aujourd'hui la surface du Portugal (90 000 km^2), les États-Unis de 0,1 % l'an, et l'Asie est devenue positive. Rien n'est donc inéluctable : même si, dans ce cadre, la raison de la reforestation dans l'hémisphère Nord a été principalement économique, elle s'est accompagnée d'une composante écologique. Des plantations se développent aussi dans certaines zones subtropicales et tropicales, tandis que des efforts de création de réserves naturelles de biodiversité forestière sont entrepris à grande échelle.

Paramètres de dégradation des forêts

Paramètres de dégradation forestière	Afrique subsaharienne	Amérique latine	Asie du sud-est
Pâturages	8%	2,5%	0,3%
Feux incontrôlés ou dits tels	7%	17,5%	4%
Bois combustible	52,2%	8%	14%
Bois matériaux	32,8%	72%	81.7%

Source : Jamet, 2020

Pour ce qui est de la deuxième fréquente allégation, selon laquelle l'agriculture moderne serait le principal facteur de déforestation, la réalité est beaucoup plus nuancée. Une analyse des principaux facteurs de déforestation et de dégradation des forêts tropicales et subtropicales, conduite entre 2000 et 2010 sur 46 pays, aboutit aux conclusions suivantes, beaucoup plus complexes. La déforestation, c'est-à-dire la suppression de la forêt, résulte principalement du développement de l'agriculture commerciale en Amérique latine, et notamment de la culture de maïs hybride et de soja génétiquement modifiés au sein de très vastes exploitations quasi industrielles. En Afrique subsaharienne et en Asie du Sud-Est, où l'exode rural est moins avancé, l'agriculture de subsistance de petits paysans pauvres, démunis de moyens de chauffage autres que le bois, est le premier facteur de déforestation, souvent couplé à des exploitations minières et à des expansions urbaines en général mal contrôlées.

Cette vaste étude reste toutefois simplificatrice, car, d'une part, elle privilégie surtout les facteurs de dégradation forestière, et, d'autre part, elle ne prend pas suffisamment en compte les données temporelles de la dynamique des systèmes forestiers. L'exemple de l'Indonésie montre que, contrairement à l'information largement diffusée, le palmier à huile est loin d'être le seul responsable de la déforestation de ce pays. Si cette dernière a débuté dans les années 1950, les pertes significatives de surfaces forestières ont été constatées « à partir des années 1970, essentiellement pour une utilisation interne du bois ». Cet usage s'est élargi dans les années 1980 à l'exportation de grumes vers le Japon et la Chine, parallèlement à un développement national du riz et de produits horticoles, puis l'Indonésie interdit les exportations de bois et devint jusque dans les années 2000 le leader mondial des contreplaqués tropicaux, puis un fabricant important de pâte à papier. Les plantations de palmier à huile ont en fait suivi ces activités pionnières sans lien de causalité directe :

- 1985 : 350 000 ha de plantations pour 1,2 millions de t (Mt) d'huile,
- 2000 : 2,0 millions d'ha pour 3,5 Mt d'huile,
- 2005 : 3,7 millions d'ha pour 11,9 Mt d'huile,
- 2010 : 5,8 millions d'ha pour 22,0 Mt d'huile,
- 2020 : 16,3 millions d'hectares.

Globalement, entre 1950 et 2015, l'Indonésie a perdu 68 millions d'hectares de forêt dont un quart seulement ont été tardivement transformé en palmeraies. L'économiste Jean-Paul Jamet, auteur de cette étude, conclut avec raison : « La focalisation sur la responsabilité des plantations de palmiers à huile est une illustration des biais générés par Internet, surtout quand on regarde les surfaces en friches (encore 45 millions d'hectares aujourd'hui). [...] En Indonésie, comme dans les autres continents, l'organisation de l'accès au foncier et au savoir-faire technique des petits agriculteurs serait la meilleure garantie pour une protection des espaces forestiers. » Il évoque plus loin un mode d'exploitation particulier des terres, l'agroforesterie, qui associe délibérément des cultures d'arbres à d'autres cultures ou/et à de l'élevage.

Carte de la répartition des différents vestiges archéologiques amazoniens

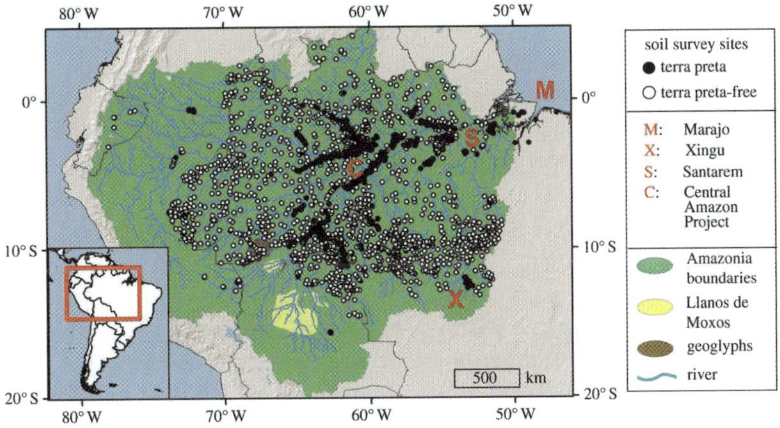

Source : McMichael *et al.*, 2014

L'archéologie montre que de premières nations amérindiennes ont ainsi cultivé la forêt amazonienne, que l'on croyait primaire, au moins entre les XIIIe et XVe siècles, sans doute bien avant. Plus de 400 000 km^2 de terres surélevées pour échapper aux inondations, noires, riches en charbon de bois, cendres, poteries, « entretenues » par des animaux invertébrés tels que des termites et des fourmis champignonnistes, ainsi que par une microflore particulière, ont ainsi été repérés dans le sud du bassin amazonien depuis une grosse dizaine d'années. Les humains y cultivaient, entre autres, le manioc, la courge, l'arachide, le maïs, le piment, des haricots sous des arbres tels que le cacaoyer, son cousin le cupuaçu ou l'açai (palmier pinot). Il en est souvent de même en Amérique centrale.

J'ai pu visiter des systèmes agroforestiers modernes, un peu plus simples que cet exemple historique et néanmoins similaires sur bien des aspects, dans des régions très différentes de la planète. Par exemples, en Chine et au Congo. En Chine de l'Est, au Shandong qui est une région de plaines de basse altitude en zone tempérée, à la fois très céréalière et très horticole, des cultures de blé, de maïs, d'oléo-protéagineux ou de certains légumes sont établies sous des plantations peu denses de peupliers, souvent couplées à quelques arbres fruitiers. La présence de ces arbres aide à prévenir l'érosion éolienne hivernale, filtre l'eau, recharge les nappes phréatiques et limite les pertes l'été par irrigation. Les peupliers coupés tous les 8-15 ans fournissent du bois (fabrication de cagettes à légumes et fruits, baguettes pour manger, petit mobilier rural, etc.). les fruits sont soit vendus, soit autoconsommés. Au Congo, sous climat équatorial, des zones agroforestières ont été établies, associant des arbres comme de vrais acacias fixant dans le sol l'azote de l'air et le rendant ainsi plus fertile et propice à des cultures vivrières, souvent conduites par des femmes ; les arbres y sont coupés tous les 8-10 ans, et leur bois est principalement utilisé comme combustible. Dans les deux cas, l'agroforesterie, outre un effet bénéfique sur la gestion des sols et de l'eau, génère des revenus diversifiés pour les agriculteurs locaux ainsi que des bénéfices complémentaires (bois, fruits, fourrages...). Cette technique en développement, que certains considèrent comme proche de la permaculture et qui devrait se développer, crée un microclimat aidant à lutter contre le réchauffement climatique, maintient un certain niveau de biodiversité et, plus globalement, comme toute forêt, stocke du carbone grâce à la photosynthèse, réduisant ainsi l'émission de gaz à effet de serre.

Pour conclure ce texte sur les forêts, je voudrais souligner trois points :

- C'est un fait, la planète qui nous abrite n'est plus couverte en grande partie de forêts primaires comme l'ont connue une partie de nos ancêtres au Paléolithique ou même des explorateurs de la période historique. Toutefois, il est encore possible d'explorer une forêt primaire et de constater que ce n'est pas un lieu de vie idéal pour nous humains. Il reste que ce qu'il subsiste de forêt primaire constitue encore une réserve incroyable de biodiversité, source entre autres de molécules pour la chimie fine et la pharmacie, et que la compréhension de son fonctionnement pourra aider à trouver des solutions aux perturbations anthropocènes que nous connaissons.
- Vivre avec des forêts secondaires, voire des forêts plantées et même de l'agroforesterie réinventée correspond plutôt à notre espace-temps.

- Plus globalement, l'exemple du secteur forestier montre la complexité de la notion d'« état de nature » au niveau de la planète : ce que nous appelons forêt vierge aujourd'hui ne l'était pas forcément hier. Ainsi la forêt amazonienne que les médias qualifient de « poumon de la planète » était-elle largement exploitée par des populations autochtones d'agriculteurs avant 1492. Il en était de même en Amérique centrale pour une grande partie du territoire maya. C'est le génocide post-colombien, dû principalement aux microbes apportés par les conquistadors européens, qui a fait retourner ces immenses régions à l'état de forêts primaires avant qu'elles ne commencent à être mises en valeur différemment dès la fin du XIXe siècle. L'industrialisation de leur exploitation a ainsi fait passer ces forêts de cycles de temps longs à un cycle de temps court sans tenir compte des contraintes biologiques des arbres, des plantes et des écosystèmes qui les constituaient.

E10.1. Le palmier-bâche, un rescapé des premières anthropisations de la forêt amazonienne redevenu quasi sauvage

Le palmier-bâche (*Mauritia flexuosa* L. f., 1782) est un grand palmier dioïque de 25-40 m de haut de la vaste famille des Arécacées, présent dans les sols constamment gorgés d'eau des bassins de l'Amazone et de l'Orénoque ainsi que sur l'île de la Trinité où il peut s'établir parfois en formations denses monospécifiques couvrant des milliers d'hectares. Il nécessite une pluviosité minimale de 1 200 mm par an et croît depuis de basses altitudes jusqu'à 1 000 m dans les contreforts andins. C'est probablement le palmier le plus abondant d'Amérique du Sud, où il est exclusivement présent. La botaniste Claudia de la Torre voit en lui « un formidable indicateur écologique des sols pauvres, acides, mal drainés ou affectés par la crue des cours d'eau ; merveilleux indicateur de zones marécageuses ou à pluviométrie supérieure à 2 m/an, car il possède les structures racinaires (pneumatophores) lui permettant d'assimiler les nutriments en condition anaérobique ».

Ses feuilles et ses pétioles étaient et sont encore parfois utilisés par certains peuples premiers amazoniens comme toitures et aussi comme plantes à fibres (cordes, paniers, hamacs, chapeaux, masques rituels, robes, etc.). La moelle des pétioles sert à faire des bouchons. Les boutons floraux peuvent être cuits comme des légumes. Son stipe peut être réduit en farine. Ses fruits sont consommés par les populations indigènes pour leurs propriétés nutritives, car leur pulpe est riche en protéines, vitamines (notamment A et C), calcium et fer ; ils sont principalement mangés frais ou participent à la réalisation de jus, de compotes, de confitures, de desserts ou de sorbets. L'huile extraite du mésocarpe et des amandes est employée en cuisine et

… / …

pour la fabrication de savon. Les fruits du palmier-bâche attirent aussi beaucoup les oiseaux, les tortues, certains mammifères comme les pécaris et les agoutis, et, tombés dans l'eau, ils servent de nourriture aux poissons, ce qui est favorable à la chasse comme à la pêche.
C'est aussi une plante médicinale cicatrisante, antioxydante et hydratante, utilisée surtout pour son huile, riche en acide oléique, bêta-carotène – c'est la source la plus riche connue en bêta-carotène avec 152 000 µg RAE/100 g dans l'huile, et en tocophérols – lors de coups de soleil, de brûlures et pour les soins de la peau et des cheveux. Dans certaines communautés du centre du Brésil, le « vin » (liquide) tiré du stipe est utilisé contre le diabète, les racines contre les rhumatismes et les problèmes de dos, le jus de pétiole contre les morsures de serpent, l'huile extraite du mésocarpe des fruits contre les problèmes respiratoires, l'asthme, la grippe, les fièvres, et la poudre fabriquée à partir des graines rôties aide les femmes à accoucher.

Aujourd'hui encore planté près de quelques maisons en forêt et y existant surtout de manière férale, le palmier-bâche qui a une importance considérable dans les mythologies des peuples amazoniens est vu comme une espèce très anciennement utilisée par l'humain et l'élément le plus représentatif des vestiges écologiques et culturels précolombiens des peuples agroforestiers de l'Amazonie, dont les rites et coutumes sont en voie de disparition.

Contrairement à ce qui a trop longtemps été enseigné, l'Amazonie est en effet une forêt depuis longtemps anthropisée. Les premiers hommes qui ont découvert ces régions de basses terres provenaient, semble-t-il, d'Amérique du Nord entre 27 000 et 13 000 ans AP (avant le présent). Diverses trouvailles archéologiques récentes montrent que ces premiers peuples, bien que très dispersés et épars, ont profondément modifié la région amazonienne depuis 12 000 ans, établissant des habitats et modifiant profondément les conditions naturelles du bassin. Des fouilles récentes pratiquées en Colombie à Cerro Azul dans la vallée de la Guaviare ont mis à jour des phytolithes et des restes de palmier-bâche ainsi que d'açai *(Euterpe precatoria)*, datés d'environ 12 000 ans AP. D'autres excavations entreprises en Colombie à Peña Roja ont montré l'exploitation d'un plus grand nombre de palmiers et d'autres fruits vers 10 000 ans AP, suggérant que ces diverses espèces étaient exploitées par l'homme et que certaines, dont le palmier-bâche, étaient alors entrées en prédomestication. Si aujourd'hui, la culture du palmier-bâche s'avère relictuelle dans cette vaste région d'Amérique latine, d'autres études ont simultanément montré qu'en Amazonie, les palmiers et les arbres utiles à l'homme conservent des distributions six fois plus importantes que celles des espèces non utilisées démontrant une fois de plus l'influence très profonde de notre espèce sur la diffusion de ces espèces dans le milieu forestier, sur de grandes distances.

10.2. Mieux comprendre le changement climatique et s'y adapter

Parmi les menaces auxquelles les générations actuelles et à venir sont confrontées, le changement climatique est, malgré les résistances de quelques climatosceptiques en nombre déclinant, devenu une réalité perceptible par la majorité de nos contemporains. Il se traduit en effet par une augmentation de la température moyenne des mers, de la surface terrestre et de l'atmosphère au cours des XXe et XXIe siècles, ainsi que par des épisodes climatiques extrêmes (sécheresses, inondations, tornades, cyclones, apparition de pluies quasi tropicales dans les zones tempérées, fonte des glaces polaires et de haute montagne, etc.) dont chacun peut constater l'impact là où il vit. De plus, les moyens de communication dont nous disposons nous permettent d'en suivre visuellement les effets quasi instantanément dans les autres régions du monde, ce qui n'était pas le cas avant la seconde moitié du XXe siècle.

Malgré la complexité de ce phénomène, ce bouleversement des aléas climatiques est de mieux en mieux mesuré par le GIEC (Groupe d'experts intergouvernemental sur l'évolution du climat, créé en 1988 sous l'égide de l'Organisation météorologique mondiale OMM et du Programme des Nations unies pour l'environnement, PNUE), qui a publié son 6e rapport d'évaluation en 2023. Nous savons aujourd'hui qu'il résulte de la combinaison d'évolutions naturelles du climat que nous ne pouvons que constater et d'effets issus des activités humaines que nous pouvons, à l'inverse, tenter de réguler en modifiant nos comportements.

Évolution de la température de la planète depuis 12 000 ans

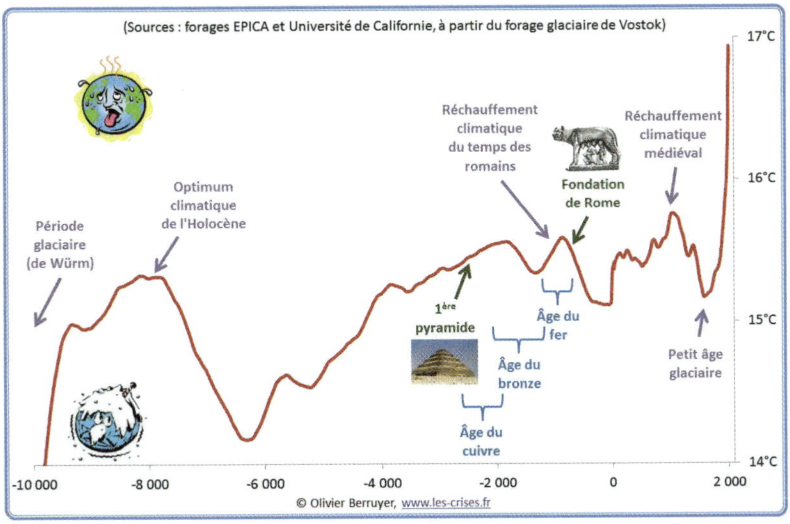

Depuis des temps bien plus anciens que l'humain, de manière naturelle, le climat de la Terre résulte du rayonnement solaire qu'elle reçoit. Sa surface se réchauffe en l'absorbant et émet en contrepartie du rayonnement infrarouge absorbé en partie par certains gaz (vapeur d'eau, dioxyde de carbone, etc.) et par les nuages – ce phénomène, dit effet de serre, joue un rôle essentiel dans la régulation du climat qui atteint ainsi naturellement une température de 14-15 °C en moyenne. Sans celui-ci, la température moyenne du globe avoisinerait -18 °C.

Ouverture des dates de vendanges à Beaune sur la période 1371-2010

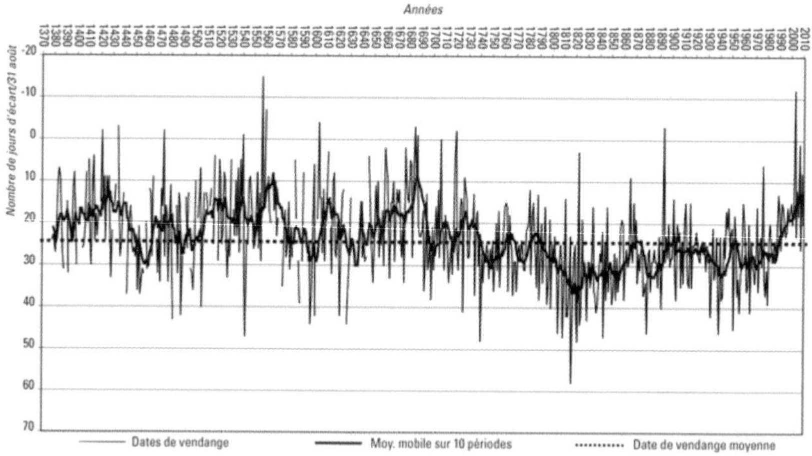

Source : Labbé et Gaveau 2013

La finitude de la vie humaine – en France, espérance de vie moyenne de 20-30 ans en 5000 av. J.-C., d'environ 45 ans en 1900, 79,2 ans pour les hommes et 85,3 ans pour les femmes en 2020 – nous fait souvent sous-estimer l'amplitude des fluctuations passées du climat, essentiellement liées aux séquences des éruptions solaires. Des travaux d'historiens nous permettent heureusement d'en prendre parfois conscience. Voici un exemple : en fonction des températures annuelles, l'ouverture des vendanges de pinot noir en Bourgogne a varié sur la période 1371-2010 entre le 16 août, en 1556 (presque égale au 19 août 2003 que nous avons connue), et le 18 octobre, en 1821, soit d'environ 2 mois, ce qui est considérable.

Concentrations historiques de CO_2 (dioxyde de carbone), en parties par million (ppm), de 0 à l'année 1750 (à gauche) et sur la période industrielle (à droite)

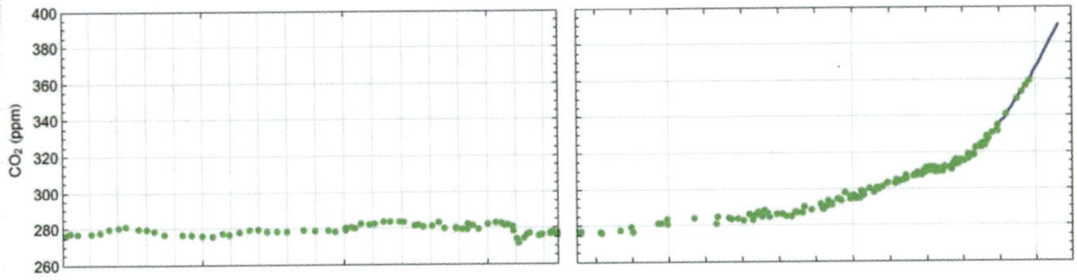

Source : 5e rapport du GIEC, chapitre 6, 2013

Depuis l'avènement de la Révolution industrielle et son développement, l'effet de serre naturel précité a fortement augmenté, induit par des émissions d'autres gaz à effet de serre (dioxyde de carbone anthropique, méthane, protoxyde d'azote, hexafluorure de soufre, etc. – cf. encart) générés par les activités humaines – ce que le biologiste E. Filmore Stoermer (1934-2012) et le météorologue P. Crutzen, Nobel de chimie 1995, ont popularisé sous le terme ambigu d'Anthropocène. L'effet « boule de neige » de notre démographie (1750 : 660 millions d'humains ; 1800 : 1 milliard ; 1950 : 2,5 milliards ; 2023 : 8 milliards) a, il convient de le souligner, fortement contribué à cet « embonpoint » de l'effet de serre. Il en a résulté que la température moyenne de nos terres émergées a augmenté de 1,0 à 1,2 °C depuis 1880 et que, si l'on n'y prend pas garde, elle pourrait encore s'accroître de manière terrifiante.

E10.2.a Principaux gaz à effet de serre générés par les activités humaines

Dioxyde de carbone (CO_2) : Ce gaz généré par les activités humaines (combustion de charbon, gaz, pétrole, cimenteries, déforestation, etc.) contribue pour environ 2/3 à l'augmentation anthropique de l'effet de serre. Il a une durée de vie dans l'atmosphère supérieure à la centaine d'année, ce qui explique que non seulement la lutte contre le réchauffement climatique est un objectif mondial, transnational, mais aussi impliquant plusieurs générations humaines successives.

Méthane (CH_4) : Ce gaz provient de sources directement induites par les activités humaines (exploitations gazières et pétrolières, décharges de déchets, rizières inondées, élevage de ruminants) et aussi du dégel du permafrost. Sa durée de vie dans l'atmosphère est d'une douzaine d'années.

... /...

Protoxyde d'azote (N_2O) : Il provient de la fabrication et de l'usage des engrais azotés et de divers procédés industriels. Sa durée de vie avoisine cent vingt ans.

Hexafluorure de soufre (SF_6) : Ce gaz sert à la production de magnésium et a de multiples applications électriques, métallurgiques, médicales, etc. En 2021, la Chine était à l'origine de 57 % des émissions mondiales de ce produit. Sa durée de vie dans l'atmosphère atteint 3 200 ans, mais, heureusement, sa contribution à l'effet de serre est inférieure à 0,3 %.

Hydrocarbures perfluorés (PFC) : Ces gaz sont des composés halogénés de la famille des fluorocarbures. Émis en faible quantité dans l'air, ils contribuent au réchauffement climatique en raison d'un potentiel de réchauffement en moyenne 7 800 fois plus élevé que celui du CO_2 et d'une durée de vie très longue, allant de 2 600 à 50 000 ans selon les molécules.

Hydrofluorocarbures (HFC) : Ces gaz sont des halogénoalcanes de la famille des fluorocarbures très impliqués notamment dans l'industrie du froid. Leur potentiel de réchauffement global correspond en moyenne à 2 800 fois celui du CO_2, mais, à quelques exceptions près, ils ont une durée de vie inférieure à 100 ans.

Trifluorure d'azote (NF3) : Ce composé azote-fluor est de plus en plus utilisé comme graveur chimique en micro-électronique. Bien que relâché dans l'atmosphère en quantités très réduites, son potentiel de réchauffement global estimé à 17 000 fois celui du CO_2 pour une durée de vie de 550 ans rend ce gaz presque aussi dangereux que le SF_6.

Il est à noter que le protocole de Kyoto visant à la réduction des émissions de ces neuf gaz a été signé par 191 États et l'Union européenne en décembre 1997 ; il est entré en vigueur fin novembre 2005 lors de la Conférence de Montréal. Depuis, ce protocole a été, difficilement, révisé plusieurs fois. L'objectif de l'Accord de Paris de 2016 est de maintenir l'augmentation de la température moyenne de la planète bien en dessous de 2 °C par rapport aux niveaux préindustriels et, de préférence, de limiter l'augmentation à 1,5 °C, en réduisant au plus vite les émissions de gaz à effet de serre pour tenter d'atteindre le niveau zéro à la fin du XXIe siècle.

L'inertie du système du climat terrestre est considérable : en effet, ce ne sont pas les émissions annuelles qui influent sur le climat mais la masse globale des gaz à effet de serre dans l'atmosphère. Rien que pour le CO_2, son stock dans l'atmosphère est actuellement évalué à 3 200 milliards de tonnes, alors que le flux net annuel des émissions s'élève à 16 milliards de tonnes. Ce seul CO_2 surtout issu de la combustion des énergies fossiles est très stable, et sa substitution par des technologies renouvelables nécessitera des investissements considérables et beaucoup d'innovations pour stocker l'électricité. Par ailleurs, la Chine et l'Inde construisent encore respectivement 2 et 1 centrales à charbon par semaine et les exploiteront au moins 40 à 50 ans...

Au niveau du végétal, le changement climatique a et aura un impact sur les cultures telles qu'elles sont pratiquées aujourd'hui. À quelques exceptions près, les températures plus élevées feront diminuer la biomasse, affecteront les rendements et la qualité des récoltes ; des pertes de productivité par respiration auront lieu si l'on assiste à des écarts élevés de températures diurnes et nocturnes. Les variations de couverture nuageuse et de précipitations conduiront à des périodes de sécheresse prolongée, d'inondations et de grêle. De nouveaux ravageurs et des maladies apparaîtront tandis que certains insectes pollinisateurs pourraient être raréfiés. Mondialement, si l'on ne fait pas évoluer rapidement les critères de sélection, beaucoup de productions végétales devraient être impactées négativement, quelques-unes positivement avec de gros écarts régionaux : ainsi, selon diverses modélisations le blé tendre *(Triticum aestivum)* devrait mieux s'en sortir que le maïs *(Zea mays)*.

E10.2.b Conséquences du réchauffement climatique pour le blé tendre européen, première culture de l'Union européenne, d'ici la fin du XXIe siècle

D'ici la fin du XXIe siècle, les printemps et les étés devraient être en moyenne de plus en plus chauds et secs, et les hivers moins froids, entrecoupés de temps à autre d'années humides avec des précipitations parfois violentes comme en 2024.

La durée moyenne du cycle du blé devrait être raccourcie avec une réduction de la phase de tallage hivernal. Le risque de déficit de vernalisation dans les bordures atlantiques et le sud de l'Union européenne pourra même aller jusqu'à la remise en cause de certaines céréales d'hiver dans ces régions. L'impact sur la vernalisation sera en revanche moindre en Europe centrale, du Nord et de l'Est.

D'ici 2050, les dates de semis ne devraient guère changer, car les retarder permettrait à la montaison d'éviter les basses températures en sortie d'hiver et de gagner en rayonnement solaire, mais la fin du cycle se chevaucherait avec la période estivale, exposée aux vagues de chaleur et aux sécheresses plus intenses. Dans certaines zones, il pourrait y avoir des risques de gel

... / ...

d'épis en sortie d'hiver plutôt qu'au printemps chez des blés ayant subi en situation de pré-épiaison plusieurs journées à basse température et un déficit de rayonnement.

Pour ce qui est des pathogènes, une évolution est à prévoir et, notamment, un accroissement des attaques de virus et d'insectes.

En revanche, les dates de moissons devraient devenir plus précoces pour éviter l'échaudage : mi-juin en Europe du Sud, début à mi-juillet au Nord.

Afin d'adapter les futurs flux variétaux à ces évolutions, les sélectionneurs n'hésiteront pas à utiliser les ressources génétiques des blés accumulées au cours du xxe siècle dans les banques de gènes et tous les outils mis à leur disposition, y compris les NBT (*New Breeding Techniques*, soit en français nouvelles technique de sélection). Ils auront probablement aussi recours à la mycorhization des blés pour accroître leur tolérance aux stress abiotiques et biotiques et travailleront également leurs microbiotes dans le même but.

10.3. Arrêter de dénigrer et tourmenter les agriculteurs

Si la déforestation mondiale et le changement climatique menacent l'humanité autant que le succès récent de notre démographie, ce sont là de grands événements qui ont encore relativement peu d'emprise sur le quotidien de nos semblables qui sont loin, tous, d'en mesurer – notamment en Europe – les conséquences ; pourtant, les scientifiques prédisent que celles-ci pourraient s'avérer catastrophiques d'ici quelques générations, voire mortifères. Peut-être cette appréciation du temps long – un temps qui dépasse l'espérance de vie humaine – explique-t-elle d'ailleurs qu'une partie de nos contemporains, focalisés sur le présent ou le court terme, ont du mal à en appréhender la dangerosité.

Le fait que les agriculteurs soient devenus, au cours du xxe siècle, une minorité qui ne pèse plus que marginalement au niveau électoral[89] dans un monde plus en plus urbain constitue aussi une menace latente quant à la stabilité de notre alimentation

89. Ainsi en 2024, l'Union européenne a recensé 449 millions d'habitants dont 220 millions d'actifs incluant près de 9 millions agriculteurs soit seulement 4 % de la population active.

quotidienne. J'en citerai deux exemples d'actualité que je trouve particulièrement choquants : la « guerre des bassines » et l'« agribashing ».

Depuis le Néolithique, l'accès à l'eau douce, liquide porteur de vie, a toujours été au centre des préoccupations des agriculteurs. Sans précipitations ou irrigation, les semis ne lèvent pas, et les cultures ne donnent pas de récoltes, d'où la multiplication des rituels inventés par toutes les civilisations agricoles qui se sont succédé, à la fois pour provoquer la pluie afin d'éviter disettes et famines, et aussi, presque paradoxalement, pour éviter ses excès sous forme d'inondations dévastatrices, tout aussi nuisibles à notre sécurité alimentaire.

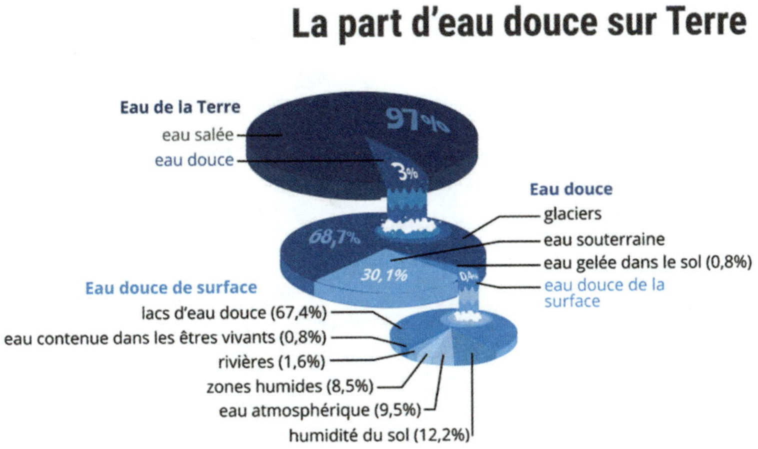

Source : https://www.alloprof.qc.ca/

Si le volume d'eau salée présent sur terre est estimé à 1,4 milliard de km³, celui d'eau douce essentielle à notre vie n'en représente que 2,8 % à 3,0 %. Il se trouve essentiellement dans les glaces des deux pôles, les glaciers des montagnes, les lacs et les rivières ainsi que dans les nappes souterraines et sous forme de vapeur d'eau dans l'air. Selon l'Unesco, du fait de l'accroissement considérable de la population humaine depuis 1900, les prélèvements bruts d'eau douce par l'homme sont passés de 600 km³ par an au début du xxe siècle à 3 880 km³ par an en 2007, même si le taux de prélèvement global d'eau douce se situe à 10,5 % du taux de renouvellement moyen annuel de la ressource en eau douce. Les prélèvements nets après recyclage des rejets s'élèvent quant à eux à 2 600 km³ par an.
À notre époque où le réchauffement climatique n'est plus contesté que par des individus aussi anachroniques que ceux qui prétendent encore que la Terre est plate, 69 % de l'eau douce prélevée est effectivement destinée à l'agriculture, élevage inclus, 19 % à la production d'énergie et à l'industrie, et 12 % directement aux autres besoins humains. Par suite, nombre de nos contemporains s'inquiètent à juste titre de constater que certains bassins fluviaux, du fait de prélèvements excessifs, s'assèchent déjà avant d'atteindre la mer, à l'exemple du fleuve Jaune en Chine qui ne coule plus régulièrement jusqu'à la mer Jaune.

Ces excès ponctuels ne doivent pas faire oublier que notre alimentation est basée avant tout sur le végétal et que les plantes restituent chaque été une quantité importante de l'eau douce absorbée par évapotranspiration, sous réserve d'avoir pu croître jusque-là.

La relative rareté de l'eau douce ne sera pourtant pas résolue par la « guerre des bassines » que prônent actuellement les détracteurs à courte vue du développement des retenues d'eau.

Cycle mondial de l'eau

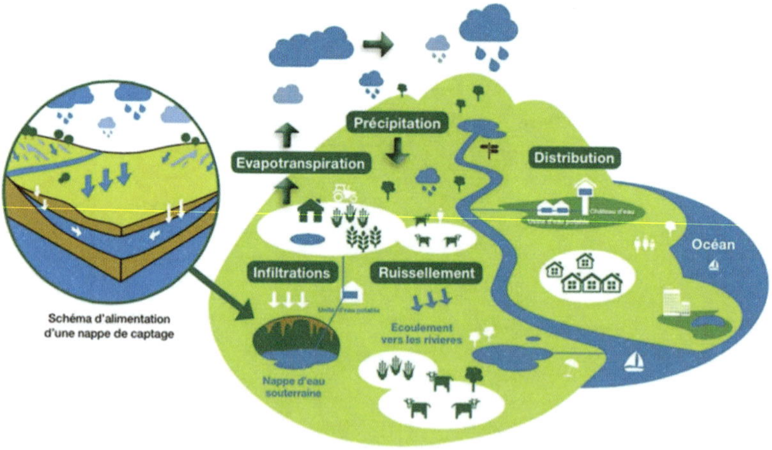

Source : agro.basf.fr

Chacun doit comprendre que rien que dans l'Union européenne, 20 % des territoires sont aujourd'hui en stress hydrique – un problème bien plus marqué dans d'autres régions du monde. La complexité du cycle de l'eau douce nécessitera de combiner plusieurs solutions pour gérer durablement cette ressource.
Plutôt que de voir disparaître en mer l'eau des rivières en périodes de hautes eaux, en stocker une partie raisonnable dans de nouveaux investissements de stockage qui pourraient bénéficier d'une appellation plus positive que celle de « bassine » n'a rien d'idiot en soi. Ce projet devient même crucial pour la sécurité alimentaire et bénéficiera à l'ensemble de la société civile, agriculteurs compris, autant qu'au maintien de la biodiversité. Réutiliser autour des villes et des industries des eaux usées, plus ou moins assainies, fait également sens. Désaliniser de l'eau de mer, malgré le coût énergétique de l'opération et la question de la valorisation des sous-produits, paraît envisageable dans certaines situations. Utiliser de l'eau de mer pour cultiver des macroalgues marines en complément de nos légumes actuels ou pour constituer des réserves de poissons ou des crustacés devrait aussi faire sens.
Plus globalement, nous devons bien évidemment éduquer dès l'école les jeunes générations à être plus attentives et plus sobres vis-à-vis des usages de l'eau douce et arrêter d'opposer systématiquement agriculteurs et autres usagers

sur la question cruciale de l'eau. C'est en effet sous l'impulsion des agriculteurs, soucieux de réduire leur consommation d'intrants, que les chercheurs et les semenciers créent de plus en plus de variétés de plantes tolérantes au stress hydrique et valorisant mieux l'eau douce, tendance qui devrait s'amplifier partout où le recours systématique à l'emploi du séquençage, à la génomique et à l'édition de gènes pourra se développer. C'est aussi à eux que l'on doit le développement de l'agriculture de conservation des sols limitant l'érosion et enrichissant le sol en humus grâce à des couverts végétaux ou à des pratiques d'agroforesterie. Par ailleurs, les nouveaux outils d'irrigation – capteurs numériques mesurant avec précision les besoins physiologiques des végétaux, techniques de goutte-à goutte, hydroponie, etc. – permettront de limiter les usages agricoles de l'eau douce.

E10.3. Petite histoire des qanats

Évoquer les qanats dans un livre sur le végétal pourra paraître surprenant. Je tiens cependant à cet encart, car il montre, à notre époque des « bassines », que la coexistence entre l'humain et l'eau autour de l'irrigation des cultures possède une longue histoire, souvent harmonieuse, dont nous ferions bien de nous inspirer en cette période de réchauffement climatique.

Schéma et exploitation d'un qanat

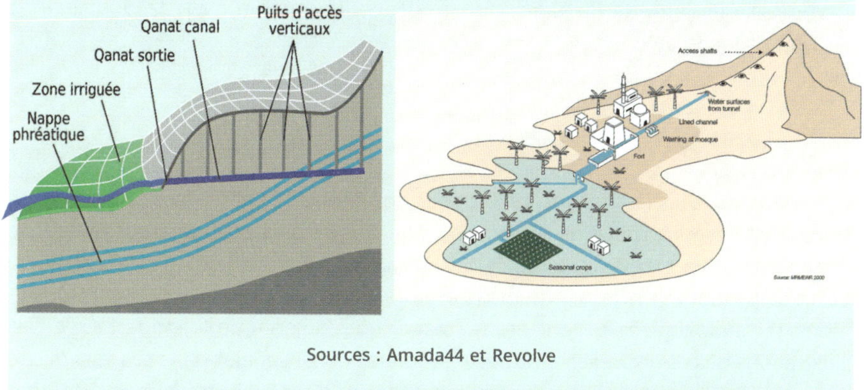

Sources : Amada44 et Revolve

Selon l'historien H. Goblot, un qanat est « une technique de caractère minier qui consiste à exploiter des nappes d'eau souterraines au moyen de galeries drainantes ». Les premiers auraient été établi à la fin du Ier millénaire av. J.-C. dans le nord-ouest du plateau iranien, peut-être au départ pour extraire l'eau de mines. Très vite leur creusement qui a deux avantages majeurs par rapport à des canaux – il évite les pertes d'eau par évapotranspiration et l'encombrement par de la végétation sur ses berges – aurait permis

.../...

aux Perses de créer des nouvelles zones habitables dans des régions initialement semi-désertiques et d'y permettre l'agriculture. Le plus long connu se situe dans la région de Gonabad, au nord-est de l'Iran, et mesure plus de 70 km. Il y aurait eu plus de 60 000 qanats en Perse dont 33 000 seraient encore fonctionnels en Iran de nos jours.

Diffusion de la technologie des qanats

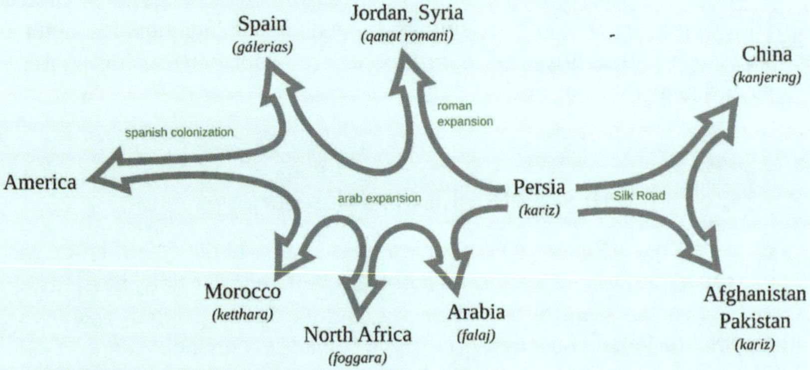

Source : emesik

Vu son grand intérêt, cette technologie a ensuite été diffusée dans toute l'Eurasie et l'Afrique du Nord, puis d'Europe en Amérique par la colonisation espagnole.

Par ailleurs, depuis les années 1980 et surtout depuis le début du XXIe siècle, l'agriculture est devenue l'objet de controverses de plus en plus violentes sous l'influence d'activistes écologistes radicaux et d'ONG qui, abandonnant la science et la logique au profit de politiques environnementalistes idéologiques, se sont opposés aux ajustements technologiques de l'agriculture. C'est ce que l'on nomme l'« agribashing ». Des illustrations de ces nouvelles pratiques, devenues quasi banales dans ces faits divers que sont, en France et en Allemagne, les attaques d'agriculteurs en train de traiter leurs champs contre des ravageurs par des activistes, souvent pourtant eux-mêmes largement vaccinés, ou encore les violences qui affectent les filières agricoles jusqu'à des attaques sur des bouchers, sous prétexte que leurs activités soutiennent l'élevage. Un autre exemple plus extrême en est la guerre, il n'y a pas d'autre mot, que l'ONG Greenpeace mène depuis des décennies contre la mise sur le marché de riz doré, un OGM dont le grain devenu jaune est enrichi en bêta-carotène, un précurseur de la vitamine A, inventé dès les années 1980 par les scientifiques allemands I. Potrykus et P. Beyer – tout cela parce que, pour Greenpeace, la commercialisation de ce produit risque d'ouvrir la voie à d'autres approbations réglementaires de variétés de plantes génétiquement modifiées. La conséquence de cette prise de position idéologique, faussement argumentée à base de pseudo-science[90] diffusée sur les réseaux sociaux, est que, chaque année, cette organisation condamne, essentiellement en Asie, un demi-million d'enfants à devenir aveugles par carence en vitamine A, plus encore à développer des retards cognitifs. Environ 70 % de cette population mourra dans l'année qui suit la perte de la vision.

Et, quand le mensonge ne suffit plus, les activistes de cette pseudo-écologie s'appuient fréquemment sur l'inquiétude spontanée du public à l'égard des innovations. Ils vont jusqu'à susciter des mesures réglementaires telles que l'interdiction de développements technologiques agricoles. Ces activistes freinent ainsi le passage vers une agriculture réellement agroécologique et mieux adaptée au changement climatique. C'est ainsi que, depuis les années 1980, l'Union européenne s'est imposé des règlements qui sont une forme déguisée d'interdiction des cultures génétiquement modifiées, réduisant la compétitivité de ses exploitants agricoles et limitant sa capacité d'exportation vers de nombreux pays souffrant d'insécurité alimentaire. Et aujourd'hui, alors que nous savons par les apports de la science que les plantes modifient constamment leurs génomes de manière naturelle et que nous avons une connaissance de plus en plus fine de ces génomes, l'Union européenne traîne à changer ses usages et à fournir rapidement aux filières agricoles la capacité d'utiliser l'édition génique, technologie permettant de rendre les plantes plus résilientes aux changements climatiques et capables de continuer à nous alimenter tout en respectant mieux l'environnement. Quand simultanément nos grands concurrents américains et chinois utilisent cette innovation pour renforcer leur compétitivité au niveau mondial, il est grand temps de nous réveiller : sinon, demain, les Européens n'assureront plus leur autosuffisance alimentaire et importeront ce qu'ils pourraient produire, de pays ne respectant pas nos normes, et nous nous appauvrirons dramatiquement. Est-ce vraiment ce que nous voulons pour notre descendance ?

Jusque-là, dans notre longue coexistence avec le végétal, nous n'avons abordé que des risques que notre espèce peut espérer maîtriser à terme plus ou moins rapproché. Pour être complet, il faut dire qu'existent des risques différents bien plus menaçants encore, du type du « cygne noir » au sens du statisticien Nassim Taleb. Ce sont des événements inattendus et imprévisibles qui peuvent totalement bouleverser notre environnement. Aujourd'hui, par rapport au végétal qui nous préoccupe, j'en vois de deux types : privant les plantes de l'accès à la lumière solaire, ils aboutiraient probablement à la destruction de l'humanité dépourvue de nourriture.

90. On n'est plus là dans la science militante mais dans les « *fake news* » et l'absence pure et simple d'éthique. Greenpeace qui n'est pas à une contradiction près dans son combat, a prétendu combattre le riz doré parce que les teneurs en bêta-carotène qu'il contient seraient trop faibles pour lutter contre la carence en vitamine A, puis en disant que ces niveaux étaient si élevés qu'ils seraient toxiques. Or, les essais indépendants d'alimentation menés en Asie par divers États et organismes affiliés à l'ONU ont prouvé que la consommation de riz doré permettait de prévenir la carence en vitamine A. Et la toxicité de la conversion du bêta-carotène du riz doré en vitamine A ne risque pas d'avoir lieu puisque le corps humain stoppe cette transformation lorsque la teneur en vitamine A dans le sang atteint une valeur normale.

Le premier serait le déclenchement du feu nucléaire par le représentant d'un État, suivi de ripostes massives de ses opposants et de contre-ripostes de ses alliés, aboutissant à un hiver nucléaire de plusieurs décennies détruisant toute possibilité d'agriculture – hors peut-être quelques bases d'agriculture en enceintes totalement contrôlées au bénéfice d'une infime fraction survivante de l'humanité.
Le second pourrait être une éruption spontanée massive du globe terrestre, soit directe, soit consécutive à un choc avec un astéroïde de grande taille comme la Terre en a connu par le passé[91], phénomène qui aboutirait à une nuit de plusieurs siècles et une extinction massive de la biosphère actuelle, comme notre planète en a déjà connu.

10.4. Se préparer à nos évolutions démographiques

La démographie humaine est aujourd'hui à la fois une menace et surtout un enjeu. Remontons déjà dans le temps. Selon nos connaissances actuelles qui reposent sur la datation radiométrique[92] des météorites, comparée avec l'âge des plus anciennes roches terrestres et lunaires connues, la Terre serait âgée d'environ 4,55 milliards d'années. La date de l'apparition de la vie sur notre planète est controversée : certains ont avancé des traces de vie de 3,7, voire 4,0 milliards d'années, mais ces études n'ont pu être confirmées. Les traces les plus crédibles à ce jour paraissent être des restes microbiens trouvés dans des roches australiennes vieilles de 3,5 milliards d'années. Les fossiles les plus anciens d'organismes pluricellulaires que l'on a jusqu'alors identifiés, autrement dit la vie complexe, datent de 2,1 milliards d'années. Le premier hominidé, *Sahelanthropus tchadensis*, caractérisé par sa probable bipédie et médiatisé sous le nom de Toumaï, a vécu entre 7,2 et 6,9 millions d'années. Parmi ses descendants, des hominidés d'Afrique du Sud ont manipulé le feu dans la grotte de Wonderwerk il y a environ 1 million d'années. Les premières traces du « singe nu », autrement dit de l'homme moderne qui s'est dénommé non sans culot *Homo sapiens*[93] (l'homme sage), proviennent de Djebel Irhoud au Maroc et sont datées de 300 000 ans. L'agriculture telle que nous la pratiquons date d'environ

91. Il y a 252 millions d'années, une gigantesque éruption volcanique a eu lieu en Sibérie ; elle a libéré plus de 3 millions de km^3 de lave, environ 15 milliards de tonnes de carbone dans l'atmosphère et probablement aussi d'énormes quantités de méthane après avoir infiltré nombre de bassins houillers. La Terre a été privée de forêts durant presque 10 millions d'années, et 75 % des espèces terrestres ont été rayées de la planète, ainsi que 96 % des espèces marines.

92. Méthode de datation absolue utilisant la variation régulière au cours du temps de la proportion de radioisotopes dans certains corps.

93. Nous devons cette appellation au naturaliste Carl von Linné (1707-1778) qui a créé ce terme en 1758.

10 000 av. J.-C.[94] Eridu, fondée par les Sumériens aux alentours de 5400 av. J.-C. et aujourd'hui appelée Tell Abu Shahrain en Irak, est considérée comme la première ville par les archéologues. Elle formait une cité de 8 à 10 hectares de maisons de briques et de roseaux vers 2900 av. J.-C.
L'humanité est donc une gamine par rapport à l'âge de la Terre-mère.
L'astronome Carl Sagan (1934-1996) a magnifiquement illustré cet état de fait dans la série télévisée américaine de vulgarisation scientifique *Cosmos : A Personal Voyage* en développant son concept de calendrier cosmique dans lequel il situait l'histoire entière de l'univers dans un calendrier ramené à un an : ainsi, le fameux « big bang » considéré comme la création de l'univers était-il placé à la première seconde du 1er janvier, et le présent à minuit le 31 décembre.
Par suite,

- le 14 septembre, la formation de la Terre avait lieu,
- le 9 octobre apparaissaient les premiers organismes vivants fossilisés,
- le 12 novembre, les premières cellules eucaryotes à noyau,
- le 17 décembre, les premiers invertébrés,
- le 19 décembre, les poissons et premiers vertébrés,
- le 20 décembre, les premières plantes sur les terres émergées,
- le 23 décembre, les premiers arbres et reptiles,
- le 26 décembre, les premiers mammifères,
- le 31 décembre
  - à 12 heures, les premiers cétacés et primates,
  - à 21 heures, l'australopithèque, un de nos très lointains « cousins »,
  - à 23 h 50, la domestication du feu,
  - à 23 h 56, *Homo sapiens* faisait son apparition,
  - à 23 h 59
    - 35 s, l'agriculture bouleversait l'environnement,
    - 51 s, le premier alphabet se mettait en place,
    - 56 s, naissait Jésus de Nazareth,
    - 59 s, la Renaissance européenne détruisait les civilisations amérindiennes plus par son bagage microbien que par les armes ou sa foi.

94. Je ne cite que l'agriculture telle qu'elle est issue de ce qui est considéré comme « foyers d'agriculture » de par le monde. C'est oublier les formes de proto-agriculture bien plus anciennes pratiquées auparavant par les peuples aborigènes d'Australie « qui utilisaient avec discernement le feu et leurs connaissances du cycle de vie de certaines plantes natives pour s'assurer tout au long de l'année un *"garde-manger"* bien rempli d'espèces sauvages, végétales et animales (notamment des herbivores) ». Cf.https://leschroniquesduvegetal.wordpress.com/2020/09/19/les-lecons-environnementales-et-agricoles-longtemps-occultees-des-aborigenes-daustralie-ressurgissent-inspirantes/

Durant son enfance, l'humanité est longtemps restée une habitante très discrète de la planète. Il lui a fallu en effet 200 000 ans pour atteindre 1 milliard d'humains au début du XIXe siècle, puis 200 ans seulement pour arriver à 7 milliards de contemporains en 2011, et à la fin du XXIe siècle nous pourrions être, selon certaines projections démographiques de l'ONU, aux alentours de 11 milliards d'humains sur la planète, avant que la courbe amorce un déclin. Sans doute vivons-nous sa crise d'adolescence !

De manière plus détaillée, d'après l'Institut national d'études démographiques et d'autres démographes, jusque vers 60 000 ans avant le présent, l'humanité ne dépassait pas le million d'habitants et a dû atteindre 5 à 10 millions d'individus vers -40 000 ans à la suite de l'amélioration des techniques de chasse et de pêche au Paléolithique. Ensuite, vers -10000, la sédentarité et la transition néolithique de diverses populations vers l'agriculture ont amorcé une croissance à long terme : 80 millions d'humains vers -5000, 250 millions au début de l'ère chrétienne. Et depuis, malgré des périodes de grandes migrations, d'invasions, de guerres et d'épidémies, la population humaine s'est encore accrue - environ 650 millions individus vers 1750, entre 850 et 950 millions en 1800.

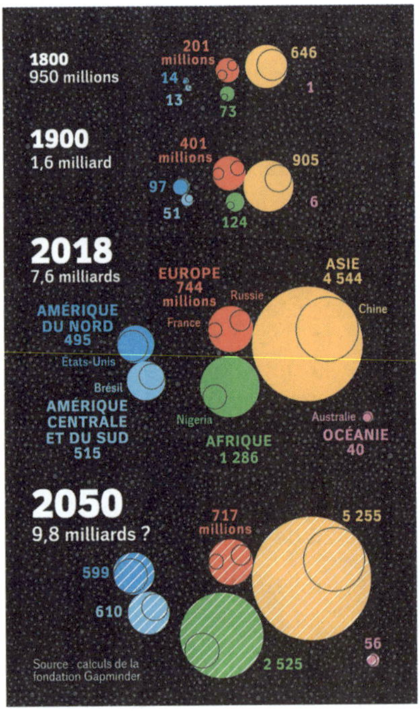

Depuis 1800, malgré deux guerres mondiales vécues au XXe siècle, une croissance de notre espèce jamais connue auparavant est survenue, qui s'est d'ailleurs accélérée depuis 1950 et se poursuit du fait de l'augmentation de la productivité agricole mais aussi de l'amélioration des soins de santé depuis cette date.

En 2020, selon l'ONU, nous sommes 7,7 milliards et devrions être 9,7 milliards en 2050 puis, comme déjà indiqué, un pic démographique d'environ 11 milliards vers 2100 avec d'énormes différences de populations selon les continents. Clairement, l'Europe ne pèse plus aujourd'hui que 10 % de la population mondiale, et le Japon, avec une population de plus en plus âgée, se dépeuple aussi, et leur poids relatif dans la population mondiale va continuer de baisser. À l'inverse, la population du reste de l'Asie s'envole, avec celles de la Chine et de l'Inde en premier lieu, mais aussi celle de l'Afrique et l'humanité, née en ce continent, pourrait redevenir majoritairement africaine au XXIIe siècle.

Ces estimations, tant du passé que projetées dans le futur, résultent de multiples évaluations par continent. Générées dans une logique de croissance, elles

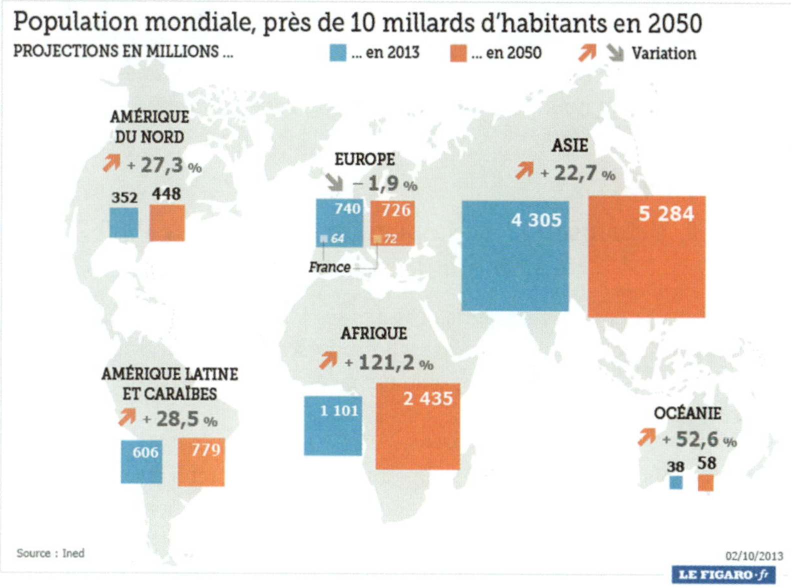

sont tendancielles et restent incertaines d'autant qu'elles ne prennent pas en compte des chocs démographiques qui pourraient survenir de manière aléatoire, comme nous en avons connus par le passé de manière naturelle (méga-éruptions volcaniques, impacts de météorites ou autres objets célestes, etc.) ou anthropique (épidémies, guerres, etc.) et réduire de manière mécanique l'impact actuel de l'humanité sur son environnement comme les restrictions liées à l'épidémie de Covid-19 nous l'ont déjà montré. Gardons toutefois ces chiffres à l'esprit comme ceux du pire à venir, car il y a peu de probabilités que notre espèce se multiplie plus vite.

Et cela, d'autant plus que, depuis 1986, la démographie galopante de notre espèce combinée à son mode de vie de surconsommation et à ses gaspillages épuise les ressources de la planète plus vite qu'elles ne peuvent être régénérées : l'ONG américaine Global Footprint Network mesure cette surconsommation à travers un indice, l'*«Earth Overshoot Day»* ou «jour du dépassement» en français, assez controversé, dont vous avez dû entendre parler.

J'aimerais vous citer ici une anecdote, pour préserver votre moral. Lorsque je suis parti m'installer à Pékin en 2001, les médias européens gémissaient sans avoir conscience de l'égoïsme néocolonial de leurs propos : si la moitié seulement des Chinois s'équipait d'un téléphone (fixe) à l'instar de l'Occident, le prix du cuivre atteindrait des sommets, et ce métal deviendrait une denrée rare. Au grand dam des spéculateurs qui avaient alors investi dans le minerai de cuivre, cette crise n'est jamais advenue. La Chine a sauté allégrement cette étape et s'est équipée, et même suréquipée, de *smartphones*.

Une innovation nous a épargné cette crise. Sachons nous en souvenir et n'utiliser le principe de précaution qu'avec discernement. Surtout que dans les années à venir d'ici la fin du XXIe siècle, l'humanité atteindra un pic et approchera les 11 milliards d'individus qu'il faudra nourrir, vêtir, éduquer, et soigner.

E10.4. Urbanisation de la planète et évolution 1950-2050 du nombre de mégalopoles

La question du nombre d'individus présents sur la planète n'est qu'un aspect du problème auquel nous sommes confrontés. Leur concentration dans certaines régions du monde est également à considérer selon qu'ils habitent en zones rurales ou urbaines.

Depuis le Néolithique, la démographie humaine a conduit à l'urbanisation d'une partie des terres émergées, accentuée depuis la révolution industrielle par l'exode rural.

Tableau chronologique des plus grandes villes du monde à travers les âges

Dates	Ville, pays actuel	Nombre d'habitants	Caractéristiques
-7000	Çatal Höyük, Turquie	Environ 1 000	Centre commercial entre Turquie, Iran, Irak et Syrie, créé vers -9000 ; elle n'avait pas de rues : les habitants circulaient sur les toits et descendaient ou sortaient de chez eux par une échelle
-3000	Uruk, Irak	Environ 45 000	Centre politique et religieux de la civilisation sumérienne durant 4 millénaires
-1750	Babylone, Irak	Environ 65 000	Capitale de toute la Basse Mésopotamie ; plus de 1000 hectares ; aurait atteint 150 à 200 000 habitants entre -600 à -300
-1300	Yingxu, Chine	Environ 120 000	Capitale de la dynastie Shang (-1300 à -1046)
-300	Carthage, Tunisie	Environ 500 000	Détruite par Rome en -146.
200	Rome, Italie	Environ 1,2 million	Fondée en -753 ; capitale de l'empire romain de -27 à 476 ; 2,873 millions d'habitants en 2017
1000	Kaifeng, Chine	Environ un million	Capitale des Song du nord (960-1127) ; première grande ville industrielle (fer, charbon) ; 1,274 million d'habitants en 2020
1500	Beijing, Chine	Environ un million	Capitale de l'empire chinois et aujourd'hui de la R.P. de Chine ; 21,5 millions d'habitants en 2020
1700	Ayutthaya, Thaïlande	Environ un million	Saccagée par le Burma en 1767
1841	Londres, Royaume-Uni	1,9 million	Plus grande ville du monde durant la Pax Britannica de 1815 à 1870 ; contrôle des routes maritimes ; 8,9 millions d'habitants en 2020
1925	New York, USA	7,8 millions	A profité du boom économique suite à la Première guerre mondiale (finances, port majeur, industries) ; 8,4 millions d'habitants en 2018
1968	Tokyo, Japon	20,5 millions	Capitale et centre économique (grandes entreprises, sécurité, nouvelles technologies) ; 9,3 millions d'habitants en 2015

Sources : diverses.

Lorsque je suis né, en 1955, Clermont-Ferrand, ma ville natale, comptait un peu plus de 113 000 habitants. Elle en comptait 139 000 en 2006, et je la considérais comme une ville « moyenne ». Cette même année, lors d'un voyage entre la France et la Chine, me trouvant assis dans l'Airbus d'Air France qui me ramenait à Pékin, mon voisin chinois, bavardant avec moi, me confia : « Je suis né dans une ville moyenne ». Comme je me permettais dans un réflexe poli de lui demander laquelle, il me répondit : « Wuhan, au Hubei », évaluée alors à 10 millions d'habitants ! La brièveté de sa réponse me laissa interloqué. Il existait un écart majeur, civilisationnel même, entre nos notions respectives de « ville moyenne » que je n'avais jamais pressenti à ce degré auparavant. Cette différence de perception m'a fait prendre conscience intensément de deux choses : d'abord, combien la reconnaissance du pluralisme des sociétés contemporaines s'ancre au sein de nos référentiels les plus intimes, issus du carcan de nos éducations ; et aussi, plus globalement, qu'une forme de savoir peut nous être révélée de la manière la plus improbable, n'importe où et par n'importe qui – c'est une fulgurance qui n'apparaît qu'au moment opportun, une affaire de *kairos*.

Même si les premières villes de l'humanité, apparues au Proche-Orient, remontent à la seconde moitié du IVe millénaire avant notre ère, la vie urbaine est une caractéristique relativement récente de l'histoire humaine. Ce n'est qu'au cours de la seconde moitié du XXe siècle que les taux d'urbanisation se sont développés significativement sur tous les continents et qu'en 2007 que la population urbaine du globe a dépassé la population rurale. On observe une tendance lourde : l'urbanisation est partout en train d'augmenter, accompagnant une hausse globale des revenus, et résultant d'un exode rural massif, même si des divergences peuvent exister entre pays sur la base de différences de définition ou de délimitation de ce qui rend une population urbaine ou rurale.

Tableau des plus grandes villes du monde, estimées et projetées par continent pour la période 1900-2030

	1900		1950		1970		2010		2030	
Rank	*Cities*	*Population*	*Cities*	*Population*	*Cities*	*Population*	*Cities*	*Population*	*Cities*	*Population*
1	London	6,5	New York	12,3	Tokyo	2,3	Tokyo	36,8	Tokyo	37,2
2	New York	4,2	Tokyo	11,3	New York	16,2	Delhi	21,9	Delhi	36,1
3	Paris	3,2	London	8,4	Osaka	15,3	Mexico City	20,1	Shangai	30,8
4	Berlin	2,7	Osaka	7,0	Mexico City	8,8	Shangai	20,0	Bombay	27,8
5	Chicago	1,7	Paris	6,3	Los Angeles	8,4	São Paulo	19,7	Beijing	27,7
6	Vienna	1,7	Moscow	5,4	Paris	8,2	Osaka	19,5	Dhaka	27,4
7	Tokyo	1,5	Buenos Aires	5,1	Buenos Aires	8,1	Bombay	19,4	Karachi	24,8
8	St. Petersburg	1,4	Chicago	5,0	São Paulo	7,6	New York	18,4	Cairo	24,5
9	Manchester	1,4	Calcutta	4,5	London	7,5	Cairo	16,9	Lagos	24,2
10	Philadelphia	1,4	Shangai	4,3	Moscow	7,1	Beijing	16,2	Mexico City	23,9

Source : ONU

Par ailleurs, si, en 1900, la plupart des grandes villes du monde étaient indéniablement européennes et américaines, ce modèle d'urbanisation s'est peu à peu effrité au cours du XXe siècle. En 2010, il

... /...

n'existait plus qu'une grande ville américaine, New York, parmi les dix plus grandes cités du monde. Depuis, la plupart des dix mégapoles

sont asiatiques ou africaines, et les plus grandes dépasseront les 35 millions d'habitants en 2030. Bref, Paris, « ville lumière » des années 1830 pour son magnifique éclairage au gaz d'alors, est aujourd'hui en train de devenir à son tour une ville moyenne : une ville qui restera réputée pour son histoire et ses monuments comme Florence, Venise, Londres ou Budapest, mais une ville moyenne. Et, avec les différentiels de flux urbains, le centre de gravité économique de l'humanité[95] a d'ores et déjà rebasculé[96] d'ouest en est.

Évolution du centre de gravité économique mondial estimé et projeté pour la période 1980-2050

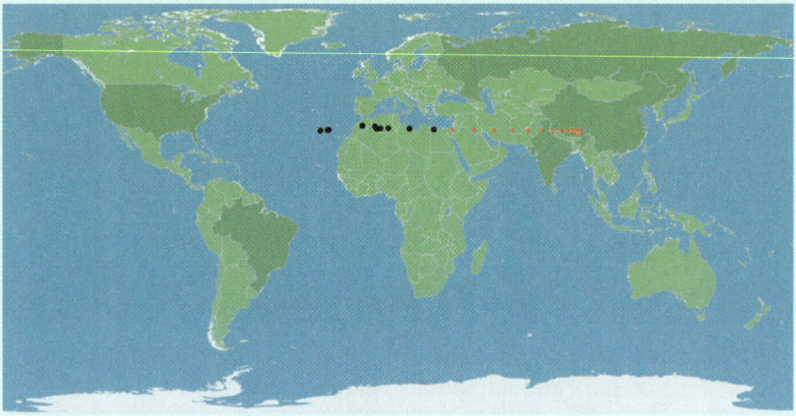

Source : D. Quah, London School of Economics/ Contrepoint, 2011

95. Le concept de centre de gravité économique du monde développé par Danny Quah est déterminé en mesurant la position géographique moyenne de l'activité économique planétaire selon le PIB généré en 700 lieux donnés sur la surface de la Terre. Pour discutable qu'il soit comme tout agrégat, il a le mérite de rendre aisément lisible le déplacement des zones les plus riches du monde.

96. Du XVIe au XVIIIe siècles, ce qui n'est pas si ancien, rappelons-nous que, bien que basculé par l'Europe dans un univers post-colombien, l'Orient restait le premier centre manufacturier du monde (argent, opium, thé, épices, porcelaine et poteries, cuir, coton, etc.).

10.5. Atteindre l'autosuffisance alimentaire de l'humanité au XXIe siècle

Dans son livre *Veut-on nourrir le monde ?* paru en 2024 chez Armand Colin, dont je vous recommande la lecture, mon ami Sébastien Abis, directeur du Club Déméter[97] et chercheur associé à l'IRIS (Institut de relations internationales et stratégiques), pose parfaitement l'enjeu de l'autosuffisance alimentaire : « Le XXIe siècle est inédit pour l'agriculture. La Terre va connaître un pic démographique historique autour de 2050, et la Nature doit être protégée. Les besoins alimentaires s'amplifient, y compris sur le terrain de la qualité et de la santé, mais décarboner les économies et les modes de vie s'avère indispensable. Nourrir et réparer la planète : telle est la double mission, immense et exigeante comme l'Everest, assignée aux mondes agricoles. Ce seront eux les sherpas qui nous emmèneront vers davantage de sécurité humaine et de soutenabilité demain. »

Depuis la Seconde Guerre mondiale, les immenses progrès de l'agriculture ainsi que ceux de la médecine font que nous sommes aujourd'hui deux fois plus nombreux qu'il y a 50 ans et que nous atteindrons 10 milliards d'habitants peu après 2050, puis 11 milliards vers 2100. En 2013, nous nous étions rapprochés de l'autosuffisance alimentaire de l'humanité[98], mais la sous-alimentation sur Terre touchait encore 600 millions de personnes, soit 8 % de nos semblables.

Divers degrés d'insécurité alimentaire mesurés par l'ONU

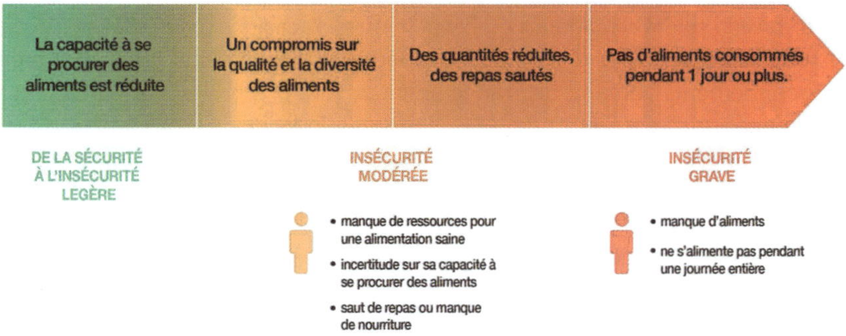

97. Le Club Déméter est un écosystème du secteur agricole et agro-alimentaire tourné vers les réflexions de long terme, les enjeux mondiaux et les dynamiques intersectorielles. C'est un des premiers *think tanks* internationaux dans ces domaines.

98. Au passage, même si elle existe dans les pays développés, elle n'a jamais été atteinte au niveau planétaire.

Selon les derniers chiffres de la FAO qui a affiné et complexifié ses évaluations, l'humanité comprend aujourd'hui 900 millions de personnes ayant faim ou en situation d'insécurité alimentaire grave et 1,5 milliard concernées par une insécurité alimentaire modérée – lesquelles vivent essentiellement en Asie, en Afrique, un peu en Amérique latine et comprennent aussi les délaissés des pays développés. Dans sa globalité, l'agriculture actuelle de la planète pourrait pourtant alimenter ces malheureux et n'est pas à la source de cet échec. Les causes proviennent des conflits qui ensanglantent régulièrement la planète et limitent directement ou indirectement la circulation des denrées alimentaires des zones d'abondance aux zones de besoin, de secousses climatiques, de chaînes de stockage et de distribution inadaptées corrompant les aliments et de hausses de prix, quand ce n'est pas de la spéculation. En matière d'autosuffisance alimentaire, disposer chaque jour d'assez argent pour s'acheter à manger et nourrir les siens reste une constante pour chacun. Au fond, peu importent les raisons, toutes sont lourdes de conséquences mais à des degrés divers, comme l'illustre cyniquement le vieux proverbe chinois, « quand les riches maigrissent, les pauvres meurent de faim ».

Pour atteindre l'autosuffisance alimentaire de l'humanité à la fin du XXIe siècle ou, soyons réalistes, pour nous en rapprocher le plus possible, rien n'est gagné d'avance pour de multiples raisons.

La géopolitique de l'alimentation varie considérablement selon les territoires. Sur les 8 milliards d'habitants présents sur la planète, hormis ceux déjà cités qui ont faim ou se nourrissent très mal, il existe aussi un peu plus de 5,5 milliards d'individus très exigeants quant à la diversité et à la qualité de leurs aliments, lorsqu'ils ne sombrent pas dans le surpoids, l'obésité et le diabète de type 2 par manque d'exercice.

La Sierra Leone, le Zimbabwe sont déjà des pays en situation de crise alimentaire renforcée par de l'inflation. Dans les décennies qui approchent, l'accès à l'alimentation deviendra probablement plus difficile pour diverses populations humaines, que les raisons en soient climatiques ou géopolitiques. Face aux sécheresses profondes qui toucheront certaines régions de la planète et à la montée du niveau des mers, des déplacements humains de grande ampleur sont prévisibles, qui exacerberont les nationalismes sous-jacents et les égoïsmes individuels. Les conflits actuels pourraient aussi s'amplifier, limitant le commerce international, tant au niveau volumétrique que qualitatif.

Dans un réflexe quasi pavlovien de souveraineté, ces tendances pousseront au développement de toutes les agricultures nationales, susceptibles de continuer de nuire un temps ici ou là à l'état de la biosphère. Comme toutes crises, elles généreront des innovations et de nouveaux modèles agricoles plus robustes et, avec le temps, plus respectueux de la biosphère, par nécessité.

Dans un monde fortement urbanisé, nourrir l'humanité nécessitera aussi de moindres besoins caloriques par individu et conduira à des évolutions de nos régimes alimentaires. Le renforcement d'une médecine préventive individuelle, elle-même issue de notre connaissance de plus en plus fine des génomes et de la biodiversité, accompagnera sans doute ces transformations.

E10.5a Les coupe-faim, un pseudo-remède face à l'éco-anxiété !

En 2023, la société pharmaceutique danoise Novo Nordisk a mis sur le marché deux médicaments, Wegovy et Ozempic, copiant les effets des hormones humaines pour contribuer à traiter l'obésité et le diabète de type 2, devenus de plus en plus fréquents dans les pays développés – plus d'un milliard de personnes sont aujourd'hui obèses sur Terre.

Évolution de la prévalence de l'obésité chez les adultes entre 1990 et 2022 en pourcentage

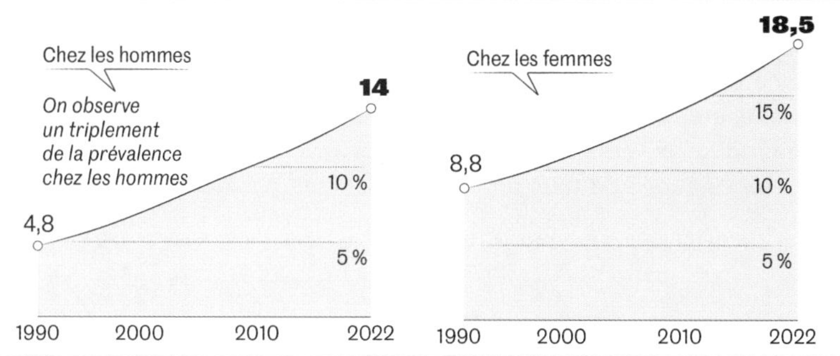

Source : *The Lancet /Le Monde*

Ces produits permettant de perdre en quelques mois de 15 à 20 % de poids sous contrôle médical et sans régime alimentaire spécifique, la reprise de leurs performances par les réseaux sociaux Instagram et TikTok a convaincu des millions de personnes de les utiliser. Novo Nordisk a par suite annoncé un bond de son chiffre d'affaires à 23 milliards d'euros et un résultat net de 7 milliards d'euros fin 2023, devenant par la même occasion la première capitalisation boursière européenne estimée à plus de 400 milliards de dollars. Ce succès a amené le laboratoire américain Eli Lilly à lancer à son tour des produits concurrents sous les marques Zepbound et Mounjaro.

Depuis ces mises sur le marché, certains néo-malthusiens n'ont pas manqué de suggérer qu'il fallait développer la consommation de masse de ces produits pour réduire la production agricole nécessaire à l'autosuffisance alimentaire de l'humanité et alléger ainsi notre impact sur la biosphère. Je rejette pour ma part l'incitation à une telle transition qui ne tarderait probablement pas à dériver vers de nouvelles inégalités entre populations humaines, voire des contraintes.

Néanmoins, ce n'est pas parce que la tâche est ardue que nous devons désespérer. Au contraire, relever ce défi est vital pour assurer l'avenir de l'humanité. L'invasion de l'Ukraine, les guerres du Proche-Orient ont bouleversé divers équilibres, mais pas cet invariant qu'est la place centrale de l'agriculteur dans l'alimentation de nos sociétés. La crise du Covid-19 qui a bouleversé durant des mois la géoéconomie de la planète et déjà replacé l'agriculture, l'alimentation et la santé au premier plan des préoccupations étatiques nous en montre la voie ou plutôt les voies qui, malgré les rivalités de pays à pays, devront être transnationales et concilier sécurité alimentaire et protection de la biosphère.
Changeant d'époque, il nous faut changer de paradigme et comprendre collectivement que l'alimentation n'est jamais totalement acquise, non plus que la production agricole qui repose avant tout sur le végétal et l'accès à l'eau, et que la santé humaine passe intimement par un équilibre écologique enfin durable au sein de la biosphère. Reste que, pour résoudre l'insécurité alimentaire, la production ne sera qu'une partie de la solution. Pour atteindre l'autosuffisance alimentaire de l'humanité, elle devra être accompagnée d'allocation de ressources des futures zones de production vers celles qui sont moins favorisées et constituent des îlots de pauvreté. La survie de tous ne peut passer que par de nouvelles formes de coopération.

E10.5b Slow Food ou s'alimenter va-t-il devenir un acte politique ?

Slow Food est un mouvement international humaniste fondé en 1986 en Italie par le journaliste, sociologue et critique gastronomique Carlo Petrini, originaire du Piémont. Créé par quelques amis – œnologues, historiens, sociologues, et leurs proches passionnés de bonne chère, de traditions rurales et d'épicurisme –, il a pour objectif de sensibiliser les individus à l'écogastronomie et au goût. Il s'oppose à la restauration rapide comme à l'agroalimentaire industriel qui standardisent les aliments. Son logo est un escargot qui symbolise une lente progression.

Largement soutenue par le public italien dès son lancement, cette association à but non lucratif s'est internationalisée depuis décembre 1989. Elle défend désormais la diversité biologique et culturelle, promeut les produits alimentaires traditionnels authentiques en travaillant, au travers de divers projets (Arche du goût, Terra Madre, réseau de Sentinelles, etc.), à la sauvegarde de traditions locales tout en encourageant un écotourisme respectueux de l'environnement.

On est là assez loin de la recherche de l'autosuffisance alimentaire pour l'ensemble de l'humanité et plus dans la promotion d'une philosophie du plaisir au sein de sociétés développées. Slow Food cherche toutefois à éduquer, inspirer et mobiliser ses adhérents, eux-mêmes citoyens de 115 pays en 2023, et à influencer des politiques publiques et privées convergentes avec sa vision, par exemple en créant des jardins de démonstration, des réseaux impliquant un large éventail d'acteurs capables de sauvegarder des semences de cultivars devenus rares ou d'influencer les systèmes alimentaires. Ainsi, Slow Food contribue à maintenir des populations de pays du maïs ancien *(Zea mays)* Arto Gorria, ou Grand Roux, qui sert traditionnellement à fabriquer une galette, ou *taloa*, et une sorte de polenta au Pays basque. Autre exemple : Slow Food soutient également les producteurs de lait et de fromage Salers issus de la race bovine éponyme en haute Auvergne.

Même si Slow Food peut apparaître à certains plus un divertissement de populations privilégiées qu'un outil de sécurisation de l'autosuffisance alimentaire, le lien que cultive cette association entre l'alimentation et la diversité culturelle est exemplaire. Il participe de la complexité des questions qui tournent autour du végétal et induit de la résilience dans les interactions entre les communautés qui forment nos civilisations. Slow Food montre par ses actions qu'il est possible, même dans des milieux majoritairement urbains, éduqués et aisés, de créer du lien entre producteur et consommateur et de mobiliser de nouvelles ressources spécifiques autour de produits alimentaires sains, nutritifs et savoureux. En ce sens, se nourrir selon les valeurs de Slow Food devient pour certains un acte quasi politique et agroécologique respectable.

10.6. L'indispensable sauvegarde de la diversité du règne végétal pour les générations à venir

Depuis le Néolithique, génération après génération, les agriculteurs ont fourni à leurs contemporains la base de leur alimentation, avant tout à partir du végétal. Ils vont continuer à le faire. Toutefois, il peut paraître singulier de constater que depuis peu, l'immense majorité urbaine de l'humanité qui les a tant critiqués depuis les années 1980 leur confie désormais en parallèle, de manière paradoxale, la mission de protéger la biosphère. Au fond, est-ce si singulier ? Sur les trois premières causes qui conduisent à l'effondrement de la biodiversité – la surexploitation des ressources et le commerce illégal, la destruction et l'artificialisation des milieux naturels et le changement climatique –, les urbains perçoivent intuitivement que les agriculteurs, et plus largement les habitants du monde rural, sont les mieux placés pour trouver des solutions à ces fléaux. Les paysans prélèvent de moins en moins d'espèces naturelles et sont parmi ceux qui en connaissent le mieux la valeur. Depuis plus d'un siècle, les déforestations massives et l'abrasion des fonds marins sont moins de leur fait que de la volonté d'agro-industries. Enfin, ils sont les premiers à s'adapter au réchauffement du climat.

Espèces d'arbres en péril en Europe

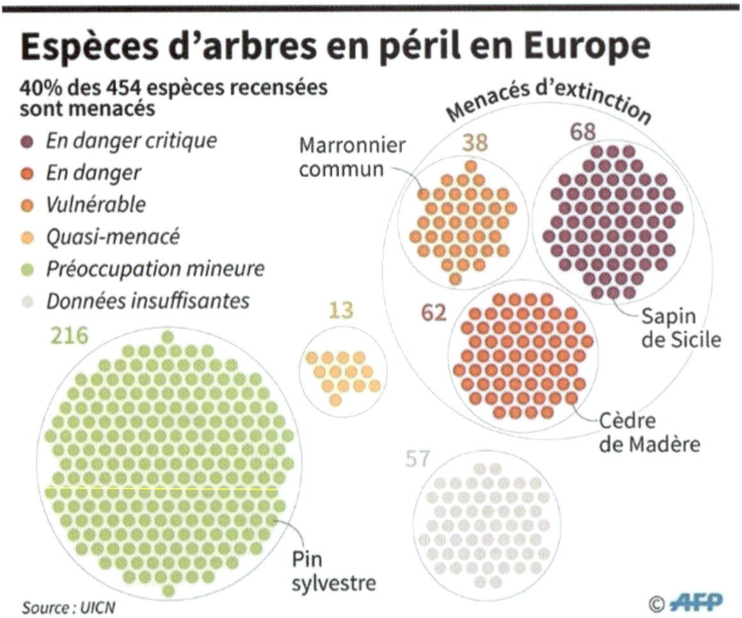

Source : AFP, 2020

En 2024, 75 % des environnements terrestres et 40 % des environnements marins sont sévèrement affectés par les activités humaines qui les fragilisent, les mutilent et les artificialisent en sous-ensembles plus petits et moins complexes. Pour ce qui est du règne végétal, selon le Museum national d'histoire naturelle (MNHN), 7,5 à 13 % des espèces auraient disparu de la Terre depuis 1500. Si ce taux se maintient sans ralentir ou s'accélère comme il le semble depuis 150 ans, certains experts craignent que nous n'atteignions une sixième période d'extinction massive de biodiversité dans les 240 à 540 prochaines années. C'est sans doute excessif, mais pensons par exemple à la pollinisation qui passe essentiellement par des insectes : aujourd'hui, au moins 60 % des aliments cultivés bénéficient de ce service totalement gratuit qu'est la pollinisation. Une baisse du nombre et de la diversité des pollinisateurs a une influence directe sur la productivité de nos cultures.

Je suis toutefois relativement optimiste, pour plusieurs raisons.

Tout d'abord, comme nous l'avons vu dans les chapitres précédents, depuis l'échange dit colombien de la Renaissance, notre espèce a multiplié les jardins botaniques ou d'acclimatation, et depuis le début du XXe siècle, les banques de semences, dites aussi de gènes, nous permettent de maintenir la biodiversité présente, mais aussi passée – ce point est particulièrement crucial pour les scientifiques et les sélectionneurs qui ont besoin d'accéder à de la variabilité génétique pour créer de nouveaux cultivars, et nous font profiter de l'amélioration variétale, laquelle est particulièrement critique pour l'adaptation des cultures au changement climatique. Ensuite nous avons identifié au cours des XXe et XXIe siècles les zones du globe les plus riches en biodiversité, et les pays qui les contrôlent ont créé sous diverses formes des réserves naturelles de protection de la biodiversité nous permettant de préserver des écosystèmes entiers et de les étudier. Ce fait est particulièrement rassurant en termes de prospective, car les générations à venir pourront y trouver, d'une part, de nouvelles ressources alimentaires – pensons, par exemple à la domestication de nouvelles macroalgues –, des compléments alimentaires et, d'autre part, des molécules pouvant révolutionner nos traitements de diverses pathologies et nous fournir de nouveaux débouchés industriels, moins polluants ; la santé humaine et la santé environnementale se renforcent l'une l'autre.

E10.6. Sauvetage du bois de Panama, un arbre médicinal endémique du Chili, en environnement contrôlé

Le bois de Panama ou quillay ou arbre à savon *(Quillaja saponaria)* est un arbre à feuilles persistantes et à fleurs blanches hermaphrodites mellifères de 15-30 m de haut, endémique des zones arides au climat quasi méditerranéen du Chili central entre 15 et 1 600 m d'altitude de la rare famille des Quillajacées, proche de celle des Rosacées. C'est une espèce essentiellement

… / …

forestière d'accompagnement d'autres arbres qui ne dépasse normalement pas 30 individus par hectare, bien qu'elle puisse quelquefois se présenter comme une forêt dense presque pure et atteindre 200 exemplaires par hectare.

Quillaja Saponaria.

Le bois et l'écorce de cette espèce ayant été largement exploités pour l'extraction de saponines utilisées en agriculture, pharmacie, industries alimentaires ainsi que dans les mines, la surexploitation des arbres natifs était telle qu'une firme californienne de biotechnologies, AmerStem Inc., a mis au point dans des enceintes totalement fermées en culture aéroponique, une solution pour produire efficacement ces saponines, incluant QS-21, un adjuvant crucial pour les vaccins contre des maladies telles que le paludisme, le zona et la tuberculose.

Dans leur système, plus besoin de couper et d'éradiquer des arbres de 35 à 50 ans pour être économiquement viable. Il suffit de cultiver de jeunes arbres, taillés très courts, un peu comme des bonsaïs, dans des chambres brumisées avec des nutriments pour produire via l'exploitation de la croissance de leur biomasse les mêmes saponines tous les 40-60 jours et ce, en continu. Cette méthode de culture qui sauve les populations naturelles de cet arbre médicinal permet également de s'affranchir des voies traditionnelles d'extraction des saponines, qui sont lentes, coûteuses et nuisibles à l'environnement.

Enfin, comme cela a aussi été souligné, la pandémie récente de Covid-19 a généré une prise de conscience planétaire de l'interdépendance de l'espèce humaine et des écosystèmes qui l'entourent. Sa durée a aussi permis de démontrer et de mesurer que la limitation temporaire des activités humaines réduisait fortement les émissions de gaz à effet de serre et permettait de régénérer de la biodiversité tout en augmentant le stockage du carbone terrestre.

On peut résumer les actions à entreprendre pour protéger l'environnement et la biodiversité à 5 axes majeurs :

- L'arrêt de la destruction de la biosphère résiduelle terrestre et marine, et la recherche de son recouvrement.

- La promotion d'une économie circulaire et d'une mobilité durable.
- La transition vers les énergies renouvelables.
- L'importance de l'éducation et de la sensibilisation.
- La réduction du gaspillage et la covalorisation des sous-produits de nos filières végétales.

Multiplier ces dispositifs afin de préserver les écosystèmes devenus les plus vulnérables aujourd'hui et l'ensemble des espèces qu'ils renferment, ainsi que les interactions entre espèces, est donc vertueux et absolument nécessaire. Pour cela, nous devons collectivement dégager au niveau planétaire de nouveaux moyens financiers pour perpétuer ces actions et les amplifier de manière équitable entre nations.

Si sauvegarder la biodiversité végétale est vital pour l'humanité, nous devons également mesurer que l'accès à celle-ci – la dotation en ressources génétiques fournie aux chercheurs – est aussi important que l'investissement de R&D, financier et humain, même si ces deux dotations apparaissent souvent asymétriques. Les conventions internationales qui ont été proposées pour faire simultanément valoir les droits des peuples premiers, ceux des obtenteurs de plantes sélectionnées et ceux des industriels qui en font des produits commerciaux, qu'ils passent par la certification d'obtention végétale ou le brevet, doivent être adoptées et surtout respectées pour bénéficier à l'ensemble de l'humanité.

CHAPITRE 11

Diverses raisons de continuer à promouvoir le végétal et de rester optimistes

11.1. Les progrès extraordinaires de la connaissance du végétal

Dates-clefs des nouvelles biotechnologies végétales depuis 2010

Dates	Biotechnologies végétales depuis 2010
2010	Décryptage du génome du cacaoyer *(Theobroma cacao)*
2012	Publication de la technologie d'édition de gènes CRISPR-Cas9 par l'Américaine Jennifer Doudna et la Française Emmanuelle Charpentier qui a ouvert de nouvelles possibilités pour modifier le génome des plantes de façon ciblée et précise
2014	Développement du séquenceur d'ADN Illumina à haut débit ; décryptage du génome du caféier *(Coffea canephora)* ; première séquence de référence complète du génome du colza *(Brassica napus)* qui ouvre la voie de la compréhension fondamentale des génomes complexes polyploïdes ; mise au point en Chine d'un blé tendre *(Triticum aestivum)* triplement édité, tolérant à l'oïdium et aux États-Unis d'un soja *(Glycine max)* édité au profil en acides gras renforcé en insaturés
2015-2016	Neuf ONG françaises font un recours devant le Conseil d'État sur les OGM qu'elles considèrent comme « *cachés* », lequel transfère le sujet à la CJUE (Cour de justice de l'Union européenne)
2018	Décryptage du génome du bananier *(Musa acuminata)* ; séquençage du chromosome 3B du blé tendre *(Triticum aestivum)*
2020	190,4 millions d'hectares de plantes transgéniques (OGM) cultivées dans le monde
2021	Rapport sur l'édition génomique demandé par le Conseil de l'Europe ;
2023	206,2 millions d'hectares de plantes transgéniques (OGM) cultivées dans le monde

Source : AFBV

En 2023, 30 ans après la commercialisation du premier OGM aux États-Unis, la barre des 200 millions d'hectares de cultures de plantes transgéniques a été franchie sans problème de sécurité alimentaire identifié dans le monde. Cette technologie devrait perdurer quelques décennies, mais, un peu comme au XIXe siècle, pour la conservation des aliments, l'appertisation a fini par disparaître devant les bénéfices supérieurs de la pasteurisation, elle est aujourd'hui en phase de maturité et finira par décliner, notamment du fait de son coût très élevé de mise en marché – une étude de 2022 estime que la mise au point d'un cultivar transgénique nouveau entre 2017 et 2022 revient à 115 millions de dollars et prend seize ans et demi, autrement dit un tel projet n'est viable industriellement que pour des marchés planétaires ou au moins continentaux.

Toutefois, depuis 2010, deux progrès majeurs sont advenus qui bouleversent notre connaissance des végétaux et ont considérablement accéléré la recherche en biologie végétale et en agronomie, ouvrant de nouvelles perspectives pour l'amélioration des cultures et la compréhension des mécanismes biologiques des plantes. Ce sont les nouvelles techniques de séquençage à haut débit et d'édition génomique, souvent regroupées sous le vocable de nouvelles biotechnologies (ou NBT).

Évolution du coût du séquençage du génome humain, soit 3 milliards de paires de bases, sur vingt ans

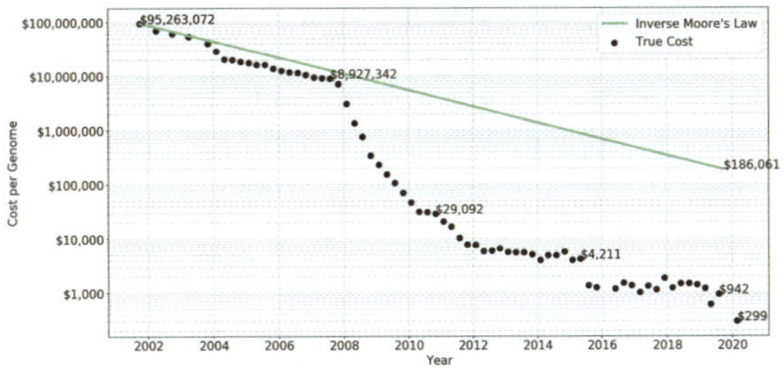

Source : Warpnews.org

Sans entrer dans des détails trop techniques qui dépasseraient le cadre de vulgarisation que nous nous sommes fixé, les améliorations progressives des techniques de séquençage de nouvelles générations, développées initialement au niveau de l'humain, ont permis de réduire drastiquement les durées de séquençage des génomes végétaux étudiés et, par là, également leur coût[99]. Des progrès sont également survenus ces dernières années dans les méthodes informatiques élaborées pour assembler les génomes répétitifs des plantes, notamment ceux des espèces polyploïdes. Ces avancées permettent de mieux comprendre l'évolution des plantes et la phylogénie des espèces, facilitent l'identification et l'étude fonctionnelle de gènes qui, dans le contexte du réchauffement climatique, sont intéressants pour les agriculteurs, les industriels et les consommateurs.

Changements dans la qualité et la disponibilité de l'assemblage du génome des plantes terrestres au fil du temps

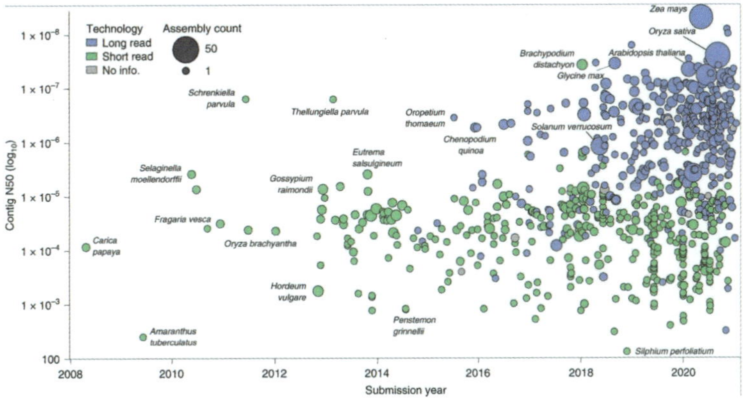

Source : Marks *et al.*, 2021

99. En vingt ans, le coût de séquençage d'un génome humain a chuté par individu de 100 millions de dollars en 2000 à 299 dollars en 2020.

Répartition géographique des établissements ayant séquencés 798 ensembles de génomes végétaux ; les cercles sont reproduits à l'échelle du nombre de publications émises par pays, le nombre d'assemblages de génomes produits dans chaque nation et colorés par la proportion relative des espèces domestiquées, cultivées,xsauvages, naturelles, et relatives séquencées

Source : Marks *et al.*, 2021.

Du fait de la multiplication des institutions capables de séquencer des génomes végétaux, la disponibilité de séquences de référence existe désormais pour nombre de plantes cultivées et ouvre à la communauté scientifique de nouvelles perspectives pour leur amélioration variétale. Un projet mondial, l'*Earth Bio-Genome Project* – https://www.earthbiogenome.org/ – prévoit même de séquencer dans les dix ans à venir le génome de toutes les espèces présentes sur la planète. De nouvelles domestications *de novo* de plantes aujourd'hui sauvages pourraient être issues de ces approches combinant par exemple du matériel sauvage tolérant à des stress abiotiques sévères, des gènes de domestication provenant de plantes cultivées apparentées, de l'édition de gènes et de la sélection *in situ*. À titre d'exemple, une recherche en ce sens est actuellement conduite par une équipe de sélection de l'université Cornell sur le coqueret gris *(Physalis grisea)*, une Solanacée originaire du nord-est de l'Amérique du Nord dont les fruits très nutritifs, riches en potassium, vitamine C et anti-oxydants sont depuis des siècles collectés sauvages ou dans de rares cultures d'amateurs.

L'apparition du système d'édition génomique CRISP-Cas9, facile à mettre en œuvre rapidement et peu onéreux, a ouvert de nouvelles possibilités pour modifier le génome des plantes de façon ciblée et précise, ce qui s'avère particulièrement utile dans le contexte du changement climatique. Il permet en effet aux sélectionneurs de créer des variétés végétales plus résistantes aux stress biotiques et

Trois types d'événements produits par édition du génome à l'aide de CRISPR-Cas9 *(SDN1 : réparation induisant une mutation ponctuelle, ou une délétion si deux coupures proches sont générées. SDN2 : remplacement d'un allèle existant par un autre portant une ou quelques modifications. SDN3 : insertion d'un gène nouveau, fondée (ou non) sur des zones d'homologie à la cible portées par la matrice de réparation)*

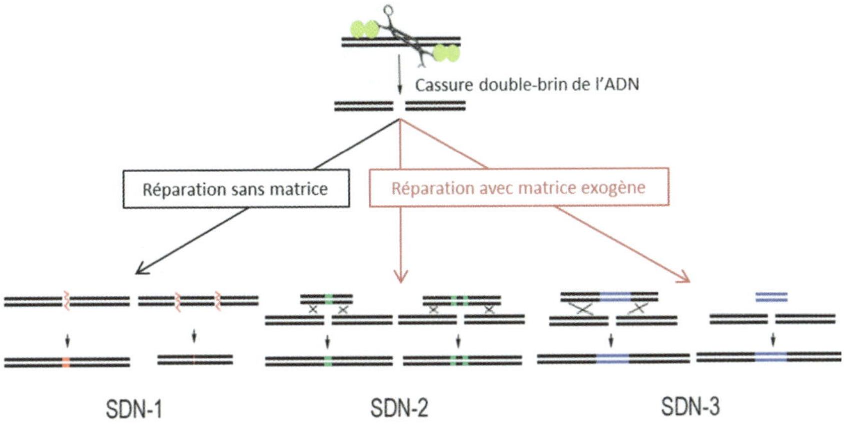

Source : Podevin *et al.*, 2013

environnementaux. Ainsi, par exemple, des scientifiques allemands ont édité une betterave *(Beta vulgaris)* tolérante au virus de la jaunisse chlorotique, dont l'usage éviterait de poursuivre les traitements par néonicotinoïdes, qui sont contestés. En ce qui concerne l'amélioration de la tolérance à un stress abiotique, un exemple est celui de l'édition d'allèles d'un gène de régulation qui contrôle la production d'éthylène en cas de stress hydrique chez le maïs ; elle a permis une augmentation de rendement de 4 %. Un autre exemple du même type concerne la tomate *(Solanum lycopersicum)*, plante très sensible aux fortes températures, chez laquelle la tolérance à ce type de stress a pu être obtenue via CRISPR-Cas9 par extinction d'un gène spécifique.

L'édition génomique permet également d'améliorer la qualité nutritionnelle de certaines cultures comme l'augmentation de la teneur en nutriments, ou de trouver de nouvelles applications industrielles comme la production de biocarburants et de biomatériaux. La tomate *(Solanum lycopersicum)* éditée sicilienne rouge à haute teneur en GABA (acide gamma-aminobutyrique), créée en 2021 par Sanatech Seed Co. et Pioneer Eco Science Co., qui contient cinq fois plus de GABA qu'une tomate normale, est un exemple du premier type ; sa consommation aide à abaisser la pression sanguine et favorise la relaxation mentale. Divers cultivars de cameline *(Camelina sativa)* éditée constituent des exemples du second type : ils sont en cours de développement aux États-Unis pour produire du kérosène à bilan carbone amélioré de 85 %.

État 2024 des réglementations par pays concernant l'édition génique

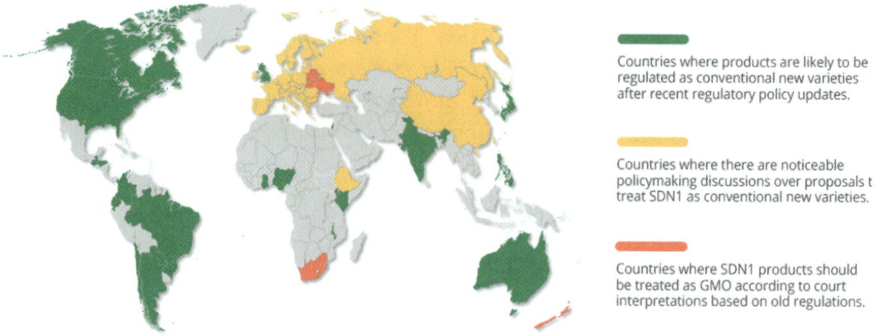

Source : ISAA

Ces nouvelles biotechnologies ouvrent ainsi des perspectives pour relever les défis de l'agriculture moderne, notamment en termes de sécurité alimentaire et de durabilité environnementale. Aucune région du monde n'étant aujourd'hui à l'abri des conséquences du changement climatique, il faut se battre pour que tous les Etats du monde adaptent rapidement leurs règlements et cessent de se priver de l'utilisation de ces technologies et de variétés éditées. Ce point est particulièrement crucial dans l'Union européenne où des négociations sont en cours : si elles n'aboutissaient pas, les agriculteurs européens seraient désavantagés par rapport à leurs homologues américains, indiens ou australiens, et les consommateurs européens auraient recours plus fréquemment à des importations alimentaires, s'appauvrissant inexorablement.

Plus globalement, les innovations technologiques issues de la science sont des moteurs de progrès dont nous ne pouvons pas nous passer. Les progrès en génomique et l'édition génique qui doivent beaucoup à des avancées récentes en robotique et automatisation, lesquelles commencent à être combinées avec les simulations, l'intelligence artificielle et l'apprentissage automatique, nous donnent beaucoup de force pour affronter le double défi de la sécurité alimentaire de l'humanité dans le contexte du changement climatique.

E11.1. *Rahnella*, la bactérie fixatrice d'azote qui demain pourrait révolutionner la culture du blé tendre

Depuis les débuts de l'agriculture, les céréales, et le blé tendre (*Triticum* aestivum) notamment, se situent au premier rang des cultures alimentaires de l'humanité. Malheureusement, le blé tendre ne fixe pas l'azote de l'air contrairement à d'autres plantes, notamment les Fabacées (Légumineuses).

Des scientifiques de l'Eternal University liée au gouvernement de l'Himachal Pradesh en Inde ont récemment lancé une étude visant à isoler des bactéries endophytes fixatrices d'azote dans les cultures céréalières, et à étudier leur rôle potentiel dans la promotion de la croissance végétale du blé tendre, pour une croissance durable. Diverses souches de bactéries endophytes ont été isolées à partir de différentes cultures céréalières dans la « vallée de la paix divine » de Baru Sahib, dans l'Himachal Pradesh, et les isolats ont été triés pour la fixation d'azote et pour d'autres caractéristiques favorisant la croissance des plantes, notamment la solubilisation du phosphore, du potassium et du zinc, la production d'acide indole-3-acétique, de sidérophores, d'ammoniac, de cyanure d'hydrogène et d'enzymes extracellulaires. Au total, 304 isolats de bactéries putatives ont été extraits des cultures locales de blé, d'avoine, d'orge et de maïs, dont huit présentaient une activité nitrogénase et portaient d'autres traits favorables à la croissance des céréales. Finalement, les deux souches apparemment les plus efficaces ont été séquencées, et il a été constaté qu'elles appartenaient au genre *Rahnella*, de la famille des yersiniacées. Testées sur blé, elles apportent une amélioration significative de la teneur en chlorophylle totale, en azote, en fer et en zinc par rapport au contrôle non inoculé.

En l'état, un bref travail de développement doit permettre d'utiliser ces bactéries comme biofertilisant des cultures de blé et d'autres céréales afin de renforcer la durabilité agricole.

La possibilité d'intégrer la fonction fixatrice d'azote de ces bactéries dans le génome même du blé par édition de gènes devient désormais un objectif de recherche à moyen terme, probablement réalisable d'ici la fin du XXIe siècle.

11.2. Les apports complémentaires de l'IA

Panorama des domaines de l'intelligence artificielle

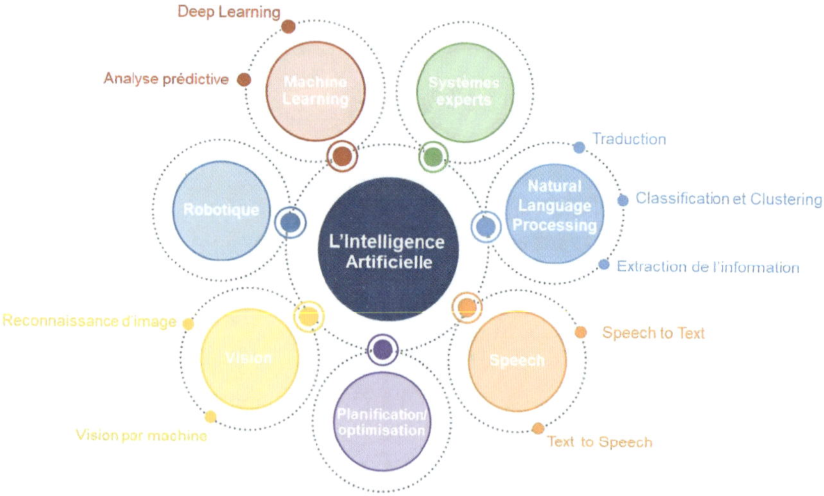

Source : Artil Consulting 2018

Depuis les années 1950, l'intelligence artificielle, fréquemment abrégée en IA, est passée d'un stade théorique à nombre d'applications pratiques et notamment à des technologies d'analyse automatique et d'apprentissage profond visant à simuler l'intelligence humaine, à dialoguer avec elle, à analyser de très grandes bases de données, à résoudre des questions à forte complexité, à optimiser des tâches complexes et à améliorer les prises de décision à court, moyen et long termes.

Il n'est donc pas surprenant que l'IA, qui révolutionne déjà la gestion de secteurs aussi différents que l'automobile, la médecine, la sécurité et d'autres, apparaisse désormais pour nos agricultures comme un « vecteur pour augmenter la productivité sans sacrifier les ressources naturelles », selon les mots de Thibault Brannan, expert français en la matière. Madhu Khanna, professeure de l'université de l'Illinois spécialisée en économie de l'environnement, va même plus loin et a récemment indiqué que, pour elle, « l'intelligence artificielle est la quatrième révolution qui est vraiment censée transformer l'agriculture ».

Ma conviction personnelle est que, pour assurer dans le cadre du changement climatique à la fois la sécurité alimentaire de l'humanité dans un monde ultra-concurrentiel et une meilleure protection de la biosphère que réclame un contexte sociétal de plus en plus exigeant, les techniques d'apprentissage automatique vont devenir indispensables, notamment pour réduire l'incertitude historique des rendements et de leurs prévisions. L'IA va analyser des données, sur de longues périodes, concernant les sols, le climat et la gestion des cultures, compléter leur précision avec des capteurs intelligents connectés en continu sur la composition chimique des sols, l'eau disponible, l'humidité et la température de l'air, la densité de nuisibles, l'ensoleillement, et ainsi permettre d'anticiper et d'agir avec plus de précision dans l'optimisation saisonnière de la gestion des cultures, du semis à la récolte. L'emploi systématique de drones intelligents survolant les cultures pour cartographier et analyser les champs à l'échelon du décimètre carré ou moins permettra de limiter irrigation et usage des engrais au strict nécessaire ainsi que les pulvérisations de la panoplie phytosanitaire. Le tri des récoltes sous vision par ordinateur garantira que celles-ci correspondent aux standards de qualité sanitaire et technologique attendus, et permettra de trouver au plus tôt des voies de valorisation des coproduits. Il est possible également que l'IA aide les familles d'agriculteurs – en leur apportant une meilleure qualité de travail et donc de vie – à résoudre une question intergénérationnelle souvent épineuse : celle de la transmission des exploitations. Ces solutions innovantes, si elles ne sont que des exemples, sont par ailleurs peu susceptibles de générer des déforestations supplémentaires ou des rejets nuisibles à l'environnement et soutiennent une agriculture agroécologique durable.

E11.2. Tableau chronologique d'émergence de l'intelligence artificielle

1642 : La Pascaline, première machine à calculer mécanique créée par le Français Blaise Pascal

1837 : Première conception d'une machine programmable par les Anglais Charles Babbage et Ada Lovelace

1943 : Création de réseaux neuronaux par les Américains Warren McCulloch et Walter Pitts

1950 : Introduction du test de Turing, par le Britannique Alan Turing, comme moyen d'évaluer l'intelligence d'une machine

1955 : Logic Theorist, premier programme d'IA

1956 : Invention du terme « intelligence artificielle » durant la conférence de Dartmouth par l'Américain John McCarthy

1960 : Création du Perceptron Mark 1, premiers réseaux neuronaux artificiels

1966 : Shakey, premier robot capable de raisonner par apprentissage automatique sur ses propres actions par SRI International, et Eliza, premier robot de thérapie fonctionnant en langage naturel issu du MIT Artificial Intelligence Laboratory

1972 : Hearsay, premier système capable de réaliser de la reconnaissance vocale continue, créé par l'Indien Dabbala Raj Reddy de Mellon University

1973 : Mycin, système dédié au diagnostic et au traitement d'infections bactériennes mis au point à Stanford University
1982 : Lancement du projet d'ordinateurs de 5e génération au Japon
1986 : Navlab, premier véhicule autonome de la Carnegie Mellon University
1989 : Programme de reconnaissance de codes postaux manuscrits du Français Yann Le Cun, l'un des inventeurs de l'apprentissage profond ou *deep learning*
1997 : Le superordinateur Deep Blue bat aux échecs le champion Gary Kasparov, montrant la capacité de l'IA à surpasser l'intelligence humaine dans les jeux complexes
2005 : Conception de la première voiture autonome, Stanley, à Stanford
Années 2010 : Boom des assistants virtuels vocaux (Apple Siri 2010, Google Now 2012, Microsoft Cortana 2014, Amazon Alexa 2015, etc.)
2011 : Le système de réponses aux questions Watson d'IBM remporte le jeu télévisé *Jeopardy!* contre des champions humains
2015 : Le programme d'IA Alpha Go de Google DeepMind bat un joueur professionnel du jeu de go
2017 : DeepMind de Google apprend seul à marcher
2020 : Démocratisation de l'IA, lancement de GPT-3 par OpenAI
2021 : Programmes générateurs d'images à partir de descriptions textuelles comme Midjourney ou DALL-E
2023 : Lancement de GPT-4, intégration de DALL-E dans ChatGPT Plus et ouverture au public de Google Bard et Bing Chat
2024 : L'IA, lauréate des prix Nobel de physique et de chimie

Pays pionniers de l'IA

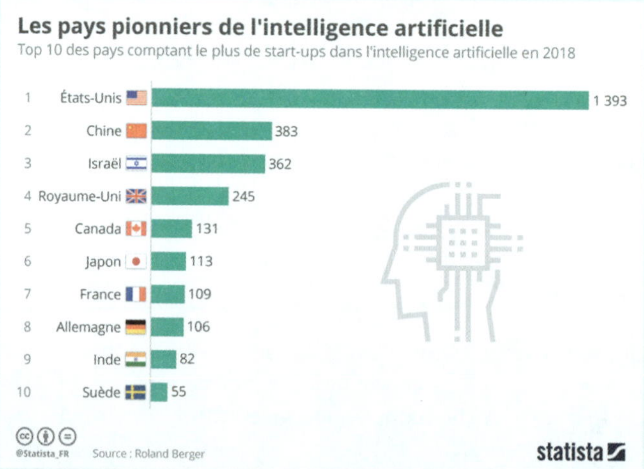

Source : Statista 2018

L'autre aspect dans lequel l'IA va jouer demain un rôle fondamental, c'est la recherche consacrée aux plantes, à leur génétique comme aux services qu'elles nous offrent. Voici quelques points qui m'apparaissent évidents dans ce domaine :

- L'IA facilitera le criblage et l'interprétation des séquences génomiques. Les techniques d'apprentissage profond permettront de repérer plus rapidement les gènes impliqués dans des caractères importants et nous aider à mieux comprendre les interactions complexes entre les gènes et les variations de leur environnement.
- L'IA va révolutionner l'amélioration génétique des plantes cultivées en affinant la prédiction des phénotypes. En effet, les algorithmes d'apprentissage automatique permettront de prédire plus précisément les caractéristiques des plantes à partir de leur génome, accélérant ainsi le processus de sélection. Par ailleurs l'IA aidera à identifier les combinaisons génétiques optimales pour accumuler les traits désirés dans un cultivar, comme une meilleure résistance aux ravageurs ou une productivité accrue.
- L'IA va favoriser le développement de cultures résilientes au changement climatique à travers l'analyse de très grandes bases de données pluriannuelles, afin d'aider à choisir les espèces à sélectionner susceptibles de prospérer dans des environnements vraiment difficiles, et d'optimiser les pratiques de production.
- Les systèmes d'IA vont jouer également un rôle très important dans la préservation et l'utilisation durable des ressources génétiques végétales tant sauvages que cultivées. Leurs algorithmes permettront de caractériser plus rapidement les introductions collectées ou créées et d'anticiper les adaptations des végétaux aux changements climatiques.

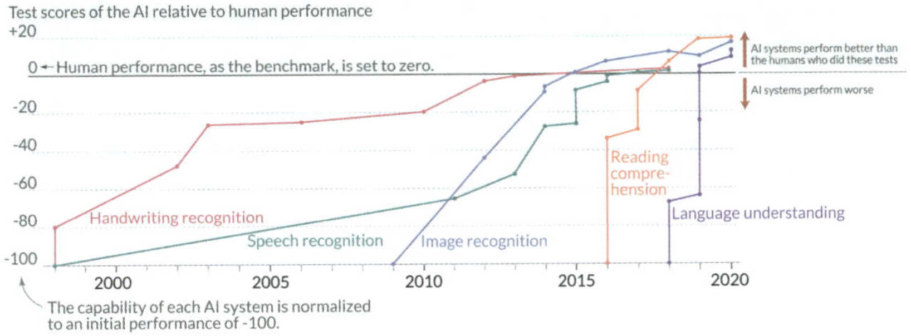

D'une manière générale, l'IA qui ne va pas cesser de progresser pourra guider certaines décisions complexes touchant au végétal, ce qui devrait conduire à des avancées significatives d'ici 2050-2100 pour la sécurité alimentaire de l'humanité et la durabilité écologique.

11.3. La désaisonnalisation de l'agriculture enfin possible

Depuis le Néolithique et l'apparition des foyers d'agriculture, les générations de paysans qui se sont succédé sur nos terres émergées ont été confrontées au rythme des saisons, aux aléas climatiques (températures, pluviométrie, etc.), à la présence, plus ou moins virulente selon les années, d'adventices et de parasites (nématodes, champignons, insectes, virus) dans leurs cultures. En général, ils semaient et obtenaient une récolte par an ; beaucoup plus rarement, comme dans le sud de la Chine et dans certaines régions intertropicales, deux ou trois récoltes annuelles lorsqu'ils disposaient de cultivars à cycle court. Par suite, soumises à ces diverses contraintes que les agriculteurs ne pouvaient pas maîtriser, leurs récoltes ont longtemps été faibles et irrégulières. Cela est bien illustré par l'exemple ci-dessous du rendement annuel du blé tendre dans l'Hexagone depuis près de deux siècles, qui n'a vraiment décollé que vers 1950.

Évolution du rendement moyen annuel du blé tendre en France de 1815 à 2021

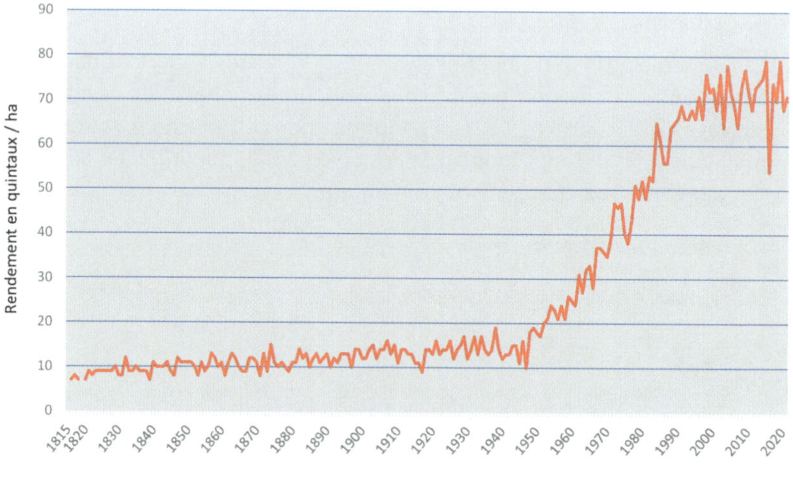

Source : AAF

En effet à partir de cette période, la diffusion d'une génétique plus courte issue de la Révolution verte, la mécanisation, le recours systématique aux herbicides, puis aux fongicides et aux insecticides, combiné avec l'emploi d'engrais chimiques, le perfectionnement des méthodes de suivi des cultures et parfois le recours à l'irrigation ont nettement augmenté les rendements des cultures.

Néanmoins, malgré ces progrès, les agriculteurs restent largement dépendants des aléas climatiques, et aujourd'hui, malgré des progrès génétiques considérables, les rendement stagnent en raison des contraintes environnementales nouvelles de désintensification imposées aux agriculteurs et des impacts de plus en plus drastiques du changement climatique. Et force est de constater que la plupart des agriculteurs de la planète ne peuvent toujours effectuer qu'une récolte annuelle.

Chronologie des étapes majeures ayant permis l'émergence de l'AVEC à partir de 2010

Avant 1924	1924-1951	1952-1990	1991-2011
VIe siècle av. J.-C. : jardins suspendus de Babylone **206 av. J.-C.-220 :** cultures sur sables et graviers de la dynastie Han en Chine **v. 1250** : début des *chinanpas*[100] aztèques **1800 :** première serre en bois aux Pays-Bas **v. 1900 :** connaissance de la nutrition des plantes et de leurs interactions avec le sol, l'eau, la lumière et l'air **1907 :** découverte de l'électroluminescence d'une diode à composant solide par H. Round **1911 :** première culture de plante à racine nue par le Russe V. M. Artsikhovski, précurseur des voyages dans l'espace **1919-1923 :** invention de l'hydroponie moderne par D. R. Hoagland aux USA	**1924-1929 :** perfectionnement de l'hydroponie par W. F. Gericke et D. R. Hoagland aux États-Unis **1938-1940 :** 2 livres de W. F. Gericke résumant ses travaux et premiers essais d'hydroponie en France par G. Truffaut et P. Hampe **1940-1945** : hydroponie sur culture de graviers à grande échelle par l'US Army, puis par l'armée anglaise **1949-1951 :** cultures hydroponiques de la NSA en enceintes closes (phytotrons) pour implanter des bases polaires et en vue de voyages dans l'espace. Travaux similaires de l'URSS en Arménie Exploration de l'hydroponie en Europe et en Israël	**Dès 1952**, progrès militaires enregistrés au niveau de l'étanchéité des enceintes et du contrôle de leur atmosphère **1960** : utilisation du premier support neutre, la laine de roche, au Danemark **1962** : création de la première LED rouge aux États-Unis **1970** : invention du système NFT *(Nutrient Film Technique)* en Angleterre **Fin des années 1970** : début de l'aquaponie aux États-Unis et au Mexique **Années 1980** : optimisation des solutions nutritives en France **1982-1986 :** aéroponie moderne aux États-Unis et en Israël, puis au Canada (version souterraine)	**1991 :** chute de l'URSS **1992** : première LED bleue crée au Japon, après des vertes et des jaunes **Fin des années 1990 :** montée en puissance de l'écologie en Amérique du Nord **2010 :** sortie du livre *The Vertical Farm – Feeding the World in the 21st Century* de D. Despommier à New York **2010-2011 :** premières fermes verticales de grande taille aux États-Unis, au Japon et en Chine.

Source : Bonjean, 2024

100. Les *chinanpas* étaient des jardins flottants en eau douce lacustre. Ils permettaient aux Aztèques de récolter quatre fois par an, en variant les volumes de déchets végétaux et de boue utilisés comme supports des cultures, ainsi que les dates de semis.

Toutefois, depuis les années 2010, une révolution agricole silencieuse est en marche : l'agriculture verticale en enceintes contrôlées (AVEC) qui résulte de la combinaison de deux technologies éloignées, les cultures hydroponiques et l'éclairage des plantes sous diodes électroluminescentes, ou LED *(Light-emitting diodes)*. Elle permet – pour la première fois de l'histoire – de pratiquer durant toute l'année, en cycles continus, des productions végétales en enceintes contrôlées en s'affranchissant des écarts annuels de productivité habituels des cultures au champ puisque les plantes y poussent continuellement dans des conditions optimales.

Même si elle reste encore émergente, l'AVEC débarrasse les paysans des rituels millénaires qu'ils avaient inventés depuis le Néolithique pour tenter de juguler les aléas climatiques – par exemple au temps des semis pour obtenir la pluie ou afin de préserver les moissons des criquets et des rats –, et constitue un progrès considérable dans la sécurité alimentaire de l'humanité. Et s'affranchissant de la réception de la lumière solaire, elle se distingue des serres les plus sophistiquées par sa productivité bien plus élevée et son impact minimal tant au sol qu'environnemental.

Comparaison de la productivité annuelle en laitue au champ, en serre et en AVEC

Types de cultures	Champs	Serres	AVEC
Rendement	3,9 kg/m²	41 kg/m²	100 kg/m²
Besoin correspondant en eau	250 l	20 l	1 l

Source : Solberg 2023

Si l'AVEC, qui est longtemps apparue comme de la science-fiction, se développe sur tous les continents et en particulier depuis l'Asie de l'Est depuis 2011, ce n'est pas pour rien.
Cette année-là, le Japon était frappé par un séisme suivi d'un tsunami à Fukushima, et une partie des rares terres agricoles et de l'eau douce de l'archipel nippon était irradiée. Le gouvernement japonais, souhaitant rassurer sa nombreuse population quant à la sureté de son alimentation, lança immédiatement la construction de 106 PFAL *(Plant factories with artificial ligthning)*. Selon la Japan Plant Factory Association, il y en avait 186 en exploitation en 2017 et 290 en 2021.

Avec son immense population de 1,4 milliard d'individus et son territoire très pollué tant au niveau des terres que de l'eau et de l'air, la Chine continentale voisine s'est intéressée à cette même période à l'AVEC. D'après l'Académie des sciences agricoles de Chine, elle avait établi 43 grandes fermes verticales en 2014 et plus de 80 en 2017. En 2024, elles seraient plus de 250, et la plus vaste, implantée dans le nord du pays, atteindrait 35 000 m² – ce qui est considérable.

Aujourd'hui, le marché mondial de l'AVEC, qui atteignait à peine 400 millions de dollars en 2013, dépasse les 6,5 milliards de dollars avec trois régions du monde en fort développement : l'Asie de l'Est dont nous venons de parler, l'Amérique du Nord où cette technologie est boostée par le marché du cannabis thérapeutique et récréatif, et le Proche-Orient, les autres parties du globe commençant aussi à s'y initier. Le relatif retard de l'Union européenne dans ce domaine est dû principalement à la résistance des Pays-Bas, grand territoire traditionnellement serriste qui protège avant tout ce secteur historique en proposant des solutions hybrides.

Malgré cet épiphénomène européen, qu'est-ce qui rend l'AVEC si attrayante au plan mondial ?
En premier lieu, sans nul doute, l'urbanisation de l'humanité en justifie l'emploi, car elle s'est accélérée dans les pays développés depuis la Seconde Guerre mondiale et se poursuit partout dans le reste du monde, avec une augmentation de la taille moyenne des villes et la création de mégalopoles qui dépassent les 10, parfois 20 à 30 millions d'habitants. Par suite, sécuriser par l'AVEC l'alimentation vivrière de ces archipels urbains – sans leur donner pour objectif de se substituer aux produits de l'agriculture au champ – devient un enjeu politique généralisé. Pour ce faire, il suffit que l'AVEC, au moins à court ou moyen terme, produise toute l'année quelques % de l'alimentation mondiale afin de lisser les écarts de productivité provenant de l'agriculture classique au champ ou l'accès à certaines denrées alimentaires perturbé par les conflits internationaux – les retombées de l'invasion de l'Ukraine par la Russie ont par exemple perturbé l'accès à l'huile de tournesol.
En second lieu, les systèmes intérieurs de l'AVEC ont peu d'impact au niveau des sols et peuvent facilement être intégrés dans le tissu urbain ou périurbain. Deux autres avantages immédiats en résultent : cela permet de réduire très significativement les distances de transport entre sites de production et de consommation, donc de limiter l'emploi des énergies fossiles et l'émission de gaz à effet de serre, tout en fournissant au consommateur des produits d'une fraicheur parfaite, tracés et possédant, du fait de la maîtrise totale du climat en enceintes contrôlées, une qualité nutritionnelle et gustative optimale.
Par ailleurs, dans les enceintes contrôlées, il n'y a pas d'adventices à combattre ni de ravageurs, donc pas d'utilisation d'herbicides ni de fongicides ou d'insecticides, ce qui est un avantage environnemental important. L'eau qui sert de support aux éléments nutritifs fournis aux plantes est également recyclée à 90-95 %, ce qui évite de polluer les nappes phréatiques ou les cours d'eau par des émissions d'effluents.
Le seul argument fréquemment opposé à l'AVEC par ses contradicteurs réside dans sa consommation d'énergie. En fait, malgré les freins que tentent de lui opposer nombre de conformistes, l'objection ne tient pas à partir du moment où l'on couple les fermes verticales avec des panneaux solaires ou d'autres sources d'électricité alternatives.

De plus, en termes d'amélioration génétique, l'AVEC s'avère être un outil remarquable.

En appliquant des spectres lumineux spécifiques à divers stades de croissance de la plante (enracinement, montaison, floraison, maturation des graines), elle permet entre autres de raccourcir significativement les cycles de sélection, de multiplier le nombre de fleurs par plante, voire d'en modifier plus ou moins l'architecture, ou de les bloquer un temps dans leur cycle de croissance (par exemple, celui qui sera optimal pour obtenir le plus de principes actifs chez une plante médicinale ou industrielle). Un changement de paradigme en résultera à moyen ou long terme : les semenciers qui n'intégreront pas ces outils dans leurs travaux de R&D ne tarderont pas à être balayés par la concurrence, de la même manière que des sociétés célèbres de la photographie argentique, telles Kodak ou Agfa, ont disparu par inadaptation à l'ère numérique.

E11.3. AVEC et éducation

Imaginer un monde où chaque enfant s'émerveille devant une graine qui pousse, où chaque saison à l'école devient une aventure partagée avec le règne végétal : c'est bâtir aujourd'hui une société plus consciente et respectueuse de la nature. Grâce à l'AVEC et au soutien public, un simple acte – semer, observer, récolter dans une petite ferme verticale en enceintes contrôlées – peut devenir le moteur d'une transformation profonde pour nos futures générations.

Dès la maternelle, voir grandir légumes et plantes dans un univers contrôlé offrira aux bambins le privilège de s'initier au miracle de la vie. Tout au long de leur parcours scolaire, ils pourront suivre la magie de la nature, récolter ce qu'ils ont semé avec leurs enseignants, et savourer ces produits frais à la cantine, découvrant le plaisir d'une alimentation saine et colorée. Via des événements comme la fête des Mères, les jeunes offrant un pot de plantes ornementales ou de fleurs coupées à leurs Mamans fleurs apprendront aussi des gestes symboliques, porteurs de sens ! Ces expériences ne toucheront pas que les enfants : leurs parents découvriront eux aussi les bienfaits de cette pratique pour leur santé physique et mentale au fil des saisons.

Pour les professeurs, enseigner la diversité du monde végétal et les secrets de sa croissance deviendra un jeu, une aventure partagée avec leurs élèves. Au collège, manipuler la lumière ou le pH du sol, tester et observer les réactions des plantes, amènera chacun à devenir explorateur de la vie. Les jeunes apprendront ainsi la rigueur scientifique, développeront leur curiosité et leur esprit critique, et se prépareront à inventer demain par eux-mêmes.

Et parce que grandir, c'est aussi offrir, au lycée, les élèves pourront aussi mettre leur énergie au service des autres, en créant des ponts entre les générations : légumes et fleurs offerts aux personnes âgées, découvertes partagées… Ces actions créeront des vocations et renforceront le sens du collectif.

Ensemble, cette aventure éducative sèmera les graines d'une conscience écologique vivante, prête à relever le défi d'une population grandissante et d'un environnement à préserver. Ces jeunes deviendront alors des citoyens éclairés qui, à leur tour, transmettront à leurs enfants l'amour du vivant et l'envie autant que la nécessité d'un monde durable.

11.4. La nécessaire mutation de la nutrition humaine en milieux de plus en plus urbains

E11.4. L'évolution de la nutrition dans l'histoire en quelques dates

Entre 2800 et 2000 av. J.-C. : Origines légendaires des compilations du *Huangdi Nei Jing* (黄帝内经) ou *Classique interne de l'empereur Jaune*, plus ancien ouvrage connu de médecine chinoise traditionnelle qui en couvre les théories fondamentales, les méthodes de diagnostic et développe les premières lignes directrices de nutrition au monde.
400 av. J.-C. : Textes du médecin et philosophe grec Hippocrate (460-377 av. J.-C.) encourageant ses patients à consommer une grande variété d'aliments à base de céréales, de légumes, de fruits et de produits animaux. Il suggérait aussi une consommation limitée de nourriture grasse et de vin pour maintenir une nutrition équilibrée.
1492 : Découverte des Amériques. À partir de cette date, début de l'échange dit colombien de plantes, d'animaux et de pathologies qui a eu dans les siècles suivants un impact majeur sur la nutrition et la cuisine dans le monde entier.
1827 : Publication du livre *Die organische Chemie in ihrer Anwendung auf Agricultur und Physiologie*, autrement dit *La Chimie appliquée à l'agriculture*

… / …

et à la physiologie par le chimiste et agronome allemand Justus von Liebig (1803-1873) qui développait l'idée que la nutrition était une science basée sur la chimie et que les aliments étaient des combinaisons de nutriments essentiels.

1833 : Découverte du suc gastrique qui dégrade les protéines du bol alimentaire par le docteur américain William Beaumont (1785-1853), suivie en 1836 par l'isolement de la substance responsable de la digestion dans l'estomac, la pepsine, première enzyme digestive[101], par le physiologiste allemand Theodor Schwann (1810-1882) inventeur du terme « métabolisme ».

1863 : Popularisation d'un régime amaigrissant basé sur la limitation de la consommation de glucides par l'Anglais William Banting (1796-1878).

1900 : Premier lancement médiatique d'une étude nutritionnelle durant l'Exposition universelle de Paris, attirant l'attention d'un large public sur l'importance de l'alimentation et de la nutrition pour la santé, et qui aboutit quelques années plus tard à la formation de diététiciens.

1938 : Aux États-Unis, le *Federal Food, Drug, and Cosmetic Act* établit les premières exigences d'étiquetage pour les aliments, les médicaments et les cosmétiques.

1945 : Création de l'Organisation des Nations unies pour l'alimentation et l'agriculture (FAO) en réponse aux problèmes de pénuries alimentaires existant à la fin de la Seconde Guerre mondiale.

1950-1970 : Révolution verte, visant à moderniser technologiquement les agricultures des pays en développement, notamment en blé, riz, et maïs, en combinant l'usage de variétés à fort potentiel de rendement, d'engrais et de produits phytosanitaires, et de l'irrigation.

1960-1970 : Plusieurs pays européens et le Japon ont commencé à introduire des réglementations sur l'étiquetage des aliments, notamment pour inclure des informations précises sur les ingrédients qu'ils contenaient.

1969 : Mise en place aux États-Unis et au Canada de programmes nationaux et régionaux de nutrition, incluant des programmes de formation de nutritionnistes et de diététiciens pour les professionnels de santé.

1977 : Pour la première fois, des recommandations alimentaires nationales officielles sont publiées aux États-Unis, intitulées *Alimentation et nutrition : lignes directrices pour la sélection des aliments*, afin de promouvoir la santé et de limiter l'obésité et les maladies chroniques (diabète de type 2, troubles cardiovasculaires, cancers, etc.). Par la suite, d'autres pays en font autant.

101. La synthèse de la pepsine cristallisée a été obtenue par John H. Northrop (1891-1987), Nobel de chimie 1946.

1994 : Publication aux États-Unis du *Nutrition Labeling and Education Act* exigeant que la plupart des aliments portent une étiquette nutritionnelle sur l'emballage afin de procurer aux consommateurs des informations sur la composition nutritionnelle des aliments qu'ils achètent.
2000 : Mise en place de réglementations similaires sur l'étiquetage nutritionnel au sein de l'Union européenne et de nombreux pays.
2015 : Publication par l'Organisation mondiale de la santé (OMS) de directives alimentaires favorables à la consommation d'aliments entiers et modérément transformés, plutôt que des nutriments individuels.
2016 : Mise en place au sein de l'Union européenne du règlement *Information des consommateurs sur les denrées alimentaires* qui a harmonisé et renforcé les exigences d'étiquetage dans tous les pays membres.

L'espèce humaine devenant de plus en plus urbaine et ayant une activité physique réduite du fait de sa sédentarité et des évolutions sociétales, ses besoins nutritionnels journaliers sont aujourd'hui globalement moindres que par le passé, lorsqu'elle était majoritairement paysanne.

Évolution de la consommation journalière de pain en grammes et par habitant en France

Années	1900	1920	1950	1970	2000	2020
% urbains	41 %	46 %	57 %	71 %	76 %	81 %
Consommation de pain en g/jour/individu	900	630	325	200	155	125

Source : Observatoire du pain.

C'est particulièrement vrai pour les nourritures riches en glucides (céréales, pomme de terre, etc.) dont la consommation a beaucoup baissé ainsi que le prouve la consommation journalière de pain en grammes et par habitant dans notre pays.

Simultanément, depuis 1950, la consommation de fruits et de légumes a quasiment doublé dans l'Hexagone, tout comme celle de viande et de poisson, tandis que celle de lait et de produits dérivés ne s'est accrue que de moitié.

La poursuite de l'urbanisation de la planète va exiger une transformation encore plus profonde de nos systèmes alimentaires et de nos approches nutritionnelles pour relever les défis spécifiques des mégacités et cités tout en assurant une

Évolution des consommations des principaux aliments en France de 1950 à 2008

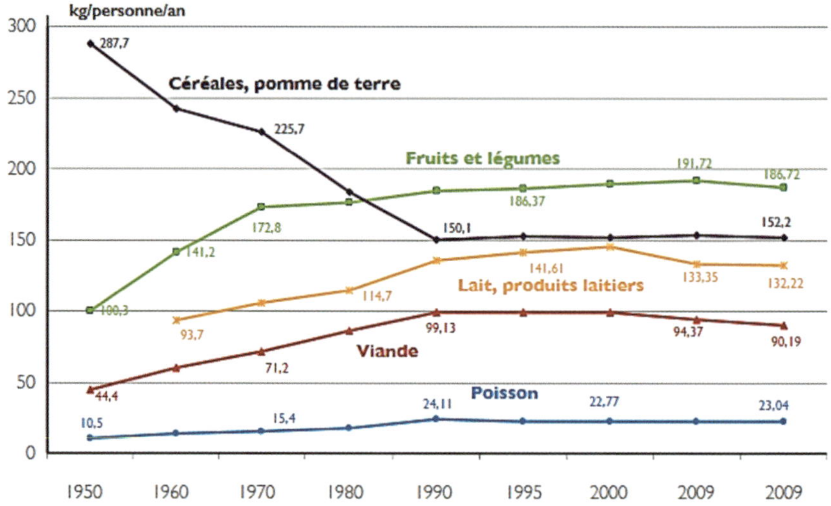

Source : FranceAgriMer & INSEE

alimentation saine et durable pour tous. De nouvelles approches vont être nécessaires pour relier efficacement les producteurs ruraux aux marchés des villes et diversifier l'offre. Elles passeront par le développement de nouvelles méthodes de transport et de conservation des aliments, notamment pour les légumes et les fruits. Les tentatives pour réduire la distance entre les bassins de production et de consommation se multiplieront pour offrir la qualité nutritionnelle des aliments la meilleure possible. Elles impliqueront un développement systématique des fermes verticales dans la périphérie des cités ou *intra-muros*, ainsi qu'une volonté de réduction du nombre d'intermédiaires dans les chaînes de distribution. Malgré tout, en fonction des différences d'éducation et de revenus des différentes classes sociales, les villes risquent fort de voir coexister des quartiers en malnutrition et des quartiers en surnutrition. Les premiers seront caractérisés par une alimentation peu variée, riche en graisses et en huiles de mauvaise qualité, des carences en micronutriments et par l'augmentation de pathologies non transmissibles (obésité, diabète, cancers, maladies cardiovasculaires). Les habitants des seconds, plus sensibilisés à l'importance d'une alimentation équilibrée et diversifiée, bénéficieront d'un allongement de leur durée de vie, mais n'échapperont pas pour partie, surtout par manque d'exercice, à une fréquence élevée de maladies transmissibles. Les diététiciens qui de nos jours travaillent sur trois types de régimes – ceux des enfants, des adultes et ceux des seniors – devront ajouter à leur palette les régimes du quatrième âge.

Évolution de la consommation de viande en Chine, Inde et dans le monde (1960-2010)

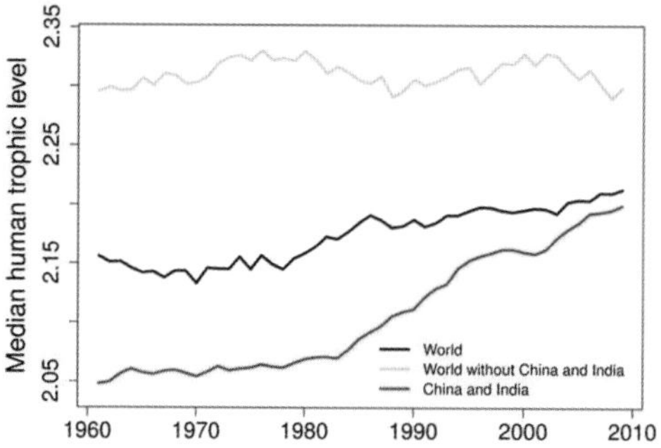

Source : *HuffPost*

Dans cette adaptation de nos régimes alimentaires qui aura lieu dans les décennies à venir, comment la part du végétal va-t-elle évoluer ? Lorsqu'on revoit l'évolution des régimes alimentaires en Chine et en Inde, les deux pays les plus peuplés de la planète, entre 1960 et aujourd'hui, les majeurs changements proviennent de la part des céréales et des féculents, qui y a fortement baissé tandis que celle des viandes et produits de la mer s'est fortement accrue. Va-t-on poursuivre sur cette tendance dans le reste de l'Asie et de l'Afrique qui seront les populations les plus importantes de la planète au XXIIe siècle ? L'évolution des habitudes alimentaires dépend des transformations des agricultures et de l'offre alimentaire tout en étant aussi le reflet des évolutions sociétales. La prise en compte récente du changement climatique et de l'impact des activités humaines sur l'effet de serre est peut-être en train de changer la donne et pourrait conduire à une relative végétalisation des habitudes alimentaires. Pourquoi ? Parce que les régimes végétalisés riches en nutriments essentiels, fibres et antioxydants, possèdent généralement une empreinte carbone plus faible que les régimes riches en produits animaux, nécessitent moins de terre et d'eau et aussi parce que, dans les villes, grâce à l'agriculture verticale et aux jardins urbains, les cultures de légumes et de fruits sont plus facilement intégrables que les élevages et sont, en comparaison, moins susceptibles de déclencher des épidémies transmissibles aux humains. C'est aussi que les légumes et les fruits produits en ville ou à proximité réduisent les coûts de transport et de stockage, tout en fournissant une qualité nutritionnelle optimale et que, parmi ces végétaux, les légumineuses, riches en protéines, arrivent sur les marchés moins chères que la viande. Par ailleurs, il est aujourd'hui largement démontré qu'avec un mode de vie sédentaire, une alimentation plus végétalisée aide à maintenir un poids de santé, ce qui est favorable à une évolution vers des régimes fléxitariens, voire plus ou moins végétariens, et constitue le socle d'une médecine plus préventive que curative : en effet, des études par simulations montrent que la végétalisation des régimes est associée à une augmentation de 30 % du bénéfice santé à long terme, en nombre de décès évités. À ces préoccupations de santé, depuis la crise mondiale du Covid-19, s'ajoutent désormais des considérations environnementales et éthiques, comme la prise en compte du bien-être animal, qui devraient renforcer une évolution vers le flexitarisme d'ici 2100.

Un autre phénomène est en train de toucher la nutrition : l'apparition de produits nutraceutiques qui sont des dérivés de sources alimentaires essentiellement végétales offrant des avantages supplémentaires pour la santé, comme les phytonutriments, les antioxydants, les fibres et les protéines végétales, en plus de leur valeur nutritive de base. Ces produits destinés aux consommateurs qui recherchent des alternatives aux ingrédients traditionnels d'origine animale, comme le collagène, les acides gras oméga-3 et les probiotiques, devraient se développer sous formes d'ingrédients ou de « *superfood* » et contribuer demain de plus en plus à la nutrition humaine ou même animale.

11.5. Les vertus du végétal pour une bonne santé physique et mentale

Vivre à proximité d'un espace vert réduit la prévalence de nombreuses maladies

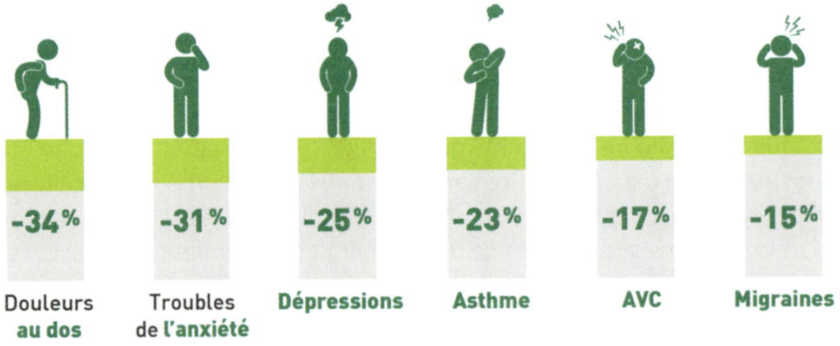

*Taux de prévalence des maladies pour 1 000 néerlandais vivant dans un environnement avec 10 % versus 90 % d'espaces verts (densité dans un rayon d'1 à 3 km de leur habitation)

Source : Observatoire des villes vertes

Pour celles et ceux qui habitent en milieu urbain, les espaces verts et la végétation d'intérieur sont particulièrement bénéfiques. Une récente étude des Pays-Bas a montré que la santé générale moyenne d'une population est positivement impactée par la densité des espaces verts à 1-3 km de sa domiciliation. Une autre étude effectuée au Danemark va dans le même sens et montre que les personnes vivant à plus d'un kilomètre d'espaces verts ont déclaré un état de santé moins bon, une qualité de vie moins élevée et un stress plus important que les personnes disposant d'espaces verts à moins d'un kilomètre de chez elles. D'autres travaux européens conduits en 2002-2003 dans huit régions européennes auprès de 6 900 adultes ont démontré que l'environnement résidentiel impactait fortement l'activité physique des citadins. Leurs auteurs ont noté qu'une densité de verdure cinq fois plus importante dans un habitat que dans un autre triplait la probabilité qu'un individu soit plus actif physiquement et qu'elle réduisait la probabilité d'être obèse de 40 %, abaissait le niveau d'angoisse des habitants et augmentait leur niveau de bien-être. Par ailleurs, diverses recherches démontrent que la présence de plantes d'intérieur est aussi associée à un sentiment de bien-être et de tranquillité qui améliore notre humeur et notre état émotionnel général.

Vivre dans un milieu rural ou carrément dans la nature dans un environnement riche en végétation offre encore plus d'avantages pour la santé, allant de l'encouragement à l'activité physique à la réduction des risques de maladies chroniques, en passant par l'amélioration de la qualité de l'air respiré. La présence de forêts et d'espaces verts encourage spontanément à une augmentation de l'activité physique – le biologiste Francis Hallé, très connu pour ses travaux et livres sur les arbres, considère qu'une balade en forêt met en forme pour un mois. En effet, vivre à la campagne facilite la pratique de la marche et permet de s'adonner à des loisirs de plein air (jardinage, herborisation, cueillette de champignons, pêche, chasse, sports de plein air, etc.). L'exercice physique qui résulte de ces multiples activités apporte de nombreux bénéfices pour la santé : il réduit le risque de maladies cardio-vasculaires et pulmonaires, de diabète, d'ostéoporose, de cancers colorectaux et autres, de dépression, etc. Par suite, il a également un effet positif sur la longévité.

Outre le fait que la végétation, et en particulier les arbres, filtre les polluants atmosphériques, capte du carbone et produit de l'oxygène améliorant la qualité de l'air que nous respirons, elle forme un écran naturel contre le bruit et offre des zones de fraîcheur en été, permettant de réguler la température, ce qui est très important dans notre période de réchauffement climatique. Elle apaise notre système nerveux et réduit les stress, notamment ceux qui résultent de la pression urbaine, qui impactent notre santé. Plus globalement, qu'ils soient insérés dans le tissu urbain ou naturels, ce qui est préférable, les espaces végétalisés nous plongent au milieu de divers degrés de biodiversité et nous offrent des opportunités de détente et de ressourcement contribuant à notre bien-être sur le long terme. Leur fréquentation régulière aide à atténuer les effets de stress post-traumatiques, améliore les capacités de rétention de la mémoire et accroît la créativité, ainsi que cela a été prouvé pendant le confinement lié à la pandémie de Covid-19. Elle peut même aller jusqu'à favoriser des interactions sociales apaisées et le sentiment d'appartenance à une communauté.

E11.5. Faire son potager constitue un exercice bénéfique pour la santé

Cultiver un potager est un exercice particulièrement bénéfique pour notre santé à tout âge de la vie, et ce, y compris chez des personnes très âgées. Des enquêtes menées dans des sociétés très différentes les unes des autres montrent que beaucoup de centenaires de par le monde ont tenu des jardins durant toute leur existence et continuent de le faire avec plaisir jusqu'aux dernières années de leur vie.

Plusieurs raisons expliquent ce constat. Tout d'abord, tout au long de l'année, le jardinage sollicite à la fois l'activité mentale et le corps. Avant même de jardiner, il convient en effet de se rappeler quelles espèces on a cultivé les années passées et avec quel degré de succès, d'imaginer quelles plantes on va semer cette année, quelles variétés on va choisir, comment programmer ses semis, puis suivre ses cultures et leurs récoltes, ainsi que leurs usages directs, ou après transformation (conserves, congélation, etc.).

Par-delà cette gymnastique intellectuelle, le jardinage expose celle ou celui qui le pratique au grand air et au soleil, ce qui contribue à la production de la vitamine D, renforce le système immunitaire et restreint l'apparition de l'ostéoporose. Il sollicite aussi muscles et articulations dans toutes ses activités – bêchage, semis ou plantations, désherbage, binage, arrosage, tuteurage, récolte) – à un rythme modéré, ce qui est bénéfique au maintien de la santé physique.

La pratique régulière du jardinage améliore l'humeur par la libération d'endorphines, tempère les contrariétés de la vie de tous les jours et apporte un sentiment d'accomplissement et de satisfaction favorable à la santé psychologique. Chez les personnes âgées, elle entretient le souvenir, permet de sensibiliser de manière ludique et gustative les jeunes générations à des valeurs de tradition et apporte une stimulation cognitive particulièrement bénéfique qui permet de retarder les premiers signes de maladies dégénératives.

Bien évidemment, cultiver ses propres légumes et fruits apporte une meilleure alimentation : meilleure qualité nutritionnelle des végétaux cultivés soi-même pour soi et ses proches, consommation de produits frais et de saison, alimentation plus variée, y compris dans les classes sociales les plus modestes. Cela conduit à des économies sur le budget alimentaire et permet également de créer du lien social par le partage des récoltes ou de le maintenir, ce qui est très important pour les personnes âgées ou isolées par les aléas de la vie en société.

Savoir jardiner, c'est aussi rechercher et accumuler en permanence des connaissances, échanger de temps à autre des graines et des plants avec ses voisins, réfléchir à l'évolution et à l'embellissement de son jardin dans son ensemble. C'est donc aussi une activité qui stimule la créativité et peut accroître les interactions sociales.

Depuis des époques très reculées, n'oublions pas que les plantes natives sont utilisées, par différentes pharmacopées traditionnelles, comme une source majeure de médicaments pour traiter différents troubles et maladies. Certaines sont bien connues et bénéficient d'écrits très anciens comme la médecine traditionnelle chinoise, la médecine traditionnelle tibétaine, la médecine ayurvédique, les médecines perse et arabe ; d'autres sont des synthèses plus récentes issues de traditions thérapeutiques populaires orales, locales ou régionales, souvent fragilisées par la pénétration de cultures exogènes, comme la *Pharmacopée végétale caribéenne TRAMIL* ou les *Pharmacopées traditionnelles de Guyane : Créoles, Wayãpi, Palikur*, d'autres encore sont dites officielles et bénéficient de recueils à caractère légal et obligatoire, contenant une description des médicaments d'usage courant dans cette médecine, comme la *Pharmacopée européenne* ou la *Pharmacopée française*. Les progrès actuels de la science du végétal, et notamment ceux qui proviennent du séquençage à haut débit, vont apporter un nouvel éclairage sur les pharmacopées traditionnelles précitées en identifiant les enzymes clefs impliquées dans la synthèse des composés bioactifs, afin de mieux valoriser leurs effets thérapeutiques et d'en découvrir d'autres. Par ailleurs, les connaissances fines issues du séquençage vont nous permettre d'étudier très rapidement tout nouveau végétal découvert dans la biodiversité ambiante et d'évaluer, par comparaison avec d'autres plantes déjà connues, si ce dernier est susceptible de contenir des molécules d'intérêt pharmaceutique – ce point me semble particulièrement intéressant pour la flore algale qui est aujourd'hui sous-étudiée.

De manière plus générale, en nous connectant par l'observation et l'étude aux plantes, le constat de leur diversité doit nous amener à développer un sentiment d'appartenance à la nature et à prendre conscience de la complexité et de la résilience de la biosphère qui a vécu tant d'épreuves au cours de sa longue existence. Cette approche holistique nous amenant à cultiver une attitude de respect et de protection renforcée envers l'environnement devrait aider l'humanité à dépasser le goulot d'étranglement actuel de son pic démographique confronté au changement climatique. Elle devrait simultanément contribuer à assurer sa sécurité alimentaire d'ici 2100 et, au-delà, à permettre le retour à une position plus équilibrée de l'espèce humaine au sein de la biosphère.

En guise d'envoi et de remerciements

Le végétal constitue depuis mes jeunes années un des ancrages les plus intimes de mon quotidien. Durant mon existence voyageuse, il a formé un fil conducteur qui a nourri mes activités et mes choix. J'ai recherché sa diversité incroyable et puisé dans ses ressources divers enseignements. Le végétal m'a ainsi permis d'admirer une multitude de paysages naturels et anthropisés. Il m'a aussi fait rencontrer beaucoup de belles personnes – paysans, botanistes, conservateurs de jardins botaniques et de banques de gènes, scientifiques, sélectionneurs, industriels, historiens, ethnologues, linguistes, chimistes, nutritionnistes, etc., sur tous les continents sauf l'Antarctique, que je n'ai jamais foulé – et découvrir nombre de civilisations passées ou actuelles.

Sans végétal, soyons conscients que la vie telle que nous la connaissons sur Terre n'existerait pas. Les plantes, certes sur un autre pas de temps que le nôtre, sont en effet au fondement de ce qui nous fait vivre au sein de la biosphère. Elles sont présentes sur la planète depuis bien plus longtemps que nous et ont survécu à plusieurs extinctions d'espèces. Elles risquent fort de perdurer plus longtemps que les humains.

En agriculture comme dans tous les secteurs d'activités que nous côtoyons, sans évoquer la politique, le choix d'un leadership n'a rien d'évident. La plupart recommandent l'efficacité à court terme parfois confondue avec l'intérêt personnel, certains insistent sur le charisme, la capacité à inspirer et motiver les gens – la frontière avec la manipulation est alors parfois mince – bien peu soulignent l'importance de la capacité à organiser le moyen et le long termes de manière flexible, sans craindre d'innover sur la base des informations les plus récentes et les plus précises.

Dans le contexte du changement climatique affectant notre planète, auquel l'adaptation concernera plusieurs générations humaines, la question de la gestion du temps long se pose brutalement, et l'intérêt propre de chacun se confronte avec l'évidence de l'interdépendance de tous les êtres.

Les plantes constituant depuis la nuit des temps la base de notre alimentation et de notre médecine, l'intuition de Caroline Noirot, des Belles Lettres, d'oser éditer en ce premier quart du XXIe siècle un livre de culture générale sur le végétal, si souvent réduit à la notion de biomasse, mésestimé, voire méprisé, est une initiative bienvenue de sensibilisation et d'éducation au sein de nos sociétés de plus en plus urbanisées et artificialisées. J'ai tenu dans la rédaction de ce livre à respecter trois valeurs qu'elle et moi partageons : la transparence, l'authenticité et la cohérence. Transparence des informations confirmée par une bibliographie sérieuse peu courante dans un tel ouvrage, authenticité des expériences vécues et cohérence entre les informations déjà en ma possession et les perspectives à long terme qui, je l'espère, crédibiliseront mon texte. Merci chère Caroline, ainsi qu'à vos équipes très professionnelles et passionnées. Merci également à mes amis Pierre Niquet, Luc Satgé et Benoît Vermander ainsi qu'à mon épouse Yunfang Bonjean-Zhao et notre famille sans qui, pour des raisons multiples, ce livre n'aurait pas vu le jour. Et merci à mes lectrices et lecteurs de m'avoir suivi jusqu'à ce point !

Bibliographie choisie

Chapitre I – Qu'est-ce qu'un végétal ?

Y.M. Bar-On *et al.* (2018). The biomass distribution on earth. *PNAS* 115, 25, 6506-6511.

P.R. Bell & A. R. Hemsley (1992). *Green plants, their origin and diversity.*, 2nd ed. Cambridge University Press, 349 p.

A. Bonjean, A . Fortin (2023). *Les mycorhizes, interactions plantes-champignons encore sous-exploitées.* Demeter, 251-264.

H. Chapuis (2019, 23 octobre). Des chercheurs retracent l'évolution du règne végétal depuis 1 milliard d'années grâce au séquençage génétique. *Sciences et avenir.*

R. H Cowie, P. Bouchet and B. Fontaine (2022). The Sixth Mass Extinction: fact, fiction or speculation? *Biological Reviews* 97, 2, https://doi.org/10.1111/brv.12816

C.F. Demoulin *et al.* (2024). Oldest thylakoids in fossil cells directly evidence oxygenic photosynthesis. *Nature* https://doi-org-443.vpnm.ccmu.edu.cn/10.1038/s41586-023-06896-7

E. Elhacham *et al.* (2020). Global human-made mass exceeds all living biomass. *Nature* 588, 442-444.

J. A. Fortin, C. Planchette, Y. Piché (2015). *Les mycorhizes : l'essor de la nouvelle révolution verte*. Ed. Quae, 103 p.

F. Hallé et P. Lieutaghi (2008). *Aux origines des plantes.* Fayard, 608 p.

A. Humpreys *et al.* (2019). Global dataset shows geography and lifeform predict modern plant extinction and rediscovery. *Nature ecology & evolution* 3, 1043-1047.

E. Kolbert (2015). *La Sixième Extinction : Comment l'homme détruit la vie* (traduction de « The Sixth extinction »). Vuibert, 352 p.

G. Lecointre, H. Le Guyader, D. Visset (2006). *Classification phylogénétique du vivant, 3e éd.* Belin, 559 p.

A. Maurizio (1932). *Histoire de l'alimentation végétale depuis la préhistoire jusqu'à nos jours.* Payot, 663 p.

S. Meyer, C. Reeb, R. Bosdeveix (2004). *Botanique : Biologie et physiologie végétales.* Maloine, 462 p.

Pape François (2015). *Laudato si, encyclique sur la sauvegarde de la maison commune.* Laudato si' (24 mai 2015) | François (vatican.va)

E. Penisi (21 mai 2018). Plants outweigh all other life on Earth. *Science.*

H. This (2031). Parlons des chlorophylles, et pas de chlorophylle. Encyclopédie question sur... *Académie d'agriculture de France*, 2 p. 08.01.Q04. Parlons des chlorophylles, et pas de la chlorophylle (academie-agriculture.fr)

P. Vargas, R. Zardoya, eds. (2014). *The tree of life.* Sinauer, 713 p.

W.B Whitman *et al.* (1998). Prokaryotes the unseen majority. *Proc. Natl. Acad. Sci. USA*, 95, 6578-6583.

Chapitre 2 - Comment reconnaître un végétal

Dynamique et Evolution des Parois Cellulaires Végétales. – LRSV (cnrs.fr)

La cellule végétale - myMaxicours

Les parois des cellules végétales – Biologie cellulaire et génétique du Développement (bcgdevelop.fr)

Méristème secondaire (ens-lyon.fr)

Phylogénie du règne végétal – Biologie végétale (biologievegetale.be)

R . Austin (2022). Meet the world largest plant: a single seagrass clone stretching 180 km in Western Australia's Shark bay. *The Conversation* June 1st, 2022.

V. Doumeizel (2021). *La révolution des algues.* Equateurs, 218 p.

A. El Alami (2018). *Le règne végétal : Caractère des principaux groupes de plantes et systématique des angiospermes.* Les Editions du Net, 148 p.

D. J. Cosgrove (2024). Structure and growth of plant cell walls. *Nature Reviews Molecular Cell Biology* 25, 340-358.

L. Defo (2005). *Le rotin, la forêt et les hommes.* Leiden University Schorlaly Publications, 24 p.

W. V. Deshek & G.S. Miglani, ed. (2017). *Plant cells and their organelles.* John Wiley & Sons, Ltd., 408 p.

P. Doerner (2003). Plant meristems: A merry-go-round of signals. *Current Biology* 13, R368-R374.

G. Ducreux (2002). *Introduction à la botanique.* Ed. Belin-Sup, 256 p.

T.C. Feaw (1992). The history of rattan cultivation. *Malayan Forest Record*, 35, 51-55.

Y. Forterre (2013). Slow, fast and furious: understanding the physics of plant movements. *Journal of Experimental Botany* 64, 15, 4745-4760.

F. Hallé (2005). *Plaidoyer pour l'arbre.* Actes Sud, 213 p.

F. Hallé, G. Escoubeyrou (2002). Essai de typologie des mouvements foliaires chez les plantes vasculaires. *Le Journal de Botanique* 18-19, 161-174.

U. Lüttge, M. Kluge, G. Bauer (1996). *Traité fondamental : Botanique.* Lavoisier Tech&Doc, 588 p.

H. Mano, M. Hasebe (2021). Rapid movements in plants. *Journal of Plant Research* 134, 3, 17, https://doi.org/10.1007/s10265-020-01243-7

J.C. Mcelwain, K.J. Willis, K.J. Nicklas (2011). Climate Change Long-term fluctuations in atmospheric CO_2 concentration influence plant speciation rates. In: *Climate change, Ecology and Systematics.* Cambridge University Press, 122-141.ss

J.-F. Morot-Gaudry (2014). *Méristèmes et architecture des plantes.* Académie d'Agriculture de France. Groupe de travail sur les potentiels de la science pour l'avenir de l'agriculture, de l'alimentation et de l'environnement, 22 p.

G. Noat, Joannès Nari, A.-M. Moustacas & M. Borel (1991). Propriétés des parois cellulaires végétales et interactions matrice-enzymes, *Bulletin de la Société Botanique de France. Actualités ss*L. Pereira (2021). Macroalgae. *Encyclopedia* 1, 1, 177-188, https://doi.org/10.3390/encyclopedia1010017

M. F. Schwartz *and al.* (2021). Divide and Conquer: The Initiation and Proliferation of Meristems, *Critical Reviews in Plant Sciences*, 40:2, 147-156, DOI: 10.1080/07352689.2021.191522

F.H. Schweingruber, A. Börner (2018). Primary, secondary and tertiary meristems. In: *The Plant Stem. A microscopic aspect*, Elsevier, 43-79.

R. W. Seagull (2016). The plant cytoskeleton. In: *Food Sciences*. Elsevier, 1-22. https://doi.org/10.1016/B978-0-08-100596-5.02873-0

R . Sisodia & S.C. Bhatia (2018). Plant movements. In: *Plant physiology, development and metabolism*, Springer Nature Singapore Pte Ltd., 907-935.

E. Zürcher, M.-G. Cantiani, F. Sorbetti-Guerri and D. Michel (1998). Tree stem diameters fluctuate with tide. *Nature* 392, 665-666.

Chapitre 3 – Des végétaux presque partout

Arabidopsis thaliana (L.) Heynh. | Plants of the World Online | Kew Science

Arabidopsis thaliana – synthese – eFlore – Tela Botanica (tela-botanica.org)

Boquila trifoliolata (DC.) Decne. | Plants of the World Online | Kew Science

Conservatoire botanique national du Bassin parisien, CBNBP (mnhn.fr)

Ecosystème : qu'est-ce qu'un Biome ? – Geo.fr

Extraordinaire et énigmatique welwitschia. – Les chroniques du végétal (wordpress.com)

fseprd601750.pdf (usda.gov)

(French translation) CODE INTERNATIONAL POUR LA NOMENCLATURE DES PLANTES CULTIVEES: SOMMAIRE (actahort.org)

La magie des biomes : explorer la diversité de la Terre (sigmaearth.com)

myrmecochorie (free.fr)

F. Baluska & S. Mancuso (2016). Vision in plants via plant-specific ocelli? *Trends in plant science* 21, 8, 727-730.

B. Bauer Petrovska (2012). Historical review of medicinal plants' usage. *Pharmacogn. Rev.* 6, 1,-1-5.

J.H. Brown & M. V. Lomolino (1998). *Biogeography, 2nd ed*. Sinauer, 692 p.

F.E. Clements (1916). *Plant succession; an analysis of the development of vegetation*. Carnegie Institution of Washington. 858 p.

A. Delattre (2022). Comment compter les plantes ? *Blog TelaBotanica* du 17 novembre 2022.

P.R. Ehrlich, P.H. Raven (1964). Butterfiles and plants : A study in coevolution. *Evolution* 19, 4, 586-608.

G.R. Fink (1998). Anatomy of a revolution. *Genetics* 149, 2, 471, https://doi.org/10.1093/genetics/149.2.471

I. N. Forseth (2010). Terrestrial Biomes. *Nature Education Knowledge* 3, 10, 11.

C. Jouault *et al.* (2024). The Angiosperm terrestrial revolution buffered ants against extinction. *PNAS* 121, 13, e2317795121, https://doi.org/10.1073/pnas.2317795121

P. Kenrick & P.R. Crane (1997). *The origin and early diversification of land plants.* Smithsonian Institution Press, 442 p.

R. Khanna, U. Kutschera (2020). Arabidopsis: two-hundredths anniversary of its name and the possibility of a hidden universal regulatory signal. *Journal of Plant Biochemistry and Biotechnology* 29, 575-579.

M. Koornneef, D. Meinke (2010). The development of Arabidopsis as a model plant. *The plant journal* 61, 6, 909-921, https://doi.org/10.1111/j.1365-313X.2009.04086.x

R. Krulwich (2016). The sneaky life of the world 's most mysterious plant. *Blog National Geographic* du 10 février 2016.

P. Leterme (2022). Le développement des plantes vu par les agronomes. Académie d'Agriculture de France. *Encyclopédie : Question sur*...04.01.Q01

C. Mathon (1981). *Phytogéographie appliquée : l'origine des plantes cultivées*. Ed. Masson, 182 p.

E. Moyroud et al. (2017). A link between LEAFY and B-Gene homologues in *Welwitschia mirabilis* sheds light on ancestral mechanisms prefiguring floral development. *New Phytologist* 216, 2, 469-481.

N. Myers; R. A. Mittermeier, C.G. Mittermeier, G.A.B. da Fonseca & J. Kent (2000). Biodiversity hotspots for conservation priorities. *Nature* 403, 853-858.

The Arabidopsis Genome Initiative (2000). Analysis of the genome sequence of the flowering plant *Arabidopsis thaliana*. *Nature* 408, 796-815.

M. Nesbitt *et al.* (2010). Linking biodiversity, food and nutrition: The importance of plant identification and nomenclature. *Journal of Food Composition and Analysis* 23, 486-498.

J. White & F. Yamashita (2020). *Boquilia trifoliolata* mimics leaves of an artificial plastic host plant. Plant Signaling & Begaviour 17, 1, DOI: 10.1080/15592324.2021.1977530

Chapitre 4 – L'importance des plantes sauvages avant les débuts de l'agriculture

Paléobotanique et évolution des graminées – poacées (botarela.fr)

M. Balter (2011). Earliest human beds found in South Africa. *Blog Science* Dec. 8, 2011.

T. Bardinet (2001). *Les papyrus médicaux de l'Egypte pharaonique.* Fayard, 591 p.

F.Beinet (2012). Néandertal se soignait par les plantes. *Blog Hominidés* du 19 juillet 2012.

A. Bonjean (2018). Evolution de la cueillette sauvage de plantes alimentaires, de champignons et de simples médicinales en basse-Auvergne de 1960 à aujourd'hui. *Association des Amis du Vieux Pont-du-Château, Bull,* 52, 1-24.

A. Bonjean, B. Vermander (2022). *L'homme et le grain*. Les Belles Lettres. 480 p.

D. Chauvet, C. Sainte-Rose et A.L. Boch (2010). Le mystère des trépanations préhistoriques : la neurochirurgie serait-elle le plus vieux métier du monde ? *Neurochirurgie* 56 (5), 420-425.

T.D. Dillelay et al. (2015). New archaeological evidence for an early human presence at Monte Verde, Chile? *PLOS ONE* 10(11): 0141923.

https://doi.org/10.1371/journal.pone.0141923

K. Hardy (2021). Paleomedecine and the evolutionary context of medicinal plant use. *Rev. Bras. Farmacogn*. 31, 1, 1-15.

M.J. Iriarte-Chiapusso *et al.* (2015). The vegetational and climatic contexts of the Lower Magdalenian human burial in El Mirón Cave (Cantabria, Spain): implications related to human behavior. *Journal of Archaeological Science* 60, 68-74.

M.E. Kislev, D. Nadel and L. Carmi (1992). Epipaleolithic (19,000 BP) cereal and fruit diet at Ohalo II, Sea of Galilee, Israel. In: J.P. Pals, J. Buurman and M. van der Veen (Editors), Festschrift for Professor van Zeist. *Rev. Palaeobot. Palynol.*, 73, 161-166.

A. Maurizio (1932). *Histoire de l'alimentation végétale depuis la préhistoire jusqu'à nos jours.* Payot, 663 p.

D. Nadel *et al.* (2013). Earliest floral grave lining from 13,700-11,700-y-old Natufian burials at Raquefet cave Mt. Carmel, Israel. *PNAS* 110, 29, 11774-11778, https://doi.org/10.1073/pnas.130227711

A. A. Parmentier (1791). *Recherches sur les végétaux nourrissants qui, dans les temps de disette, peuvent remplacer les aliments ordinaires ; avec de nouvelles observations sur la culture des pommes de terre*, Impr. royale, in-8°, XVI-599 p.

K. Pattison (2024). Oragngutan plays doctor, heals himself. Blog *Science*, May 2, 2024.

H. Rambert (2022). Préhistoire : il y a 370 000 ans, *Homo erectus* se soignait déjà avec des plantes. *Blog Science&Vie* du 22 mars 2022.

G. Samorini (2019). The oldest archaeological data evidencing the relationship of *Homo sapiens* with psychoactive plants: A world overview. *Journal of Psychedelic Studies* DOI: 10.1556/2054.2019.008

A. Stern (2022). *Aux racines de notre humanité*. Odile Jacob, 361 p.

Chapitre 5

E. Assouti (2013). Evolution, history and the origin of agriculture: rethinking the Neolithic (plant) economies of South-west Asia. *Levant* 45, 2, 210-218.

J.P. Bocquet-Appel (2008). *La révolution néolithique dans le monde. Aux origines de l'emprise humaine sur le vivant.* Colloque « La révolution néolithique dans le monde. Cité des Sciences-Inrap les 2, 3, et 4 octobre 2008.

S. Bohler (2020). *Où est le sens ? Les découvertes sur notre cerveau qui changent l'avenir de notre civilisation*. Robert Laffont, 384 p.

A. Bonjean (2018). *Le seigle des terres de Margeride, un produit d'exception*. Quelque part sur Terre… 268 p.

A. Bonjean (2021, 30 août). Un nouvel éclairage sur les centres d'origine et de domestication du chanvre. *Les Chroniques du végétal* Un nouvel éclairage sur les centres d'origine et de domestication du chanvre ! – Les chroniques du végétal (wordpress.com)

A. Bonjean, B. Vermander (2022). *L'homme et le grain*. Les Belles Lettres. 480 p.

B. Cyrulnik (2017). *Psychothérapie de Dieu.* Odile Jacob, 288 p.

T. Goupil (2017). Croyances phytoreligieuses et phytomythologiques : plantes des dieux et herbes mythologiques. *Evaxiana* 3, 157-162.

A.G. Heiss (2014). *Plants and people : Choices and Diversity through Time*. Owbow Books, 528 p.

F. Lenoir (2023). *L'odyssée du sacré*. Albin Michel, 526 p.

S. Manning (2008). *World population estimate interpolated and averaged*. Site Scott manning, .pdf, 201 p.

C.C. Mathon (1990). *Les plantes cultivées chez les Carolingiens au* IX*e* *siècle*. Univ. de Poitiers, UA 822 CNRS Ethnobotanique, 50 p.

N. Maxted, H. Vincent (2021). Review of congruence between global crop wild relative hotspots and centres of crop origin/diversity. *Genet. Resour. Crop Evol.* 68, 1283-1297

E. Ménéndez (1977). Maïs et divinités d'après les sources anciennes. *Journal de la société des Américanistes* 64, 19-27.

B. Pascoe (2014). *Dark emu black seeds: agriculture or accident ?* Magabala Books, 174 p.

J.D. Sauer (1993). *Historical geography of crop plants. Lewis Publishers* – CRC, 309 p.

J.C. Scott (2019). *Homo domesticus. Une histoire profonde des premiers Etats*. La Découverte, 148 p.

E. Todd (2024). *La défaite de l'Occident.* Gallimard, 376 p.

Chapitre 6

1492-2006 – L'aventure démographique des Amériques – Herodote.net

R. Acuna-Soto *et al.(*2002). Megadrought and megadeath in 16th century Mexico. *Emerg. Infect. Dis.* 8, 4, 360-362.

A. Bonjean (2015). Louis de Vilmorin, un contributeur fondateur de la génétique et de la création variétale du blé à l'échelon mondial. *Colloque Les Vilmorin, des graines et des hommes*. SNHF-AACF, 35-42.

A. Bonjean, B. Vermander (2022). *L'homme et le grain*. Les Belles Lettres. 480 p.

A. Bonjean (2023, 21 décembre). La patate douce, un OGM naturel fort apprécié. *Les Chroniques du végétal.* La patate douce, un OGM naturel fort apprécié – Les chroniques du végétal (wordpress.com)

B. Cobo (1890). *Historia del Nuevo Mundo*. Sociedad de Bibliofilos Andaluces. M. Jimenez de la Espada, 422 p.

A. W. Crosby (1972). *The Columbian Exchange: Biological and cultural consequences of 1492*, Greenwood, 268 p.

A. Deshayes (2023). *Les biotechnologies végétales*. L'Harmattan, 280 p.

M. Desprez, B. Desprez (2015). Evolution des méthodes de sélection de Louis de Vilmorin à aujourd'hui. De la sélection phénotypique à la sélection génotypique : l'exemple de la betterave. *Colloque Les Vilmorin, des graines et des hommes*. SNHF-AACF, 30-34.

T.S. Edwards, P. Kaleton (2020). Germs, genocides and America's indigenous peoples. *Journal of American History* 107, 1, 52-76.

C. Ferault, D. Le Chatelier (2009). *Une histoire des agricultures*. Ed. France Agricole, 166 p.

A. Gallais (2013). *De la domestication à la transgénèse*. Ed. Quae, 176 p.

J.-C. Glaszmann, C. Billot, C. Lanaud (2024). Comment la diversité du génome raconte l'histoire des plantes cultivées. *The Conversation* du 18 juin 2024.

G. F. Gonzales (2012). Ethnobiology and ethnopharmacology of *Lepidium meyenii* (Maca), a plant from the Peruvian highlands. *Hindawi* ID193496, https://doi.org. 10.1155/2012/193496/

T. Hargrove and W.R. Coffman (2006). Breeding history. *Rice Today* 10-12, 34-38

T. Kyndt *et al.* (2015). The genome of cultivated sweet potato contains *Agrobacterium* T-DNAs with expressed genes: An example of a naturally transgenic food crop. *Proc. Natl. Acad. Sci. USA* 112, 18, 5844-5849.

P. Le Ber, C. Scarpelli et M. Gérard (2017). La génomique, reine du big data. *The Conversation* du 20 septembre 2017.

X. Liu *et al.* (2019). From ecological opportunism to multi-cropping: Mapping food globalization in prehistory. *Quaternary Science reviews* 206, 21-28.

X. Liu, R.E.B. Reid (2020). The prehistoric roots of Chinese cuisines: Mapping staple food systems of China, 6000 BC–220 AD. *PLoS ONE* 15, 11: e0240930. https://doi.org/10.1371/journal. pone.024093

C. C. Mann (2011). 1493 : *Uncovering the New World Columbus created*. Knopf, 560 p.

E. Ross (2017). Amazon rainforest was shaped by an ancient hunger for fruit and nuts : People living in the area thousands years ago may have changed the forest around them in ways that ere still visible today. *Nature News* https://doi.org/10.1038/nature.2017.21576/

C. Roullier *et al.* (2013). Disentangling the origins of cultivated sweet potato (*Ipomoea batatas* (L.) Lam.). *PLOS One* https://doi.org/10.1371/journal.pone.0062707/

B. van Ruymbeke (2009). L'héritage colombien : les conséquences de la «découverte » du Nouveau Monde. *Les Cahiers du Musée des Confluences. Revue thématique Sciences et Sociétés du Musée des Confluences* 3, 11-20.

M. Szczepanek *et al.* (2020). Ancient Wheat Species (*Triticum sphaerococcum* Perc. and T. *persicum* Vav.) in Organic Farming: Influence of Sowing Density on Agronomic

Traits, Pests and Diseases Occurrence, and Weed Infestation. *Agriculture* 10, 556, doi:10.3390/agriculture10110556

L. de Vilmorin (1856). Note sur la création d'une nouvelle race de betterave – Considération sur l'hérédité chez les plantes. *Comptes Rendus des séances hebdomadaires de l'Académie des Sciences*, 43, 871-874.

D. Yin *et al.* (2019). Frontier development in the midst of ecological civilization: unravelling the production of maca in Yunnan, China. *Geoforum* 106, 144-154.

M. Zahariezva, A. Bonjean, & Ph. Monneveux (2014). Saharan wheats : before they disappear. *Genet. Resour. Crop Evo.l* 61, 1065-1084. https://doi.org/10.1007/s10722-014-0122-5

Chapitre 7

http://ecotope.org/People/ellis/papers/ruddiman_2015.pdf

http://lhommeenquestions.museedelhomme.fr/fr/quand-homme-existe-t-il

https://aeon.co/essays/revolutionary-archaeology-reveals-the-deepest-possible-anthropocene

https://www.hominide.com/dossiers/alimentation-prehistoire-nutrition-prehistorique/

S. Abis (2024). *Géopolitique du sucre.* IRIS Editions, 154 p.

ArchaeoGLOBE Project (2019). Archaeological assessment reveals Earth's early transformation through land use. *Science* 365, 897-902.

A. Bonjean, W.J. Angus and M. van Ginkel, ed. (2016). *The World Wheat Book: A history of wheat breeding. Lavoisier Tech&Doc*, 1600 p.

A. Bonjean, J.P. Jamet (2022). La saga du soja. *Les chroniques du végétal* du 19 janvier 2022, 87e article.

Canne à sucre – Plantes et usages | Cirad

G. Clarck, D. Jacks (2007). Coal and the Industrial Revolution, 1700-1869. *European Review of Economic History* 11, 1, 39-72.

P. J. Crutzen (2002). Geology of Manking : « The Anthropocene ». *Nature* 415, p. 23.

De la betterave au sucre – Association pour la Sauvegarde de la Sucrerie de Francières (sucrerie-francieres.fr)

H. Demirdjian (2005). Les combustibles fossiles : formation, composition et réserves. *Culture Sciences-Chimie* du 15 novembre 2005.

E. C. Elis (2015). Ecology in an Anthropogenic biosphere. *Ecological monographs* 85, 3, 287-331.

E. C. Ellis, N. R. Magliocca, C. J. Stevens & D. Q. Fuller (2018). Evolving the Anthropocene: linking multi-level selection with long-term social–ecological change. *Sustainability Science* 13, 119-128.

François, 2015b, Lettre encyclique *Laudato si'* du Saint-Père François sur la sauvegarde de la maison commune, [En ligne]

http://w2.vatican.va/content/francesco/fr/encyclicals/documents/papa-francesco_20150524_enciclica-laudato-si.html

E. Greenfield (2023). Biocarburants d'algues : les biocarburants de troisième génération. *Sigmaearth* du 20 janvier 2023.

G. Guilford, R. King (2013). Peak meat ? The world eats 7-times more animals than we did in 1950. *The Atlantic*, June 13, 2013.

L. Hédin (1963). Observations sur l'origine, la classification et l'écologie des espèces fourragères. *Journal d'agriculture tropicale et de botanique appliquée*, 10, 1-4, 1-19.

T. Kool (2020). The complete history of fossil fuels. *Oilprice.com*, March 25, 2020.

C. K. Koury *et al.* 2023x). The plants that feed the world. FAO, 146 p.

G. Landrieu (1994). Les impacts des énergies fossiles sur l'environnement. *Entretiens de la Vilette : « L'énergie, un concept des usages des enjeux »*, Paris, ineris-00971900

Y. Melamed et *al.* (2016). The plant component of an Acheulean diet at Gesher Benot Ya'aqov, Israel. *Proc. of the National Academy of Sciences* 113, 51, 14674-14679.

O. Melsted, I. Pallua (2018).The historical transition from coal to hydrocarbons : Previous explanations and the need for an integrative perspective. *Canadian Journal of History* 53, 3, 395-422.

J. Menendez *et al.* (2022). Coal mining closure and circular economy. *6th Symposium on circular economy and urban mining.* Capri, Italy, 18-20 May 2022, 6 p.ss

ONU Changements Climatiques (2023). L'accord de la COP28 marque le « début de la fin » de l'ère des combustibles fossiles. *Communiqué UNFCCCC.int* du 13 décembre 2023.

A. Michaud *et al.* (2020). Les prairies, une richesse et un support d'innovation pour des élevages de ruminants plus durables et acceptables. *INRAE Productions animales* 33, 3, 153-172.

A. Payen (1857). La betterave à sucre- Les sucreries et distilleries agricoles de la fa France. *ss*, 2, 12, 94-121.

E. Pilorgé (2020). Sunflower in the global vegetable oil system: situation, specificities and perspectives. *OCL* 27, 1, 34, doi :10.1051/ocl/20220028

W. F. Ruddiman, E. C. Ellis, J. O. Kaplan, D. Q. Fuller (2015). Defining the epoch we live in : Is a formally designated « Anthropocene » a good idea ? *Science* 348, 6230, 38-39.

J.D. Sauer (1993). *Historical geography of crop plants.* Lewis Publishers – CRC, 309 p.

J.L. Schelienger, L. Monnier (2022). Du « sel indien » au *High Fructose Corn Syrup*. Histoire du sucre des origines à nos jours. *Médecines des Maladies Métaboliques* 6, 5, 451-455.

M.S.M. Sosef *et al.* (2020). *Classification botanique et nomenclature : une introduction.* Jardin botanique de Meise, 72 p.

L. Stephens, E. C. Elis, D. Fuller (2020). The deep Anthropocene. *aeOn* du 1er Octobre 2020.

E. F. Stoermer, *et al.* (2009). *Diatom Taxonomy, Ultrastructure, and Ecology: Modern Methods and Timeless Questions: a Tribute to Eugene F. Stoermer*. Berlin, J. Cramer, 323 p.

E. von Wettberg, T.M. Dooris, P. Smykol (2020). Wild plants as source of new crops. *Frontiers* 11, https://doi.org/10.3389/flps.2020.591554/

H. Yin, G. Warrington, S. Xie, eds. (2007). Environmental and biotic changes during the Paleozoic-Mezozoic transition. *Global and Planetary Change* 55, 1-3, 1-236.

W. Zhou (2015). The patent landscape of genetically modified organisms. *Science in the News*, Août 2015.

Chapitre 8

A. Bakar Jaafar (2009). From basic to applied-and-experimental research: The case of sea-weed Lady , Dr Kathleen Drew-Baker, and prof. Munedo Kuroge of Hokkaido university. *Mima Bullletin* 16, 3, 32-35.

A. Bonjean et F. Le Goffic (1999). La cameline – *Camelina sativa* (L.) Crantz : une opportunité pour l'agriculture et l'industrie européenne. *Oléagineux, Corps gras, Lipides* 6, 1, 28-34.

A. Bonjean (2020, 26 octobre). La cameline : bilan R&D 30 ans après m'y être intéressé. *Les chroniques du végétal.* La cameline : bilan R&D 30 ans après m'y être intéressé ! – Les chroniques du végétal (wordpress.com)

A. Bonjean (2023). La cameline : le retour d'une espèce quasi disparue. Encyclopédie question sur... *Académie d'agriculture de France*, 4 p. 01.02.Q55 : La cameline : le retour d'une espèce quasi disparue ! | Académie d'Agriculture de France (academie-agriculture.fr)

K. M. Drew (1949). Conchocelis-phase in the life-history of *Porphyra umbilicalis* (L.) Kûtz. *Nature* 164, 748-749.

R. Larue (2015). *Le végétarisme et ses ennemis*. PUF, 324 p.

Phorphyre : Traité sur l'abstinence des animaux (remacle.org)

R. Fortune (1855). *Voyages en Chine à la recherche de fleurs et du thé (1843-1850).* Hachette, VII+265 p.

T. Renell (2009). The great tea robbery : How our cuppa wouldn't exist if an amazing Victorian hadn't stolen the secrets of China's warlords. *Mail online,* 4 March 2009.

P. Ropert (2021). Kathleen Drew-Baker, la botaniste qui a sauvé les makis. *Cultures Monde* du 8 octobre 2021.

F. Sabban (1993). Robert Fortune, *La route du thé et des fleurs,* traduit de l'anglais par E. Luc et G. Piloquet. Collection Le Grand Dehors. In : *Etudes chinoises* 12, 1, 191-194.

J.L. Schlienger (2022). Histoire du végétarisme de l'Antiquité à nos jours. *Médecine des Maladies Métaboliques* 16, 8, 737-743.

S.H. Wu (2021). Orbituary : Yuan Longping (1930-2021). *Nature* ; 595, 26.

J. Zubr (1997). Oil-seed crop : *Camelina sativa. Industrial Crops and Products* 6, 2, 113-119.

Chapitre 9

Biodiversité et Agriculture : prévenir, informer et valoriser – Chambre d'agriculture ZNIEFF |

CL 121/5 (fao.org)

Conservatoire d'espaces naturels d'Auvergne (cen-auvergne.fr)

Occitanie (chambre-agriculture.fr)

La biodiversité, c'est quoi ? | Biodiversité.gouv.fr (biodiversite.gouv.fr)

La biodiversité : un enjeu incontournable pour les entreprises – Connexion Nature (connexion-nature.com)Qu'est-ce que la biodiversité ? (ofb.gouv.fr)

Stratégie nationale biodiversité 2030 (ecologie.gouv.fr)

20200910_Synthese_Rapport-Planete-Vivante-2020_WWF-min.pdf

C. Amblard, éd., *et al.* (2015). La biodiversité en Auvergne. État de conservation des espèces. *Revue d'Auvergne* 2-3, 616-616

B. Beaufort (2017). La fabrique des plantes globales ? Une géographie de la mondialisation des végétaux d'Amazonie ? Confis 53, https://doi.org/10.4000/confins.42850/

A. Bonjean, C. Dequidt, (2024). La préservation de la biodiversité, objectif convergent du Bhoutan et du Costa Rica. *Demeter 2024*, 247-262.

S. C. Chang *et al.* (2018). Temperate agroforestry in China. In/ A. M. Gordon, S.M. Newman, and B.R. W. Coleaman, eds. *Temperate Agroforestry Systems, 2nd ed.* CAB International, 7, 168-1_9.

M. Derieux *et al.* (1987). Estimation du progrès génétique réalisé chez le mais grain en France entre 1950 et 1985. *Agronomie* 7, 1, 1-11.

V.F. Dorofeev (1992). *N.I. Vavilov : Origin and Geography of Cultivated Plants.* Cambridge University Press, 497 p.

B.M. Flores *et al.* (2024). Critical transitions in the Amazon forest system. *Nature* 626, 554-579.

A. Gallais (2022). Le maïs en France et dans le monde. Académie d'Agriculture de France. *Encyclopédie : Question sur...* n° 01.02.Q11, 4 p.

S. Gaillard (1988). L'industrialisation de la culture du maïs-grain en France (1945-1985) : un itinéraire particulier. *Économie rurale* 187, 25-32.

G. Garcia Corigliano (2021). The 'immeasurable importance' of biodiversity. Laudato si (mouvement).

M. Glachant, F. Levêque, A. Bonjean (1993). *L'enjeu des ressources génétiques végétales : aspects scientifiques, écologiques et économiques.* Les Éditions de l'Environnement, 209 p.

N. Hanley and C. Perrings (2019). The economic value of biodiversity. *Annual Review of Resource Economics* 11, 355-375.

J. Houdet. M. Trommeter, J. Weber (2009). *Changing business perceptions regarding biodiversity: From impact mitigation towards new strategies and practices.* École Polytecnique & CNRS, hal-00412875, 28 p.

H.H. Iltis (1982). Discovered of N°832. An essay in defense of the National Science Foundation. *Desert Plants* 3, 175-182.

M. Jung *et al.* (2021). Areas of global importance for conserving terrestrial biodiversity, carbo and water. *Nature Ecology & Evolution* 5, 1499-1509.ss

D. Kristo & O. Ragache (2022). *Plan d'action en faveur des plantes messicoles en Auvergne-Rhône-Alpes 2022-27. Déclinaison régionale du plan national d'action.* Conservatoire botanique alpin. Conservatoire botanique national du Massif central/DREAL AuRA, 66 p. et annexes.

G. Martin *et al.* (2019). Short-term climate-induced change in French plant communities. *Biology Letters* http://dx.doi.org/10.6084/m9.figshare.c.4553936.

L. Martinez (2019). La forêt amazonienne est la plus menacée du Brésil ? Faux. *Agence Science-Presse* du mercredi 11 décembre 2019.

S. Naeem *et al.* (2016). Biodiversity and human well-being: an essential link for sustainable development. *Proc. Biol. Sci.* 283, 1844, 20162091, doi:10.1098/rspb.2016.2091

J. Petit (2014). Quelques mots sur la recherche au début des années 1960-70. *Limagrain*, 6 p.

R. Pistre (2020). Le maïs de Lacaune. *Blog La Gaztte de Lacaune* du 1er février 2020.

D. Rajpurohit, T. Jhang (2015). *In situ* and *ex situ* conservation of plant genetic resources and traditional knowledge. In : R.K. Salgotra and B.B. Gupta, ed. *Plant genetic resources and traditional knowledge for food security*. Springer, 137-162.

P. Raven, M. Wackernagel (2020). Maintaining biodiversity will define our long-term success. *Plant diversity* 42, 4, 211-220.

P.K. Sahu *et al.* (2023). Plant genetic resources: Conservation, evaluation and utilization in plant breeding. In: *Advanced crop improvement* vol. 2, 1-45.

C. Watson (2017). L'agroforesterie, un outil de lutte contre le changement climatique trop peu utilisé. *The New Humanitarian* du 15 décembre 2017.

Chapitre 10

https://www.cbd.int/abs/doc/protocol/nagoya-protocol-en.pdf https://thinklandscape.globallandscapesforum.org/48905/biopiracy-the-largely-lawless-plundering-of-earths-genetic-wealth/

A.E., agriculture et environnement (2024). *Chercheurs militants : une science sous l'influence de l'idéologie écologiste*. Amos prospective, 28 p.

E. Arias Montevechio *et al.* (2023). Traditional crops and climate change adaptation: insights from the Andean agricultural sector, *Climate and Development*, Traditional crops and climate change adaptation: insights from the Andean agricultural sector: Climate and Development: Vol 15 , No 9 – Get Access (tandfonline.com)

M. Arzande, D.G. Brewin (2021). R&D investments in plant breeding under changing intellectual property rights. *IJEFI* 11, 6, 32-47.

A. Ballouche (2023). *Changements climatiques, environnement et ressources naturelles. Le temps de l'intégration régionale*. Université d'Angers, .pptx 27 p.

R. Besliu, K. Wecker (2024). Privatiser les semences européennes : une menace pour la sécurité alimentaire. *Euro News* du 3 septembre 2024.

R. Ellasus (2024). Golden rice is a golden opportunity worth fighting for. *Global farmer network*, May 23, 2024.

S. Graziano *et al.* (2022). Utilisation and limitations of pseudocereals (quinoa, amaranth, and buckwheat) in food production: A review. *Trends in Food Science & Technology,* https://doi.org/10.1016/j.tifs.2022.04.007

C. van Leuwen *et al.* (2024). Climate change impacts and adaptations of wine production. *Nature reviews earth and environment,* 5, 258–275. https://doi.org/10.1038/s43017-024-00521-5/

E. Persson (2008). *What is wrong with extinction?* Media-Tryck Ltd, 276 p.

S. Pironon *et al.* (2024). The global distribution of plants used by humans. *Science* 383, 293-297.

V. Samborska (2024). How much the temperatures rise in countries across the world? *Our World in data*, 18 mars 2024.

A. Santoro (2024). Why traditional rural landscapes are still important to our future. *Landsc. Ecol.* 39, 135, https://doi.org/10.1007/s10980-024-01940-x

A. Streit Krug *et al.* (2023). The next era of crop domestication starts now. *PNAS* 0, e2205769120, https://doi.org/10.1073/pnas.2205769120

W.K. Święcicki, M. Surma (2021). The big five in the world of plants – the species that have changed the course of history. *Polish Journal of Agronomy* 47, 68-77.

J. Thompson (2024). Plant identified that could grow on Mars. *Newsweek*, 30 juin 2024.

S.R. Weiskopf *et al.* (2024). Biodiversity loss reduces global terrestrial carbon storage. *Nature Communications*, https://doi.org/10.1038/s41467-024-47872-7

E. von Wettberg, T. M. Davis and P. Smykal (2020). Wild plants as source of new crops. *Frontiers in Plant Science* 11, 591554, doi: 10.3389/fpls.2020.591554

P. Woosen (2024). The Anthropocene is dead. Long live the Anthropocene. *Science*, 5 mars 2024.

Chapitre 11

Z. Ben Amor (2024). L'intelligence artificielle au service de la biologie : Révolution génétique en marche. *Leaders* du 23 août 2024.

A. Bonjean (2023). L'agriculture en environnement contrôlé (AEC) : un nouveau paradigme agricole. Encyclopédie question sur... 01.02.Q55. *Académie d'agriculture de France*, 4 p. 01.07.Q01 : L'agriculture en environnement contrôlé (AEC) : un nouveau paradigme agricole | Académie d'Agriculture de France (academie-agriculture.fr)

A. Bonjean (2024). *Plaidoyer pour l'agriculture verticale en enceintes contrôlées*. VIF-Editions, 120 p.

T. Brannan (2024). L'intelligence artificielle : progrès et performances dans l'agriculture moderne. *Blog Lacreme.AI* du 30 mai 2024.

M. Cummings (2024). Blend of machine learning, botany unlocks secrets of ancient Greece. *Yales New*, June 13, 2024.

A. Gallais, Y. Lespinasse, P. Devaux (2024). *Adaptation des cultures au changement climatique : apport possible de l'édition génomique.* Notes académiques de l'Académie d'Agriculture de France N3AF, 12 p.

M. Grange, B. Low, dir. (2024). *La migration des plantes.* Manuella ed., 304 p.

ISAA (2024). Des experts mettent au point de minuscule stomates que les astronautes pourront cultiver dans l'espace. *ISAA* du 9 septembre 2024.

ISF (2024). Breakthroughs in crop breeding that boost food security likely in next 20 years, says global seed sector. *ISF Press Release*, 19 septembre, 2024

A. Javelle, D. Kazic et J. Tassin (2020). Introduction : repenser le statut des plantes. *La pensée écologique* 6, 2.

M. Keller (2024). Hunger-ending seed technology is on the horizon – but will it reach the farmers who need it most? *World Economic Forum*, 26 septembre 2024.

M. Kliegman et al (2024). A roadmap for affordable genetic medicines. *Nature* https://doi.org/10.1038/s41586-024-07800-7

M. Manzanares-Dauleux (2021). *Évolutions récentes des schémas de sélection.* Colloque en hommage à Michel Desprez. Institut Agro-UNRAE-IGEPP-ENSA Rennes, 24 p.

H. Pillaud (2024). Et si l'intelligence artificielle nous faisait changer de logique ? *Paysans* 405, 25-33.

A. Pochon (2001). *Les sillons de la colère : la malbouffe n'est pas une fatalité*. Syros, Coll. Alternatives économiques, 127 p.

C. Regnault-Roger (2020). *Les biotechnologies agricoles, une clé pour l'indépendance agro-alimentaire*. Institut Sapiens, 21 p.

H. Ritchie (2024). *Not the end of the world.* Vintage, 352 p.

M. Romero *et al.* (2021). Un bref parcours sur les ressources pratiques et acteurs en IA et éducation. *GTnum9*, https://frama.link/202011-GTnum-Scol_IA-StateOfTheArt-IA-Education

S. Solberg (2023). Why controlled agriculture (CEA) is the future of farming? *Blog Dantherm Group*, 1er août 2023.

L. Sosland (2024). Major role seen for AI in farming. *Food Business News*, 3 décembre 2024.

K.J Willis, S. Bachman *et al.* (2016). *State of the World's Plant 2016*. Royal Kew Garden, 85 p.

H. Yu, J. Li (2022) Breeding future crops to feed the world through de novo domestication Nature Communications 13, 1171, https://doi.org/10.1038/s41467-022-28732-8

Table des matières

Ce volume,
publié aux Éditions Les Belles Lettres,
a été achevé d'imprimer
en août 2025
sur les presses
de l'imprimerie Sepec
01960, Péronnas, France

Composition et mise en pages
Nord Compo, Villeneuve-d'Ascq

N° d'éditeur : 11323
N° d'imprimeur : 05425250712
Dépôt légal : septembre 2025